非随机化平行模型类
抽样调查技术

刘 寅 著

科学出版社

北京

内 容 简 介

在政治经济、医疗健康、社会伦理等多项调查中, 因研究需要往往会涉及某些敏感信息的采集, 而敏感问题可能会导致受访者拒绝配合甚至提供虚假答案. 非随机化抽样调查技术在鼓励受访者提供真实有效回答并保护其信息不被泄露方面具有较好的表现. 本书旨在介绍非随机化抽样调查技术在敏感数据抽样调查中的应用以及作者近几年的研究成果. 本书在非随机化平行模型的基础之上, 系统地研究一类非随机化平行模型抽样调查设计方法, 主要内容包括平行模型的两种推广的形式、平行模型类调查设计的样本容量确定以及建立在平行模型及其推广模型上的回归设计. 与此同时, 本书还分别给出与这些调查设计相关的统计分析方法, 并通过模拟研究以及实证分析的形式展示这些调查设计方法在实际中的应用.

本书可供高等院校统计专业高年级本科生和研究生使用, 也可供相关教师及科研人员阅读和参考.

图书在版编目 (CIP) 数据

非随机化平行模型类抽样调查技术/刘寅著. —北京: 科学出版社, 2020.5
ISBN 978-7-03-062485-7

Ⅰ. ①非… Ⅱ. ①刘… Ⅲ. ①抽样调查统计 Ⅳ. ①O212.2

中国版本图书馆 CIP 数据核字(2019) 第 217993 号

责任编辑: 谭耀文 孙翠勤 / 责任校对: 杨 赛
责任印制: 彭 超 / 封面设计: 苏 波

科 学 出 版 社 出版

北京东黄城根北街 16 号
邮政编码: 100717
http://www.sciencep.com

武汉市首壹印务有限公司 印刷
科学出版社发行 各地新华书店经销
*
开本: 787×1092 1/16
2020 年 5 月第 一 版 印张: 10 1/4
2020 年 5 月第一次印刷 字数: 236 000
定价: 75.00 元
(如有印装质量问题, 我社负责调换)

前　　言

　　1965 年, Warner 首次提出一个随机化响应技术模型——Warner 模型, 为社会学、经济学、医学、心理学和政治学等抽样调查中所涉及的敏感数据的收集提供方便, 通过引入一个随机化装置而非使用直接询问来协助调查人员间接地获得关于敏感数据的信息, 同时保护受访者的隐私不被泄露. 在随后的几十年中, 有关敏感数据的调查分析方法获得了快速的发展, 逐渐形成了三个主要的分支: 一个是以 Warner 模型为代表的随机化响应技术, 一个是以 Miller (1984) 所提出模型为代表的项目计数方法, 还有一个是近十年来兴起的以 Yu, Tian 和 Tang (2008) 提出的十字交叉模型与三角模型为代表的非随机化响应技术. 在实际应用中, 非随机化响应技术较其他两类方法而言表现出了较大的优势, 不仅能够有效克服前两种方法在使用过程中所存在的局限性, 同时确保受访者的隐私得到有效保护, 这使得近年来非随机化响应技术在社会伦理、疾病研究等领域被越来越广泛地采用并取得了较好的效果. 然而现阶段, 有关非随机化响应技术在敏感性抽样调查中应用类的著作并不多. 为了对非随机化响应技术, 特别是非随机化平行模型类调查设计方法的基本思想进行系统地整理和介绍, 同时也为了将敏感数据抽样调查设计的方法、理论、分析和应用有机地结合起来, 使广大读者对这一领域形成较为完整的认识, 并从中得到一些科学研究的启发, 作者决定写这本书.

　　本书主要围绕非随机化响应技术在敏感数据抽样调查中的应用展开, 重点介绍一系列非随机化的平行模型类调查设计方法, 集中反映作者近年来在敏感数据抽样调查研究中取得的成果, 系统展示了非随机化抽样调查技术这一研究方向的发展动态. 全书共 4 章, 第 1 章主要包括非随机化响应技术的发展背景以及已有的非随机化抽样调查技术简介, 目的是帮助读者对该技术的发展状况以及现有的方法形成一个初步认识. 第 2 章主要介绍非随机化平行模型的两个推广的形式——变体平行模型 (Liu & Tian, 2013b) 和多分类平行模型 (Liu & Tian, 2013a), 包括四个部分: 第一部分对变体平行模型以及多分类平行模型的提出背景进行简要介绍; 第二部分介绍变体平行模型的调查设计与分析, 并给出基于该模型的似然分析方法、自助抽样分析方法以及贝叶斯分析方法, 同时从隐私保护度和敏感概率估计的有效性两个方面将变体平行模型与十字交叉模型、三角模型以及平行模型进行比较, 并讨论在变体平行模型下如何考虑敏感性抽样调查中的非依从行为, 最后采用在 S 市、L 市和 P 市进行的一项关于性行为的调查数据和两个基于 K 大学真实的考试作弊行为调查的数据来说明所提出的分析方法; 第三部分介绍多分类平行模型的调查设计与分析——该模型不局限于敏感变量的一个分类必须为非敏感的情形, 给出适用于该模型的似然分析方法和贝叶斯分析方法, 并利用多分类平行模型的一个特例——四分类平行模型——来研究两个二分类敏感变量之间的相关性, 从估计准确性和有效性两个角度将多分类平行模型与多分类三角模型 (Tang et al., 2009) 和对角模型 (Groenitz, 2014) 进行比较, 随后通过研究性伴侣个数与年收入之间的相关性来说明所提出的分析方法; 第四部分简要介绍本章统计分析中用到的三种算法——对参数求解极大似然估计的 EM 算法以及进行后验抽样的逆贝叶斯公式算法和数据扩充算法的基本思想.

第 3 章主要针对 Tian 提出的平行模型 (Tian, 2015) 以及 Liu 和 Tian 提出的变体平行模型 (Liu & Tian, 2013b) 的样本容量确定问题进行介绍, 包括三个部分: 第一部分讨论调查设计中样本容量设计的重要性, 并对平行模型以及变体平行模型的样本容量设计问题的提出背景进行简要介绍; 第二部分介绍利用功效函数分析方法所提出的单样本和两样本情况下适用于平行模型进行敏感信息收集时所需的有效样本量的确定方法 (包括基于大样本、正态假定条件下单边检验和双边检验的渐近功效函数及相应的样本量计算公式), 并在相同的显著性水平和功效水平下分别比较平行模型和直接问题模型、十字交叉模型以及三角模型所需样本量大小, 最后通过在 S 市、L 市和 P 市进行的一项关于性行为的调查数据来说明所提出的平行模型有效样本大小确定方法; 第三部分给出基于功效函数分析方法所得到的适用于变体平行模型进行敏感信息收集时所需的有效样本量的计算公式 (包括单样本和两样本情况下), 并在相同的显著性水平和功效水平下对变体平行模型和直接问题模型以及非随机化的十字交叉模型、三角模型和平行模型所需样本容量的大小进行比较, 给出变体平行模型相较于其他非随机化响应技术更有效的条件.

第 4 章主要介绍基于非随机平行模型和变体平行模型的二元选择模型, 包括三个部分: 第一部分对基于平行模型和基于变体平行模型进行敏感数据收集的二元选择模型的提出背景进行简要介绍; 第二部分利用基于平行模型的逻辑模型来考虑协变量对二分类敏感变量的影响, 分别给出回归系数极大似然估计的牛顿–拉弗森迭代法和二次下界迭代法, 特别地, 通过优势比分析该模型还可以考虑一个二分类敏感变量与一个二分类非敏感变量之间相关性的诊断, 此外, 我们还给出关于回归系数的自助抽样法得到的置信区间以及最短置信区间, 最后通过根据美国 S 市、L 市和 P 市进行的一项关于性行为的调查数据分析性伴侣个数与受教育水平之间的关系来说明所提出的方法; 第三部分基于改进的变体平行模型提出逻辑回归模型来考虑协变量对二分类敏感变量的影响, 给出回归系数极大似然估计的 NR 迭代法, 并考虑回归分析中混淆变量的识别以及变量选择等问题.

本书在介绍各种非随机化平行模型类调查设计的同时, 也介绍相应的统计分析方法, 并对一些重要的定理给出详细的证明, 同时结合模拟分析以及实际的案例分析来介绍这些方法和理论的应用, 使读者在系统掌握必要的基础知识的同时又能掌握必要的理论研究技术和方法应用上的技巧, 因此具有重要的理论意义和实用价值. 因此, 本书可供高等院校统计专业高年级本科生和研究生使用, 也可供相关教师及科研人员参考.

本书由刘寅总体策划、执笔和统一定稿. 本书写作和出版, 得到了南方科技大学统计与数据科学系的田国梁教授、中南财经政法大学统计与数学学院的覃红教授、科学出版社等的帮助与指导, 同时也得到我的父母、先生和女儿的支持与鼓励, 在此致以衷心的感谢!

　　本书的出版得到了国家自然科学基金 (青年) 项目 (No.11601524) 的资助, 在此致以衷心的感谢!

　　由于作者水平有限, 书中难免存在不足之处, 敬请专家和读者批评指正!

刘　寅

2019 年 12 月

目　　录

第 1 章　敏感数据抽样调查中非随机化响应技术概述

1.1　敏感数据抽样调查技术发展的背景

社会学、经济学、医学、心理学或政治学等许多抽样调查中, 往往会涉及一些具有敏感性的调查项目, 如偷税漏税、吸毒贩毒、家庭暴力、行贿受贿、考试作弊、刑事犯罪、灰色收入、政治倾向、婚恋健康等. 由于这些抽样调查涉及一些敏感话题或者个人隐私, 若受访者被直接询问有关敏感问题的状况, 例如:"请问您在过去的一个月中是否有过酒后驾车的行为?" 或 "请问您是否是艾滋病病毒携带者?" 诸如此类的敏感性问题会令受访者感到尴尬或者隐私受到侵犯从而拒绝回答甚至故意报告错误的答案. Juster 和 Smith (1997) 曾指出在进行收入情况调查时, 20%~40% 的人会因认为个人收入是一件极其隐私的事而拒绝提供收入信息. Tourangeau 和 Yan (2007) 提到, 在被直接询问是否曾经吸毒时, 30%~70% 毒品测试为阳性的受访者会报告虚假的答案. 因此, 直接问卷调查方式在获得有关敏感信息的真实数据资料方面显得不尽如人意, 因而也无法保证调查结果的真实性、准确性以及可靠性. 另一方面, 这些调查内容可能与社会的进步与发展密切相关, 只有获得关于这类敏感问题真实可靠的信息, 研究人员才能通过对这些现象进行深入的研究和透彻的分析, 来进一步了解目前社会发展的真实状况, 从而制定相应的措施与方针来促进社会的和谐、保障社会的可持续性发展. 因此, 对于敏感性问题的问卷设计及数据分析的研究在现实生活中有着举足轻重的意义. 为了克服直接询问暴露受访者个人隐私而导致受访者不配合作答、影响研究的准确性和有效性等种种弊端, 我们需要采用精心设计的问卷形式以鼓励受访者尽可能提供真实的回答, 同时保证其个人隐私不被泄露. 许多专家学者在改进问卷设计、搜集真实信息并保护受访者隐私方面作出了很大的尝试 (刘寅和田国梁, 2019).

1.2　随机化响应技术简介

随机化响应技术 (Randomized Response Technique, RRT) 是敏感性问题抽样调查中采用的一种方法, 它是指通过采用一到两种随机化装置来协助调查者获得敏感性信息同时也能有效保护受访者隐私不被窥探. 该技术最早由沃纳 (Warner) 于 1965 年提出. 在 Warner 模型 (Warner, 1965) 中包含了两个互为对立面的陈述:

(1) 我具有敏感特征 $\mathbb{A}$(例如, 我是一名吸毒者);

(2) 我不具有敏感特征 $\mathbb{A}$(例如, 我不是一名吸毒者);

根据随机化装置 (如掷骰子) 的结果, 每个受访者以概率 p 对陈述 (1) 或者以概率 $1-p$ 对陈述 (2) 作出 "是" 或者 "否" 的回答. 记 r 为答案为 "是" 的受访者个数, n 为作出有效回答的受访者总人数, 则吸毒人员在所研究的群体中所占比例可估计为 $(r/n+p-1)/(2p-1)$. 由于受访者只需提供 "是" 或者 "否" 的回答而无须报告自己的回答是针对哪一个陈述, 因

此无论回答 "是" 或者 "否" 都不能说明受访者是否属于吸毒人群. 在此后的几十年发展中, 许多学者将随机化响应的技术进行了不同层面的推广. 例如, 在 Warner 模型的基础之上, Horvitz 等 (1967) 和 Greenberg 等 (1969) 又提出了改进的不相关问题模型, 它是将 Warner 模型中的陈述 (2) 用另外一个与陈述 (1) 不相关的陈述所替代:

(3) 我具有非敏感特征 $\mathbb{U}$(例如, 我喜欢旅游).

Abul-Ela 等 (1967) 将随机响应模型由二分类的情形推广到多分类的情形; Fox 和 Tracy (1986), Chaudhuri 和 Mukerjee (1987) 及 Chaudhuri (2011) 在他们的著作中也对各种随机化的技术进行了介绍. 对于敏感性问题的调查设计, 人们在搜集敏感信息的同时, 对于该设计的隐私保护度以及受访者的配合程度也格外关注. Ljungqvist (1993), Hong 等 (2012) 以及 Hong 和 Yan (2012) 对随机化响应技术中的隐私保护度的问题进行了不同程度的讨论, 而 van den Hout 和 Klugkist (2009), 洪志敏等 (2012) 和 Thomas 等 (2015) 也在其文章中对随机化响应模型中存在的非依从问题从不同方面进行了探讨. 值得一提的是, 随机化响应模型分别于 2000 年、2002 年、2004 年和 2006 年被荷兰政府用于社会福利欺诈行为调查研究.

1.3 随机化响应技术的局限性

尽管半个多世纪以来, 随机化响应技术发展迅速, 但几乎所有的随机化响应模型都具有以下的不足 (Tian & Tang, 2014), 这在一定程度上限制了该技术的应用范围.

(1) 随机化响应技术的一个最大的不足在于缺乏再现性. 由于使用随机化装置出现的结果可能不同, 同一个受访者在重复进行相同的试验时可能提供不同的答案.

(2) 由于随机化装置由采访者控制, 受访者可能会怀疑其隐私是否真正的得到保护而对该试验缺乏必要的信任.

(3) 随机化装置的使用可能会带来试验成本的增加.

(4) 使受访者理解随机化装置的使用原理可能存在困难.

(5) 随机化装置的使用仅限于面对面采访, 对于在线采访或电话、邮件采访并不适用, 因而限制了其使用范围.

(6) 挑选合适的随机化装置并不容易, 过于复杂的或新奇的随机化装置也可能使受访者产生疑虑.

1.4 非随机化响应技术的发展

非随机化响应技术 (Non-randomized Response Technique, NRRT) 与随机化响应技术的最大区别在于前者在敏感信息搜集过程中并不使用任何随机化装置. Swensson (1974) 最早提出了非随机化的组合问题技术, 该设计需要两个独立的随机样本: 第一个样本中的受访者需要对一个组合陈述作出 "是" 或者 "否" 的回答:

(1) 你具有敏感特征 $\mathbb{A}$ 或你具有非敏感特征 $\mathbb{U}$ 但不具有敏感特征 $\mathbb{A}(\mathbb{A}$ 与 $\mathbb{U}$ 不相关)?

而第二个样本中的受访者则需对另一个组合陈述作出 "是" 或者 "否" 的回答:

(2) 你具有敏感特征 $\mathbb{A}$ 或你既不具有非敏感特征 $\mathbb{U}$ 也不具有敏感特征 $\mathbb{A}$?

Takahasi 和 Sakasegawa (1977) 借助于一个非随机的辅助问题 (例如, 你喜欢春季还是秋季?) 来搜集敏感信息. 如果受访者喜欢春季并具有敏感特征 A 或者喜欢秋季但不具有敏感特征 A, 他需向采访者报告 0, 否则报告 1. 如果该辅助特征与敏感特征相互独立, 该试验需要两个独立的随机样本来对敏感特征出现的概率进行估计, 第二组样本中受访者报告 0 和 1 的情况与第一组相反. 如果辅助特征与敏感特征之间的独立性无法满足, 则需三组独立样本来完成对敏感特征 A 出现的概率的估计, 同时该辅助特征需具有三个相互排斥的不同属性 (例如, 生日在 1~4 月或 5~8 月或 9~12 月).

近十年来, 为了克服随机化响应技术存在的局限性同时也能更好地鼓励受访者提供真实有效的信息, 许多学者在非随机化响应技术领域取得了不错的进展, 发展了一系列新的非随机化的模型, 这些模型在敏感信息搜集过程中并不使用任何随机化装置, 而是采用一到两个与敏感性问题无关的非敏感性问题来替代随机化装置的作用 (刘寅和田国梁, 2019). Yu 等 (2008) 提出的十字交叉模型 (Warner 模型的非随机化版本) 和三角模型将非随机化响应技术的发展向前推进了一大步, 这两个模型在敏感信息搜集过程中只需借助于一个概率已知且与敏感变量独立的二分类非敏感变量的协助 (例如, "你母亲的生日是在上半年还是下半年?" 或 "你的手机号尾号为奇数还是偶数?"). 由于十字交叉模型与三角模型原理简单、易于理解、操作方便, 目前在国外许多社会以及心理学调查中被采用 (Schnapp, 2019; Walzenbach & Hinz, 2019; Gingerich et al., 2016; Khosravi et al., 2015; Jann et al., 2012). 但是 Yu 等 (2008) 所提出的两个非随机化模型主要针对二分类的敏感变量且其中一个分类非敏感 (例如, "你是否曾在考试中作弊?" 或 "你是否患有艾滋病?") 进行处理, Tang 等 (2009) 将三角模型推广至更一般的多分类的情形, 即多分类三角模型. 但是在多分类三角模型中, 要求敏感变量有且仅有一个非敏感的属性特征 (例如, X 表示受访者的性伴侣个数, 其中, $X \leqslant 1$ 非敏感, $2 \leqslant X < 4$ 和 $X \geqslant 4$ 敏感), 在研究人员所关心的问题的每一个分类都是敏感的情况下, 多分类三角模型并不适用. Groenitz (2014) 提出的对角模型可以去掉多分类三角模型中的这一约束条件, 即多分类敏感变量的所有属性特征可均为敏感的 (例如, X 表示年收入, $X \leqslant 10$ 万, 10 万 $< X \leqslant 30$ 万和 $X > 30$ 万). 此外, Tian 等 (2007) 及 Yu 等 (2013) 分别提出非随机化的隐藏敏感性方法和组合问卷方法可分别用来评价两个二分类敏感变量之间的联系以及一个二分类敏感变量和一个二分类非敏感变量之间的相关性. 另外, Tian (2015) 提出的平行模型作为不相关问题模型的非随机化版本, 需要借助于两个概率已知且与敏感变量相互独立的二分类非敏感变量来对二分类的敏感参数进行估计. 同时, 在平行模型中不再要求二分类敏感变量的两个分类必须有一个是非敏感的, 即两个分类均可为敏感的情形.

1.5　非随机化响应模型简介

1.5.1　十字交叉模型

令 Y 表示二分类敏感变量 (例如, 是否携带艾滋病病毒), 其中, $Y = 0$ 表示不具有某种敏感特征, 否则 $Y = 1$, $\pi = \Pr(Y = 1)$ 为所关心的敏感参数. 令 W 表示与敏感变量 Y 独立的二分类非敏感变量 (例如, $W = 0$ 表示身份证号尾号为奇数, 否则 $W = 1$) 且 $p = \Pr(W = 1)$ 已知. 表 1.1 是十字交叉模型的直观设计表.

表 1.1   十字交叉模型及相应类别的概率

分类	$W=0$	$W=1$	分类	$W=0$	$W=1$	边际
$Y=0$	□	○	$Y=0$	$(1-\pi)(1-p)$	$(1-\pi)p$	$1-\pi$
$Y=1$	○	□	$Y=1$	$\pi(1-p)$	πp	π
			边际	$1-p$	p	1

采访者可根据表 1.1 的形式来设计敏感信息收集的调查问卷, 并指导受访者根据其自身的真实情况作出回答. 受访者无须分别报告自身关于这两个变量的真实取值, 只需根据自身的情况来报告 □ 或 ○. 如果他属于集合 $\{W=0,Y=0\}$ 或 $\{W=1,Y=1\}$, 则连接两个 □; 如果他属于集合 $\{W=1,Y=0\}$ 或 $\{W=0,Y=1\}$, 则连接两个 ○. 由于集合 $\{W=0\}$, $\{W=1\}$ 和 $\{Y=0\}$ 为非敏感集合, 故 $\{W=0,Y=0\}$ 和 $\{W=1,Y=0\}$ 也为非敏感集合. 因此, 采访者只知受访者报告的答案是 □ 还是 ○, 却无法根据受访者报告的答案判断他关于敏感特征 Y 的真实情况如何, 因而受访者的个人信息得到较好的保护. 同时, 由表 1.1 可以看出受访者所连接的两条线是交叉的, 因此, Yu 等 (2008) 称其为十字交叉模型.

等价地, 十字交叉模型也可以表述为下述形式:

(1) 如果你的身份证号尾号为奇数且是艾滋病病毒携带者**或**你的身份证号尾号为偶数且不是艾滋病病毒携带者, 请选择 ○;

(2) 如果你的身份证号尾号为奇数且不是艾滋病病毒携带者**或**你的身份证号尾号为偶数且是艾滋病病毒携带者, 请选择 □.

一般来说, 采访者并不知道受访者的身份证号尾号是奇数还是偶数, 只能从受访者处获得 ○ 或 □ 的答案而并不知道受访者是否具有敏感特征, 因此, 假定受访者能够作出真实回答是合理的.

不妨设在一个有限的群体中随机收集到 n 个有效样本, n' 表示受访者中选择为 □ 的个数, 则

$$\hat{\pi}_{\mathrm{C}}=\frac{p-1+n'/n}{2p-1}, \qquad \mathrm{Var}(\hat{\pi}_{\mathrm{C}})=\frac{\pi(1-\pi)}{n}+\frac{p(1-p)}{n(2p-1)^2}, \quad p\neq 0.5, \tag{1.1}$$

其中, 脚标 "C" 表示十字交叉模型. 容易验证, $\hat{\pi}_{\mathrm{C}}$ 为 π 的一个无偏估计. 为了衡量十字交叉模型保护受访者隐私的程度, 引入隐私保护度 (Degree of Privacy Protection, DPP) 的概念, 它表示受访者的回答暴露其具有敏感特征的概率大小. 因此, 对于十字交叉模型, 则有

$$\begin{cases} \mathrm{DPP}_{\bigcirc}^{(\mathrm{C})}(\pi,p)=\dfrac{\pi(1-p)}{\pi(1-p)+(1-\pi)p}, \\ \mathrm{DPP}_{\square}^{(\mathrm{C})}(\pi,p)=\dfrac{\pi p}{\pi p+(1-\pi)(1-p)}. \end{cases} \tag{1.2}$$

由上述定义可知, DPP 越小, 该设计保护受访者隐私的能力越好.

1.5.2   三角模型

三角模型与十字交叉模型的设计类似, 区别在于受访者提供答案的机制不同. 表 1.2 给出三角模型的直观设计表.

表 1.2　三角模型及相应类别的概率

分类	$W=0$	$W=1$	分类	$W=0$	$W=1$	边际
$Y=0$	○	□	$Y=0$	$(1-\pi)(1-p)$	$(1-\pi)p$	$1-\pi$
$Y=1$	□	□	$Y=1$	$\pi(1-p)$	πp	π
			边际	$1-p$	p	1

采访者可根据表 1.2 的形式来设计敏感信息收集的调查问卷, 并指导受访者根据其自身的真实情况作出回答. 受访者无须分别报告自身关于这两个变量的真实取值, 只需根据自身的情况来报告□或○即可. 如果他属于集合 $\{W=0, Y=0\}$, 则在○中打钩; 否则, 在右上角的□中打钩. 由于集合 $\{W=0\}$, $\{W=1\}$ 和 $\{Y=0\}$ 为非敏感集合, 故 $\{W=0, Y=0\}$ 和 $\{W=1, Y=0\}$ 也为非敏感集合. 因此, 采访者只知受访者报告的答案是□还是○, 却无法根据受访者报告的答案判断他关于敏感特征 Y 的真实情况如何, 因而受访者的个人信息得到了较好的保护. 同时, 由表 1.2 可以看出三个□首尾相连构成一个三角形, 因此 Yu 等 (2008) 称其为三角模型.

等价地, 三角模型也可以表述为下述形式:

(1) 如果你的身份证号尾号为奇数且不是艾滋病病毒携带者, 请选择○;

(2) 如果你的身份证号尾号为奇数且是艾滋病病毒携带者**或**你的身份证号尾号为偶数且不是艾滋病病毒携带者**或**你的身份证号尾号为偶数且是艾滋病病毒携带者, 请选择□.

一般来说, 采访者并不知道受访者的身份证号尾号是奇数还是偶数, 只能从受访者处获得○或□的答案而并不知道受访者是否具有敏感特征, 因此, 假定受访者能够作出真实回答是合理的.

令 n' 表示受访者中选择为□的个数, 则

$$\hat{\pi}_{\mathrm{T}} = \frac{n'/n - p}{1 - p}, \qquad \mathrm{Var}(\hat{\pi}_{\mathrm{T}}) = \frac{\pi(1-\pi)}{n} + \frac{p(1-\pi)}{n(1-p)}, \tag{1.3}$$

其中, 脚标 "T" 表示三角模型. 由表 1.2 可知, 三角模型的隐私保护度为

$$\mathrm{DPP}_{○}^{(\mathrm{T})}(\pi, p) = 0, \qquad \mathrm{DPP}_{□}^{(\mathrm{T})}(\pi, p) = \frac{\pi}{\pi + (1-\pi)p}. \tag{1.4}$$

1.5.3　多分类三角模型

Tang 等 (2009) 将三角模型从二分类的敏感变量推广到具有多个分类的情形. 令 Y 表示具有 m 个相互排斥的属性特征的敏感变量, $Y = i, i = 1, \cdots, m$(其中, $Y = 1$ 非敏感), $\pi_i = \mathrm{Pr}(Y = i)$, 则

$$\begin{aligned}
\boldsymbol{\pi} &= (\pi_1, \cdots, \pi_m)^{\top} \in \mathbb{T}_m \\
&= \{(y_1, \cdots, y_m)^{\top} | 0 \leqslant y_i \leqslant 1, i = 1, \cdots, m, y_1 + \cdots + y_m = 1\}.
\end{aligned} \tag{1.5}$$

令 U 表示和 Y 具有相同个数属性特征且相互独立的非敏感变量, $q_i = \mathrm{Pr}(U = i)$, $i = 1, \cdots, m$ 已知. 令 $U = 1, \cdots, m$ 分别对应 Block 1~ Block m, 如果受访者的真实情况属于 $\{Y = 1\}$, 由于该集合非敏感, 受访者应根据其关于非敏感特征 U 的属性从 Block 1~ Block m

中作出真实的选择; 否则, 根据其敏感特征的真实属性 $\{Y = i\}$ 选择 Block i. 表 1.3(a) 和 (b) 分别给出多分类三角模型的设计表和概率分布表.

表 1.3(a)   多分类三角模型设计表

分类	$U = 1$	$U = 2$	$\cdots$	$U = m$
$1 : Y = 1$	Block 1:__.	Block 2:__	$\cdots$	Block m:__
$2 : Y = 2$		请在 Block 2 中打钩		
$\vdots$			$\vdots$	
$m : Y = m$		请在 Block m 中打钩		

表 1.3(b)   多分类三角模型概率分布表

分类	$U = 1$	$U = 2$	$\cdots$	$U = m$	总计
$1 : Y = 1$	$\pi_1 q_1$	$\pi_1 q_2$	$\cdots$	$\pi_1 q_m$	$\pi_1(Z_1)$
$2 : Y = 2$					$\pi_2(Z_2)$
$\vdots$					$\vdots$
$m : Y = m$					$\pi_m(Z_m)$
总计	$\pi_1 q_1(n_1)$	$\pi_1 q_2 + \pi_2(n_2)$	$\cdots$	$\pi_1 q_m + \pi_m(n_m)$	1

以 $m = 4$ 为例, 等价地, 多分类三角模型也可以表述为下述形式:

(1) 如果你的母亲的生日在一季度且你的性伴侣个数不超过 1 个, 请选择 Block 1;

(2) 如果你的母亲的生日在二季度且你的性伴侣个数不超过 1 个**或**你的性伴侣个数为 2～3 个, 请选择 Block 2;

(3) 如果你的母亲的生日在三季度且你的性伴侣个数不超过 1 个**或**你的性伴侣个数为 3～5 个, 请选择 Block 3;

(4) 如果你的母亲的生日在四季度且你的性伴侣个数不超过 1 个**或**你的性伴侣个数超过 5 个, 请选择 Block 4.

一般来说, 采访者并不知道受访者的母亲的生日在哪个季度, 只知道受访者选择的是 Block 1 还是 Block 2 还是 Block 3 或者 Block 4, 而并不能判断出受访者关于敏感特征的答案具体是什么, 因此, 假定受访者能够作出真实回答是合理的.

令 $\boldsymbol{z}_r = (Z_1, \cdots, Z_m)^\top$ 表示无法直接观测到的敏感类别 $\{Y = 1\}, \cdots, \{Y = m\}$ 的真实样本量, $\boldsymbol{z} = (z_1, \cdots, z_m)^\top$ 表示其相应的观测向量, $\boldsymbol{n} = (n_1, \cdots, n_m)^\top$ 表示 Block 1～ Block m 的实际观测样本量. 因此, $\boldsymbol{\pi}$ 的极大似然估计可通过最大期望值 (Expectation-Maximization, EM) 算法 (Dempster et al., 1977) 求得

$$\hat{\pi}_{\mathrm{MT},i} = \frac{z_i}{n}, \tag{1.6}$$

其中, 脚标 "MT" 表示多分类三角模型, z_i 由其条件期望替代:

$$E(Z_1 | \boldsymbol{n}, \boldsymbol{\pi}) = n - \sum_{i=2}^{m} \frac{n_i \pi_i}{\pi_1 q_i + \pi_i}, \qquad E(Z_i | \boldsymbol{n}, \boldsymbol{\pi}) = \frac{n_i \pi_i}{\pi_1 q_i + \pi_i}, \tag{1.7}$$

$i = 2, \cdots, m.$

1.5.4　对角模型

在多分类三角模型 (Tang et al., 2009) 中要求多分类敏感变量 Y 有且仅有一个属性特征非敏感 (不失一般性, 令 $Y = 1$ 非敏感). 这一前提条件会令本身具有敏感特征的受访者为保护自己的隐私而故意给出虚假的答案. 因此, Groenitz (2014) 对多分类三角模型进行推广, 提出对角模型. 在该模型中, 受访者依据公式

$$Y_{\mathrm{D}}^{\mathrm{R}} = [(U - Y) \bmod m] + 1 \tag{1.8}$$

计算的结果进行报告 $Y_{\mathrm{D}}^{\mathrm{R}} = i$, $i = 1, \cdots, m$ 的值, 其中, mod 表示求余数运算, $Y_{\mathrm{D}}^{\mathrm{R}}$ 表示受访者作出回答的响应变量. 由于受访者的回答可以看作 m 条取值分别为 i 的对角线 ($i = 1, \cdots, m$), 因此, Groenitz 将该模型称为对角模型.

以 $m = 4$ 为例, 等价地, 对角模型也可以表述为下述形式:

(1) 如果你的母亲的生日在一季度且你的年收入不超过 10 万元**或**你的母亲的生日在二季度且你的年收入在 10 万元 ~20 万元**或**你的母亲的生日在三季度且你的年收入在 20 万元 ~50 万元**或**你的母亲的生日在四季度且你的年收入超过 50 万元, 请回答 1;

(2) 如果你的母亲的生日在一季度且你的年收入超过 50 万元**或**你的母亲的生日在二季度且你的年收入不超过 10 万元**或**你的母亲的生日在三季度且你的年收入在 10 万元 ~20 万元**或**你的母亲的生日在四季度且你的年收入在 20 万元 ~50 万元, 请回答 2;

(3) 如果你的母亲的生日在一季度且你的年收入在 20 万元 ~50 万元**或**你的母亲的生日在二季度且你的年收入超过 50 万元**或**你的母亲的生日在三季度且你的年收入不超过 10 万元**或**你的母亲的生日在四季度且你的年收入在 10 万元 ~20 万元, 请回答 3;

(4) 如果你的母亲的生日在一季度且你的年收入在 10 万元 ~20 万元**或**你的母亲的生日在二季度且你的年收入在 20 万元 ~50 万元**或**你的母亲的生日在三季度且你的年收入超过 50 万元**或**你的母亲的生日在四季度且你的年收入不超过 10 万元, 请回答 4.

一般来说, 采访者并不知道受访者的母亲的生日在哪个季度, 只知道受访者回答的是 1 或 2 或 3 或 4 而并不能判断出受访者关于敏感特征的答案具体是什么, 因此, 假定受访者能够作出真实回答是合理的.

令 $\boldsymbol{z}_{\mathrm{r}} = (Z_1, \cdots, Z_m)^{\top}$ 表示无法直接观测到的敏感类别 $\{Y = 1\}, \cdots, \{Y = m\}$ 的真实样本量, $\boldsymbol{z} = (z_1, \cdots, z_m)^{\top}$ 表示其相应的观测向量, $\boldsymbol{n} = (n_1, \cdots, n_m)^{\top}$ 表示报告 $Y_{\mathrm{D}}^{\mathrm{R}} = i, i = 1, \cdots, m$ 的实际观测样本量, 则敏感向量 $\boldsymbol{\pi}$ 的极大似然估计 $\hat{\boldsymbol{\pi}}_{\mathrm{DG}}$ 可通过 EM 算法求得, 其表达式同公式 (1.6), 其中, z_i 由其条件期望替代:

$$E(Z_i | \boldsymbol{n}, \boldsymbol{\pi}) = \sum_{j=1}^{m} \frac{n_j \pi_i \boldsymbol{Q}_0(i, j)}{\Pr(Y = j)}, \quad i = 1, \cdots, m, \tag{1.9}$$

$\boldsymbol{Q}_0$ 为 m 阶方阵, 其第一行元素为 $(q_1, q_2, \cdots, q_m)$, 其后每一行为上一行向左旋转一个单位所得; $\boldsymbol{Q}_0(i, j)$ 为设计矩阵 $\boldsymbol{Q}_0$ 在 (i, j) 位置处的元素; $(\Pr(Y_{\mathrm{D}}^{\mathrm{R}} = 1), \cdots, \Pr(Y_{\mathrm{D}}^{\mathrm{R}} = m))^{\top} = \boldsymbol{Q}_0 \cdot \boldsymbol{\pi}$.

1.5.5　隐藏敏感性模型

Tian 等 (2007) 提出非随机化隐藏敏感性模型. 令 Y_1 和 Y_2 分别表示两个二分类敏感变量 (例如, $Y_1 = 0$ 表示性伴侣个数不超过 1 个, 否则 $Y_1 = 1$; $Y_2 = 0$ 表示没有宫颈癌, 否则

$Y_1 = 1$), $Y_1 = 0$ 与 $Y_2 = 0$ 非敏感. 令 $\boldsymbol{\pi} = (\pi_1, \pi_2, \pi_3, \pi_4)^\top \in \mathbb{T}_4$, 其中

$$\begin{cases} \pi_1 = \Pr(Y_1 = 0, Y_2 = 0), \\ \pi_2 = \Pr(Y_1 = 0, Y_2 = 1), \\ \pi_3 = \Pr(Y_1 = 1, Y_2 = 0), \\ \pi_4 = \Pr(Y_1 = 1, Y_2 = 1), \end{cases} \tag{1.10}$$

令 U 表示与敏感变量 Y_1 和 Y_2 均独立的四分类非敏感变量 (例如, $U = i$ 表示受访者生日在第 i 个季度), $q_i = \Pr(U = i)$, $i = 1, 2, 3, 4$ 已知. $U = 1, 2, 3, 4$ 分别对应 Block 1~ Block 4. 如果受访者的真实情况属于类别 1(表 1.4), 由于类别 1 非敏感, 受访者应根据其生日所在的月份从 Block 1~ Block 4 中作出真实的选择; 如果属于类别 $i(i = 2, 3, 4)$(表 1.4(a)), 则选择 Block i. 隐藏敏感性模型的设计表和概率分布分别如表 1.4(a) 和 (b) 所示.

表 1.4(a)　隐藏敏感性模型设计表

分类	$U = 1$	$U = 2$	$U = 3$	$U = 4$
1 : $\{Y_1 = 0, Y_2 = 0\}$	Block 1:__	Block 2:__	Block 3:__	Block 4:__
2 : $\{Y_1 = 1, Y_2 = 0\}$		请在 Block 2 中打钩		
3 : $\{Y_1 = 1, Y_2 = 1\}$		请在 Block 3 中打钩		
4 : $\{Y_1 = 0, Y_2 = 1\}$		请在 Block 4 中打钩		

表 1.4(b)　隐藏敏感性模型的概率分布表

分类	$U = 1$	$U = 2$	$U = 3$	$U = 4$	总计
1 : $\{Y_1 = 0, Y_2 = 0\}$	$\pi_1 q_1$	$\pi_1 q_2$	$\pi_1 q_3$	$\pi_1 q_4$	$\pi_1(Z_1)$
2 : $\{Y_1 = 1, Y_2 = 0\}$					$\pi_2(Z_2)$
3 : $\{Y_1 = 1, Y_2 = 1\}$					$\pi_3(Z_3)$
4 : $\{Y_1 = 0, Y_2 = 1\}$					$\pi_4(Z_4)$
总计	$\pi_1 q_1(n_1)$	$\pi_1 q_2 + \pi_2(n_2)$	$\pi_1 q_3 + \pi_3(n_3)$	$\pi_1 q_4 + \pi_4(n_4)$	1

等价地, 隐藏敏感性模型也可以表述为下述形式:

(1) 如果你的生日在一季度且你的性伴侣个数不超过 1 个并且你没有宫颈癌, 请回答 1;

(2) 如果你的生日在二季度且你的性伴侣个数不超过 1 个并且你没有宫颈癌**或**你的性伴侣个数超过 1 个并且你没有宫颈癌, 请回答 2;

(3) 如果你的生日在三季度且你的性伴侣个数不超过 1 个并且你没有宫颈癌**或**你的性伴侣个数超过 1 个并且你患有宫颈癌, 请回答 3;

(4) 如果你的生日在四季度且你的性伴侣个数不超过 1 个并且你没有宫颈癌**或**你的性伴侣个数不超过 1 个并且你患有宫颈癌, 请回答 4.

一般来说, 采访者并不知道受访者的生日在哪个季度, 只知道受访者回答的是 1 或 2 或 3 或 4 而并不能判断出受访者关于敏感特征的答案具体是什么, 因此, 假定受访者能够作出真实回答是合理的.

令 $\boldsymbol{z}_r = (Z_1, Z_2, Z_3, Z_4)^\top$ 表示无法直接观测到的敏感类别 1~4 的真实样本量, $\boldsymbol{z} = (z_1, z_2, z_3, z_4)^\top$ 表示其相应的观测向量, $\boldsymbol{n} = (n_1, n_2, n_3, n_4)^\top$ 表示 Block 1~ Block 4 的实

际观测样本量. π 的极大似然估计可通过 EM 算法求得

$$\hat{\pi}_{\mathrm{H},i} = \frac{z_i}{n}, \tag{1.11}$$

其中, 脚标 "H" 表示隐藏敏感性模型, z_i 由其条件期望

$$E(Z_1|\boldsymbol{n},\boldsymbol{\pi}) = n - \sum_{i=2}^{4} \frac{n_i \pi_i}{\pi_1 q_i + \pi_i}, \quad E(Z_i|\boldsymbol{n},\boldsymbol{\pi}) = \frac{n_i \pi_i}{\pi_1 q_i + \pi_i}, \quad i = 2,3,4$$

替代. 因此, 两个敏感变量 Y_1 和 Y_2 之间的相关性可由 $\hat{\psi} = \hat{\pi}_{\mathrm{H},1}\hat{\pi}_{\mathrm{H},3}/\hat{\pi}_{\mathrm{H},2}\hat{\pi}_{\mathrm{H},4}$ 进行估计.

1.5.6　组合问卷模型

隐藏敏感性模型主要针对两个二分类敏感变量间的相关性进行研究, Yu 等 (2013) 提出组合问卷模型可用来研究一个二分类敏感变量与一个二分类非敏感变量之间是否存在联系. 令 Y_1 表示二分类敏感变量 (例如, $Y_1 = 0$ 表示不吸毒, 否则 $Y_1 = 1$), Y_2 表示与 Y_1 可能相关的二分类非敏感变量 (例如, $Y_2 = 0$ 表示受教育水平为本科以下, 否则 $Y_2 = 1$), $\boldsymbol{\pi} = (\pi_1, \pi_2, \pi_3, \pi_4)^{\top} \in \mathbb{T}_4$ 定义同公式 (1.5). 令 U 为与 Y_1 和 Y_2 均独立的三分类非敏感变量 (例如, $U = 1$ 表示受访者生日在 1~4 月, $U = 2$ 表示受访者生日在 5~8 月, $U = 3$ 表示受访者生日在 9~12 月), $q_i = \Pr(U = i)$, $i = 1,2,3$ 已知. $W = 1,2,3$ 分别对应 Block 1~ Block 3. 受访者被随机分配到主问卷组和补充问卷组. 主问卷组中的受访者如果属于非敏感集 $\{Y_1 = 0, Y_2 = 0\}$, 则根据其生日的月份从 Block 1~ Block 3 中作出真实的选择; 如果属于非敏感集 $\{Y_1 = 0, Y_2 = 1\}$, 则选择 Block 4; 如果属于敏感集 $\{Y_1 = 1, Y_2 = 0\}$ 或 $\{Y_1 = 1, Y_2 = 1\}$, 则选择 Block 2 或 Block 3. 表 1.5(a) 和 (b) 分别给出组合问卷设计模型的设计表和概率分布. 另一方面, 补充问卷组中的受访者只需根据自身关于非敏感变量 Y_2 的取值为 0 或 1, 从 Block 5 或 Block 6 中作出真实的选择.

表 1.5(a)　组合问卷模型设计表

分类	$U = 1$	$U = 2$	$U = 3$
$1:\{Y_1 = 0, Y_2 = 0\}$	Block 1:__	Block 2:__	Block 3:__
$2:\{Y_1 = 1, Y_2 = 0\}$		请在 Block 2 中打钩	
$3:\{Y_1 = 1, Y_2 = 1\}$		请在 Block 3 中打钩	
$4:\{Y_1 = 0, Y_2 = 1\}$		Block 4:__	

表 1.5(b)　组合问卷模型的概率分布表

分类	$U = 1$	$U = 2$	$U = 3$	总计
$1:\{Y_1 = 0, Y_2 = 0\}$	$\pi_1 q_1$	$\pi_1 q_2$	$\pi_1 q_3$	$\pi_1(Z_1)$
$2:\{Y_1 = 1, Y_2 = 0\}$				$\pi_2(Z_2)$
$3:\{Y_1 = 1, Y_2 = 1\}$				$\pi_3(Z_3)$
$4:\{Y_1 = 0, Y_2 = 1\}$		$\pi_4(n_4)$		$\pi_4(Z_4)$
总计	$\pi_1 q_1(n_1)$	$\pi_1 q_2 + \pi_2(n_2)$	$\pi_1 q_3 + \pi_3(n_3)$	1

等价地, 组合问卷模型也可以表述为下述形式:

(1) 如果你的生日在 1~4 月且你不吸毒并且受教育水平为本科以下, 请回答 1;

(2) 如果你的生日在 1~4 月且你不吸毒并且受教育水平为本科以下**或**你吸毒并且受教育水平为本科以下, 请回答 2;

(3) 如果你的生日在 1~4 月且你不吸毒并且受教育水平为本科以下**或**你吸毒且受教育水平为本科及以上, 请回答 3;

(4) 如果你的生日在 1~4 月且你不吸毒并且受教育水平为本科以下**或**你不吸毒且受教育水平为本科及以上, 请回答 4;

(5) 如果你受教育水平为本科以下, 请回答 5;

(6) 如果你受教育水平为本科及以上, 请回答 6.

一般来说, 采访者并不知道受访者的生日在哪个月份, 只知道受访者回答的是 1 或 2 或 3 或 4 或 5 或 6 而并不能判断出受访者关于敏感特征的答案具体是什么, 因此, 假定受访者能够作出真实回答是合理的.

令 $z_{\mathrm{r}} = (Z_1, Z_2, Z_3)^\top$ 表示无法直接观测到的表 1.5(b) 中类别 1~3 的真实样本量, $z = (z_1, z_2, z_3)^\top$ 表示其相应的观测向量, $n = (n_1, n_2, n_3, n_4)^\top$ 表示 Block 1~ Block 4 的实际观测样本量. 记补充问卷组中共有 m 个观测样本, 其中 Block 5 和 Block 6 各有 m_0 个和 $m - m_0$ 个. π 的极大似然估计可通过 EM 算法求得

$$\begin{cases} \hat{\pi}_{\mathrm{CQ},1} = 1 - \hat{\pi}_{\mathrm{CQ},2} - \hat{\pi}_{\mathrm{CQ},3} - \hat{\pi}_{\mathrm{CQ},4}, \\ \hat{\pi}_{\mathrm{CQ},2} = \dfrac{z_2}{n+m}\left(1 + \dfrac{m_0}{n - z_3 - n_4}\right), \\ \hat{\pi}_{\mathrm{CQ},3} = \dfrac{z_3}{n+m}\left(1 + \dfrac{m - m_0}{z_3 + n_4}\right), \\ \hat{\pi}_{\mathrm{CQ},4} = \dfrac{n_4}{n+m}\left(1 + \dfrac{m - m_0}{z_3 + n_4}\right), \end{cases} \tag{1.12}$$

其中, 脚标 "CQ" 表示组合问卷模型, z_i, $i = 2,3$ 由其条件期望替代:

$$E(Z_i | \boldsymbol{n}, \boldsymbol{\pi}) = \frac{n_i \pi_i}{\pi_1 q_i + \pi_i}, \quad i = 2,3.$$

Huang 等 (2015) 将组合问卷模型推广到更一般的 II 型组合问卷模型, 该模型由一个四分类平行模型 (Liu & Tian, 2013a) 和 Yu 等 (2013) 中的补充问卷组合而成. 该模型可以克服组合问卷模型中要求二分类敏感变量 $Y_1 = 0$ 非敏感的局限以及单独使用四分类平行模型所造成的非依从问题.

1.5.7 平行模型

尽管 Yu, Tian 和 Tang (2008) 提出的两种非随机化响应模型——十字交叉模型和三角模型——近年来在生物医学调查和社会心理学调查中有着越来越广泛的应用, 然而这两种非随机化响应模型均要求二分类敏感变量 Y 的其中一个分类为非敏感的, 即 $Y = 0$ 非敏感. 因此, 当二分类敏感变量 Y 的两个分类均为敏感类别 (例如, $Y = 0$ 表示年收入低于 10 万, 否则 $Y = 1$) 时, 这两种方法均会失去效用. 此外, 十字交叉模型和三角模型在某些情况下的估计效用非常低. 例如, 在十字交叉模型中, 要求非敏感变量 $W = 1$ 时的概率满足 $p \neq 0.5$, 否则, 由 (1.1) 定义的 $\hat{\pi}_{\mathrm{c}}$ 及其相应的方差 $\mathrm{Var}(\hat{\pi}_{\mathrm{c}})$ 变得无穷大而失去意义. 此外, 由于三角

模型中选择□意味着该受访者一定具有敏感特征而选择○意味着该受访者一定不具有敏感特征, 因而三角模型在受访者隐私保护方面的效果并不尽如人意, 受访者可能出于保护自己信息不被泄露的目的而故意作出○的选择. 另一方面, 在 Warner 模型 (Warner, 1965) 的众多随机化版本中, 随机化的不相关问题模型 (Horvitz et al., 1967) 在实际应用中使用范围最为广泛. 例如, 该方法可以用来: ① 估计非婚生子的频率 (Greenberg et al., 1969); ②估计人工流产的发生率 (Shimizu & Bonham, 1978; Abernathy et al., 1970); ③研究酒后驾驶与车祸之间的联系 (Folsom et al., 1973); ④估计吸毒人数所占比例 (Goodstadt & Grusin, 1975) 等. 因此, Tian 于 2015 年提出不相关问题的一个非随机化的版本——平行模型 (Tian, 2015), 该模型相较于 Yu, Tian 和 Tang 提出的非随机化的十字交叉模型和三角模型 (Yu et al., 2008) 而言, 最大的优点在于有效克服了前两个模型必须要求二分类敏感变量 Y 的其中一个分类为非敏感的局限, 同时, 在给定条件下平行模型具有更好的隐私保护度和估计精度. 在平行模型的调查设计中, 除二分类敏感变量 Y 外, 还需两个二分类非敏感变量 U(例如, $U = 0$ 表示母亲的生日在上半年, $U = 1$ 表示母亲的生日在下半年) 和 W(例如, $W = 0$ 表示身份证号第 3 位为奇数, $W = 1$ 表示身份证号第 3 位为偶数), 且 Y, U 和 W 相互独立, 这里要求 $p = \Pr(W = 1)$ 和 $q = \Pr(U = 1)$ 已知. 平行模型的设计及其相应类别的概率如表 1.6 所示.

表 1.6　平行模型的设计及相应类别的概率

分类	$W = 0$	$W = 1$	分类	$W = 0$	$W = 1$	边际
$U = 0$	○		$U = 0$	$(1-q)(1-p)$		$1 - q$
$U = 1$	□		$U = 1$	$q(1-p)$		q
$Y = 0$		○	$X = 0$		$(1-\pi)p$	$1 - \pi$
$Y = 1$		□	$X = 1$		πp	π
			边际	$1 - p$	p	1

采访者可根据表 1.6 的形式来设计敏感信息收集的调查问卷, 并指导受访者根据其自身的真实情况作出回答. 受访者无须分别报告自身关于这三个变量的真实取值, 而只需根据自身的情况来报告□或○即可. 如果他属于集合 $\{U = 0, W = 0\}$ 或 $\{Y = 0, W = 1\}$, 则连接两个○; 如果他属于集合 $\{U = 1, W = 0\}$ 或 $\{Y = 1, W = 1\}$, 则连接两个□. 由于集合 $\{W = 0\}$, $\{W = 1\}$, $\{U = 0\}$ 和 $\{U = 1\}$ 为非敏感集合, 故 $\{U = 0, W = 0\}$ 和 $\{U = 1, W = 0\}$ 也为非敏感集合. 因此, 采访者只知道受访者报告的答案是□还是○, 却无法根据受访者报告的答案判断他关于敏感特征 Y 的真实情况如何, 因而受访者的个人信息得到较好的保护. 同时, 由表 1.6 可以看出受访者所连接的两条线是平行的, 因此 Tian (2015) 称其为平行模型.

等价地, 平行模型也可以表述为下述形式:

(1) 如果你的身份证号第 3 位为奇数 (即, $\{W = 0\}$), 请对非敏感问题"你母亲的生日是否在下半年?"选择□(即, $\{U = 1\}$) 或选择○(即, $\{U = 0\}$);

(2) 如果你的身份证号第 3 位为偶数 (即, $\{W = 1\}$), 请对敏感问题"你的性伴侣个数是否多于 2 个?"选择□(即, $\{Y = 1\}$) 或选择○(即, $\{Y = 0\}$).

一般来说, 采访者并不知道受访者的身份证号第 3 位是奇数还是偶数, 因此, 采访者只知道受访者选择的是□或○而并不知道受访者关于敏感问题的真实情况是什么. 此外, 由于受访者的身份证号第 3 位并不能由采访者确定, 因此, 假定受访者能够作出真实回答是合理的.

不妨设在一个有限的群体中随机收集到 n 个有效样本, n' 表示受访者中选择为□的个数, 则

$$\hat{\pi}_{\mathrm{P}} = \frac{\hat{\lambda} - q(1-p)}{p}, \qquad \mathrm{Var}(\hat{\pi}_{\mathrm{P}}) = \frac{\pi(1-\pi)}{n} + \frac{(1-p)f_{\mathrm{P}}(q|\pi,p)}{np^2}, \qquad (1.13)$$

其中, 脚标 "P" 表示平行模型, $\hat{\lambda} = n'/n$, 且

$$f_{\mathrm{P}}(q|\pi,p) = (p-1)q^2 + (1-2\pi p)q + \pi p. \qquad (1.14)$$

容易验证, $\hat{\pi}_{\mathrm{P}}$ 为 π 的一个无偏估计. 对于受访者的隐私保护, 由表 1.6 可知, 平行模型的隐私保护度为

$$\begin{aligned} \mathrm{DPP}_{\bigcirc}^{(\mathrm{P})}(\pi,p,q) &= \frac{(1-\pi)p}{(1-\pi)p + (1-q)(1-p)}, \\ \mathrm{DPP}_{\square}^{(\mathrm{P})}(\pi,p,q) &= \frac{\pi p}{\pi p + q(1-p)}. \end{aligned} \qquad (1.15)$$

可以证明, 在一定的条件之下, Tian (2015) 所提出的平行模型无论是从估计的有效性还是受访者隐私保护的能力方面都要优于 Yu, Tian 和 Tang (2008) 提出的两种非随机化响应技术模型——十字交叉模型和三角模型.

1. 平行模型与十字交叉模型的比较

本节分别从敏感参数 π 的极大似然估计方差的有效性与模型设计的隐私保护度两个方面将平行模型与十字交叉模型进行比较.

引理 1.1 令 $a > 0$, 并且 $D(f) = b^2 - 4ac$ 表示抛物线 $f(x) = ax^2 + bx + c$ 的判别式. 则
(1) 如果 $D(f) < 0$, 则对任意 $x \in (-\infty, \infty)$ 总有 $f(x) > 0$;
(2) 如果 $D(f) = 0$, 则对任意 $x \in (-\infty, \infty)$ 总有 $f(x) \geqslant 0$ 并且当 $x = -b/2a$ 时有 $f(x) = 0$;
(3) 如果 $D(f) > 0$, 则

$$f(x) \begin{cases} > 0, & \forall x \in (-\infty, x_1) \cup (x_2, \infty), \\ \leqslant 0, & \forall x \in [x_1, x_2], \end{cases}$$

其中, $x_1 = \dfrac{-b - \sqrt{D(f)}}{2a}$, $x_2 = \dfrac{-b + \sqrt{D(f)}}{2a}$.

根据公式 (1.1) 和 (1.13), $\hat{\pi}_{\mathrm{C}}$ 的方差和 $\hat{\pi}_{\mathrm{P}}$ 的方差之间的差异可以表示为

$$\mathrm{Var}(\hat{\pi}_{\mathrm{C}}) - \mathrm{Var}(\hat{\pi}_{\mathrm{P}}) = \frac{1-p}{n}\left[\frac{p}{(2p-1)^2} - \frac{f_{\mathrm{P}}(q|\hat{\pi}, p)}{p^2}\right]$$

$$= \frac{1-p}{np^2(2p-1)^2} \times h_{\mathrm{CP}}(q|\pi, p),$$

其中, $p \neq 0.5$ 且

$$h_{\mathrm{CP}}(q|\pi, p) = (1-p)(2p-1)^2 \times q^2 + (2\pi p - 1)(2p-1)^2 \times q + p^3 - \pi p(2p-1)^2$$

是关于 q 的一个二次函数. 则抛物线 $h_{\mathrm{CP}}(q|\pi, p)$ 的判别式为

$$D(h_{\mathrm{CP}}) = 4p^2(2p-1)^4 \times \delta_{\mathrm{CP}}(\pi|p),$$

其中,

$$\delta_{\mathrm{CP}}(\pi|p) = \pi^2 - \pi + \frac{1}{4p^2} - \frac{p(1-p)}{(2p-1)^2}. \tag{1.16}$$

$D(h_{\mathrm{CP}})$ 与 $\delta_{\mathrm{CP}}(\pi|p)$ 同号. 利用引理 1.1, 立即可得下述定理.

定理 1.1　令 $\pi \in (0, 1)$, 则

(1) 当 $p \in \{p|0 < p < 1, p \neq 0.5, \delta_{\mathrm{CP}}(\pi|p) \leqslant 0\}$ 时, 对任意的 $q \in (0, 1)$, 平行模型比十字交叉模型更有效;

(2) 当 $p \in \{p|0 < p < 1, p \neq 0.5, \delta_{\mathrm{CP}}(\pi|p) \leqslant 0\}$ 时, 对任意的 $q \in (0, q_{\mathrm{CP,L}}) \cup (q_{\mathrm{CP,U}}, 1)$, 平行模型比十字交叉模型更有效, 其中,

$$q_{\mathrm{CP,L}} = \max \left\{ 0, \frac{1 - 2\pi p - 2p\sqrt{\delta_{\mathrm{CP}}(\pi|p)}}{2(1-p)} \right\},$$

$$q_{\mathrm{CP,U}} = \min \left\{ 1, \frac{1 - 2\pi p + 2p\sqrt{\delta_{\mathrm{CP}}(\pi|p)}}{2(1-p)} \right\}.$$

引理 1.2　对于 (1.16) 式所定义的二次函数 $\delta_{\mathrm{CP}}(\pi|p)$, 有下述结论成立:

(1) 如果 $p < 1/3$, 对任意的 $\pi \in (0, 1)$, 总有 $\delta_{\mathrm{CP}}(\pi|p) > 0$;

(2) 如果 $p = 1/3$, 对任意的 $\pi \in (0, 1)$, 总有 $\delta_{\mathrm{CP}}(\pi|p) = \delta_{\mathrm{CP}}(\pi|1/3) = (\pi - 0.5)^2 \geqslant 0$ 且 $\pi = 0.5$ 时, $\delta_{\mathrm{CP}}(\pi|p)$ 达到最小值 0;

(3) 如果 $p > 1/3$, 则

$$\delta_{\mathrm{CP}}(\pi|p) \begin{cases} > 0, & \forall \pi \in (0, \pi_{\mathrm{CP,L}}) \cup (\pi_{\mathrm{CP,U}}, 1), \\ \leqslant 0, & \forall \pi \in [\pi_{\mathrm{CP,L}}, \pi_{\mathrm{CP,U}}], \end{cases}$$

其中,

$$\pi_{\mathrm{CP,L}} = \max \left\{ 0, \frac{1}{2} - \frac{1}{2}\sqrt{\frac{(1-p)(3p-1)}{p^2(2p-1)^2}} \right\},$$

$$\pi_{\mathrm{CP,U}} = \min \left\{ 1, \frac{1}{2} + \frac{1}{2}\sqrt{\frac{(1-p)(3p-1)}{p^2(2p-1)^2}} \right\}.$$

引理 1.2 的证明参见 Tian (2015) 及 Tian 和 Tang (2014). 结合定理 1.1 和引理 1.2, 可以得到下述结论.

推论 1.1 令 $\pi \in (0,1)$ 且 $p \neq 0.5$, 则有

(1) 当 $p > 1/3$ 时, 对任意的 $q \in (0,1)$ 且 $\pi \in [\pi_{\text{CP,L}}, \pi_{\text{CP,U}}]$, 平行模型比十字交叉模型更有效;

(2) 当 $p < 1/3$ 时, 对任意的 $\pi \in (0,1)$ 且 $q \in (0, q_{\text{CP,L}}) \cup (q_{\text{CP,U}}, 1)$, 平行模型比十字交叉模型更有效;

(3) 当 $p = 1/3$ 且 $\pi = 0.5$ 时, 对任意的 $q \in (0, 0.5) \cup (0.5, 1)$, 平行模型比十字交叉模型更有效;

(4) 当 $p = 1/3$ 且 $\pi \neq 0.5$ 时, 对任意的 $q \in (0, q_{\text{CP,L}}^*) \cup (q_{\text{CP,U}}^*, 1)$, 平行模型比十字交叉模型更有效, 其中,

$$q_{\text{CP,L}}^* = \frac{3 - 2\pi - 2|\pi - 0.5|}{4} > 0,$$

$$q_{\text{CP,U}}^* = \frac{3 - 2\pi + 2|\pi - 0.5|}{4} < 1. \qquad \P$$

推论 1.1 的证明参见 Tian (2015) 及 Tian 和 Tang (2014).

注 1.1 对任意的 $1/3 < p \leqslant 2/3$ 且 $p \neq 0.5$, 有 $\pi_{\text{CP,L}} = 0$ 和 $\pi_{\text{CP,U}} = 1$. 由推论 1.1(1) 可知, 对任意的 $q \in (0,1)$ 和任意的 $\pi \in (0,1)$, 平行模型比十字交叉模型更有效. $\qquad \P$

另一方面, 对于受访者的隐私保护, 由公式 (1.15) 和 (1.2) 可知, 当 $\{X = 0\}$ 为非敏感集时, 有

$$\text{DPP}_{\bigcirc}^{(\text{C})}(\pi, p) = \frac{\pi(1-p)}{\pi(1-p) + (1-\pi)p}$$

$$> 0 = \text{DPP}_{\bigcirc}^{(\text{P})}(\pi, p, q),$$

$$\text{DPP}_{\square}^{(\text{C})}(\pi, p) = \frac{\pi p}{\pi p + (1-\pi)(1-p)}$$

$$> \frac{\pi p}{\pi p + q(1-p)} = \text{DPP}_{\square}^{(\text{P})}(\pi, p, q).$$

综上所述, 平行模型在受访者隐私保护方面比十字交叉模型效果更好.

2. 平行模型与三角模型的比较

本节分别从敏感参数 π 的极大似然估计方差的有效性与模型设计的隐私保护度两个方面将平行模型与三角模型进行比较.

令 $p \in (0,1)$. 根据公式 (1.3) 和 (1.13), $\hat{\pi}_{\mathrm{T}}$ 的方差和 $\hat{\pi}_{\mathrm{P}}$ 的方差之间的差异可以表示为

$$\mathrm{Var}(\hat{\pi}_{\mathrm{T}}) - \mathrm{Var}(\hat{\pi}_{\mathrm{P}}) = \frac{1}{n}\left[\frac{p(1-\pi)}{1-p} - \frac{(1-p)f_{\mathrm{P}}(q|\hat{\pi},p)}{p^2}\right]$$

$$= \frac{1}{np^2(1-p)} \times h_{\mathrm{TP}}(q|\pi,p),$$

其中,

$$h_{\mathrm{TP}}(q|\pi,p) = (1-p)^3 \times q^2 + (2\pi p - 1)(1-p)^2 \times q + p^3(1-\pi) - \pi p(1-p)^2$$

是关于 q 的一个二次函数. 则抛物线 $h_{\mathrm{TP}}(q|\pi,p)$ 的判别式为

$$D(h_{\mathrm{TP}}) = 4p^2(1-p)^4 \times \delta_{\mathrm{TP}}(\pi|p),$$

其中,

$$\delta_{\mathrm{TP}}(\pi|p) = \pi^2 - \frac{1-2p}{1-p} \cdot \pi + \frac{1}{4p^2} - \frac{p}{1-p}. \tag{1.17}$$

$D(h_{\mathrm{TP}})$ 与 $\delta_{\mathrm{TP}}(\pi|p)$ 同号. 利用引理 1.1, 立即可得下述定理.

定理 1.2　令 $\pi \in (0,1)$, 则有

(1) 当 $p \in \{p|0 < p < 1, p \neq 0.5, \delta_{\mathrm{TP}}(\pi|p) \leqslant 0\}$ 时, 对任意的 $q \in (0,1)$, 平行模型比三角模型更有效;

(2) 当 $p \in \{p|0 < p < 1, p \neq 0.5, \delta_{\mathrm{TP}}(\pi|p) \leqslant 0\}$ 时, 对任意的 $q \in (0, q_{\mathrm{TP,L}}) \cup (q_{\mathrm{TP,U}}, 1)$, 平行模型比三角模型更有效, 其中,

$$q_{\mathrm{TP,L}} - \max\left\{0, \frac{1-2\pi p - 2p\sqrt{\delta_{\mathrm{TP}}(\pi|p)}}{2(1-p)}\right\},$$

$$q_{\mathrm{TP,U}} = \min\left\{1, \frac{1-2\pi p + 2p\sqrt{\delta_{\mathrm{TP}}(\pi|p)}}{2(1-p)}\right\}.$$

引理 1.3　对于 (1.17) 式所定义的二次函数 $\delta_{\mathrm{TP}}(\pi|p)$, 有下述结论成立:

(1) 如果 $p < 0.5$, 对任意的 $\pi \in (0,1)$, 总有 $\delta_{\mathrm{TP}}(\pi|p) > 0$;

(2) 如果 $p = 0.5$, 对任意的 $\pi \in (0,1)$, 总有 $\delta_{\mathrm{TP}}(\pi|p) = \delta_{\mathrm{TP}}(\pi|0.5) = \pi^2 > 0$;

(3) 如果 $p > 0.5$, 则

$$\delta_{\mathrm{TP}}(\pi|p)\begin{cases} > 0, & \forall \pi \in (\pi_{\mathrm{TP,U}}, 1), \\ \leqslant 0, & \forall \pi \in (0, \pi_{\mathrm{TP,U}}], \end{cases}$$

其中,

$$\pi_{\mathrm{TP,U}} = \frac{1-2p+\sqrt{2p-1}/p}{2(1-p)}, \tag{1.18}$$

并且 $0 < \pi_{\mathrm{TP,U}} < 1$.

引理 1.3 的证明参见 Tian (2015) 及 Tian 和 Tang (2014). 结合定理 1.2 和引理 1.3, 可以得到下述结论.

推论 1.2   令 $\pi \in (0,1)$ 且 $p \in (0,1)$, 则有

(1) 当下述任一条件成立时, 平行模型比三角模型更有效:

    (1.1) $p \leqslant 0.5$, $\pi \in (0,1)$ 且 $q \in (0, q_{\mathrm{TP,L}}) \cup (q_{\mathrm{TP,U}}, 1)$;

    (1.2) $p > 0.5$, $\pi \in (0, \pi_{\mathrm{TP,U}}]$ 且 $q \in (0,1)$;

    (1.3) $p > 0.5$, $\pi \in (\pi_{\mathrm{TP,U}}, 1]$ 且 $q \in (0, q_{\mathrm{TP,L}}) \cup (q_{\mathrm{TP,U}}, 1)$;

(2) 当下述任一条件成立时, 三角模型比平行模型更有效:

    (2.1) $p \leqslant 0.5$, $\pi \in (0,1)$ 且 $q \in [q_{\mathrm{TP,L}}, q_{\mathrm{TP,U}}]$;

    (2.2) $p > 0.5$, $\pi \in (\pi_{\mathrm{TP,U}}, 1]$ 且 $q \in [q_{\mathrm{TP,L}}, q_{\mathrm{TP,U}}]$.

另一方面, 对于受访者的隐私保护, 结合公式 (1.15) 和 (1.2) 可知, 当 $\{X = 0\}$ 为非敏感集时, 对任意 $\pi \in (0,1)$ 且 $p \in (0,1)$, 有

$$\mathrm{DPP}_{\bigcirc}^{(\mathrm{T})}(\pi, p) = 0 = \mathrm{DPP}_{\bigcirc}^{(\mathrm{P})}(\pi, p, q),$$

$$\mathrm{DPP}_{\square}^{(\mathrm{T})}(\pi, p) = \frac{\pi}{\pi + (1-\pi)p} > \frac{\pi}{\pi + q(1-p)/p}$$

$$= \frac{\pi p}{\pi p + q(1-p)} = \mathrm{DPP}_{\square}^{(\mathrm{P})}(\pi, p, q)$$

当且仅当 $q > (1-\pi)p^2/(1-p)$. 综上所述, 当 $q > (1-\pi)p^2/(1-p)$ 时, 平行模型在受访者隐私保护方面比三角模型效果更好.

3. 平行模型小结

与 Yu, Tian 和 Tang (2008) 提出的两种非随机化响应模型——十字交叉模型和三角模型——相比, 平行模型最大的优势在于二分类敏感变量 X 的两个分类 $X = 0$ 与 $X = 1$ 均可为敏感类别; 同时, 不论是从受访者隐私被保护的程度还是从估计的精度来看, 在一定条件下, 总有平行模型比十字交叉模型或三角模型有效.

值得一提的是, 平行模型的可靠性依赖于以下四个假定的成立:

(1) 两个非敏感的二分类变量 U 和 W 存在;

(2) 随机变量 Y, U 和 W 相互独立;

(3) 两个非敏感变量的概率已知, 即 $q = \mathrm{Pr}(U = 1)$ 和 $p = \mathrm{Pr}(W = 1)$ 已知;

(4) 两个随机变量 U 和 V 是均匀分布的 (Petróczi et al., 2011).

第 2 章　非随机化平行模型的推广

2.1　引　言

在 Tian (2015) 提出的非随机化平行模型中要求两个非敏感二分类变量 U 和 W 的概率分布已知, 即, $q = \Pr(U = 1)$ 和 $p = \Pr(W = 1)$ 已知. 然而, 在实际应用中, 让两个非敏感二分类变量 U 和 W 的概率分布同时已知并不现实, 至少对于挑选合适的非敏感二分类变量 U 并保证该变量取值为 1 时的概率 ($q = \Pr(U = 1)$) 已知来说并不总是一件容易的事情. 退一步说, 即使这样的变量 U 可以找到, 如何确定其取值为 1 时的概率? 例如, 如果定义 $U = 1$ 表示受访者喜欢旅游, 而 $U = 0$ 表示受访者不喜欢旅游. 对于目标群体而言, 由于总体通常不可得, 故 $U = 1$ 的概率通常是未知的. 此外, 即使可以得到其概率 q, 如何验证该概率 q 等于其真实的或某一先验信息提供的概率 q_0? 对于平行模型而言, 该模型并没有提供有效的检验方法. 因此, 2.2 节将重点讨论平行模型的另一个重要的推广, 即变体平行模型 (Liu, 2015; Liu & Tian, 2013b). 在该模型中, 假定非敏感二分类变量 U 取值为 1 时的概率 $\Pr(U = 1)$ 未知, 记为 θ. 我们首先给出变体平行模型的设计, 对于敏感参数 π 和非敏感参数 θ, 分别给出基于似然函数和贝叶斯理论的统计推断方法; 此外, 我们还将所提出的变体平行模型与非随机化的十字交叉模型、三角模型以及平行模型分别从理论上和数值上、估计有效性和隐私保护度上进行多角度多维度的比较; 随后, 对该模型在实际应用中可能存在的非依从现象进行讨论并提供一种可能的解决方案; 最后通过对在 S 市、L 市和 P 市进行的一项关于性行为的调查数据分析和对两个利用变体平行模型设计在 K 大学进行的本科生考试作弊行为的真实调查数据分析来进一步说明本节所提出的方法.

另一方面, 在实际的社会学、心理学、医学等调查中, 调查人员可能不只是对二分类的敏感变量感兴趣, 他们可能还希望了解某些具有多于两个类别属性的敏感特征的分布情况. Abul-Ela 等 (1967) 将 Warner 提出的二分类的随机模型 (Warner, 1965) 推广到多分类的情形. Warner 模型的另一个推广是 Bourke 和 Dalenius (1973) 提出的一种基于拉丁方设计的方法. 此外, Eriksson (1973) 提出的一个不相关问题随机化模型可以只用一个样本来估计具有 $m \ (> 2)$ 个互不重合的属性类别的敏感特征 (其中至多只有 $m - 1$ 个敏感子类) 的比例大小. Bourke (1974) 提出了另一种不同于 Eriksson 所提方法的不相关问题设计, 该设计可以用来估计 m 个互不相交的类别属性 (其中, $k \ (1 \leqslant k \leqslant m - 1)$ 个子类包含敏感信息) 的比例. 只要不相关特征的分布已知, 只需一个样本即可估计这 m 个参数. 然而, 在随机化响应技术中, 由于必须使用一到两个随机化装置来辅助调查, 所有的随机化模型都不可避免地具有缺乏重复性、缺乏信任和成本较高等局限性. 而非随机化响应技术由于使用一到两个非敏感问题去替代随机化装置, 在一定程度上可有效克服随机化响应技术的局限性, 同时达到保护受访者隐私不被泄露的目的.

尽管非随机化的模型设计在敏感性抽样调查中取得了较大的进展, 但绝大多数非随机化的模型设计——包括 Tang 等 (2009) 提出的多分类三角模型要求敏感变量至少有一个分类是非敏感的. 但是, 实际问题中该要求并不一定能够满足. 例如, 在某些调查中, 调查者可能对目标人群中有关敏感问题 (诸如性伴侣个数为 $\leqslant 3$, $4\sim6$, >7 或上个月中吸毒的次数为 $\leqslant 1, 2, \geqslant 3$ 等) 的类别比例感兴趣. 在这些问题中, 敏感变量的每一个分类 (记为 $\{Y = i\}$, $i = 1, \cdots, m$ 且 $m \geqslant 3$) 都是敏感的. 非随机化的多分类三角模型尽管可以处理多分类问题, 但并不适用于该情形. Groenitz (2014) 提出的非随机化的对角模型虽然可以处理该情形下的多分类敏感参数的估计, 但从整体上看, 无论是估计的准确性还是估计的精确性在敏感变量至少一个分类是非敏感的条件下均显著不如 Tang 等提出的多分类三角模型 (表 2.17). 因此现有的非随机化响应技术的局限性促使我们发展新的非随机化的模型来处理多分类敏感变量的问题. Tian (2015) 提出的非随机化的平行模型可以克服敏感变量的一个分类必须为非敏感的局限, 但仅适用于二分类敏感变量的情形. 因此, 在 2.3 节, 我们将平行模型作进一步推广, 考虑多分类平行模型 (Liu & Tian, 2013a; 刘寅, 2011). 我们首先给出多分类平行模型的设计, 导出基于似然函数和基于贝叶斯理论的统计推断的方法, 并利用多分类平行模型的一个特殊情形——四分类平行模型——来考察两个二分类敏感变量之间的相关性, 随后对于多分类三角模型、对角模型以及 2.3 节所提出的多分类平行模型分别从理论上和数值上进行比较, 最后通过美国 G 州 F 县和 D 县的一组关于宫颈癌和性伴侣个数的关系研究的调查数据来进一步说明本节所提出的方法.

2.2　变体平行模型的设计与分析

2.2.1　变体平行模型

1. 变体平行模型的调查设计

令 $\{Y = 1\}$ 表示目标总体中具有某一敏感特征的人群组成的集合, $\{Y = 0\}$ 表示该总体中不具有该敏感特征的人群组成的集合. 现在的目标是估计总体中具有该敏感特征的人群在总体中所占的比例, 即, $\pi = \Pr(Y = 1)$. 假设 U 和 W 为两个非敏感的二分类变量, Y, U 和 W 相互独立, 其中 $\theta = \Pr(U = 1)$ 未知, $p = \Pr(W = 1)$ 已知. 例如, 我们可以定义 $U = 1$ 表示受访者为城市户口 (或受访者喜欢看足球类节目, 或者受访者喜欢钓鱼/唱歌/购物/旅行, 或者受访者具有高中以上的受教育水平等), 否则, $U = 0$. 类似地, 我们可以定义 $W = 1$ 表示受访者的身份证号尾号/手机号尾号为偶数 (或受访者的生日在下半年等), 否则, $W = 0$. 因此, 假设 $p \approx 0.5$ 是合理的.

调查者可以基于表 2.1 的左半部分设计调查问卷并要求受访者根据自身情况真实作答. 受访者无须分别报告自身关于这三个变量的真实取值, 而只需根据自身的情况来报告○或△或□即可. 如果受访者属于集合 $\{U = 0, W = 0\}$, 则在○中打钩; 如果他属于集合 $\{Y = 0, W = 1\}$, 则在△中打钩; 如果他属于集合 $\{U = 1, W = 0\} \cup \{Y = 1, W = 1\}$, 则在上面的□中打钩. 由于集合 $\{W = 0\}$, $\{W = 1\}$, $\{U = 0\}$, $\{U = 1\}$ 以及 $\{Y = 0\}$ 均为非敏感集合, 故, $\{U = 1, W = 0\} \cup \{Y = 1, W = 1\}$ 也可以看作一个非敏感的子类, 因此, 我们有理由相信受访者会根据自身的情况进行真实作答. 此外, 不管受访者是否属于敏感集合 $\{Y = 1, W = 1\}$, 调查者无法从受访者所报告的答案得知, 故而受访者的隐私受到较好的保护. 由于在该模型

中 θ 未知, 因此, 我们称该模型为变体平行模型. 表 2.1 的右半部分给出了变体平行模型相应类别的概率分布. 注意到 Y, U 和 W 相互独立, 因此, 相应的联合密度可以由两个边际密度的乘积得到.

表 2.1 变体平行模型及相应类别的概率

分类	$W=0$	$W=1$	分类	$W=0$	$W=1$	边际
$U=0$	○		$U=0$	$(1-\theta)(1-p)$		$1-\theta$
$U=1$	□		$U=1$	$\theta(1-p)$		θ
$Y=0$		△	$Y=0$		$(1-\pi)p$	$1-\pi$
$Y=1$		□	$Y=1$		πp	π
			边际	$1-p$	p	1

注: 请根据自身情况真实作答. 如果你属于集合 $\{U=0, W=0\}$, 则在○中打钩; 如果你属于集合 $\{Y=0, W=1\}$, 则在△ 中打钩; 如果你属于集合 $\{U=1, W=0\} \cup \{Y=1, W=1\}$, 则在上面的□中打钩.

对那些不能很好地理解表 2.1 给出的调查设计的受访者, 调查者可以以下述形式设计变体平行模型的调查问卷, 例如:

令 $Y=1$ 表示受访者吸毒, 否则, 令 $Y=0$.

(1) 如果你的生日在上半年 (即, $W=0$), 请回答问题: 你喜欢购物吗? 如果不喜欢 (即, $U=0$) 请回答 "0", 否则 (即, $U=1$), 回答 "2";

(2) 如果你的生日在下半年 (即, $W=1$), 请回答问题: 你曾考试作弊吗? 如果没有 (即, $Y=0$) 请回答 "1", 否则 (即, $Y=1$), 回答 "2".

其中, 回答 "0" 等价于在表 2.1 中的○中打钩, 回答 "1" 等价于在表 2.1 中的△中打钩, 回答 "2" 等价于在表 2.1 中的上面的□中打钩.

2. 受访者隐私保护度

为了评价变体平行模型中受访者隐私被保护的程度, 定义响应变量

$$Y_{\mathrm{v}}^{\mathrm{R}} = \begin{cases} -1, & \text{如果受访者在 ○ 中打钩}, \\ 0, & \text{如果受访者在△ 中打钩}, \\ 1, & \text{如果受访者在上面的□中打钩}, \end{cases} \tag{2.1}$$

其中脚标 "V" 表示变体平行模型. 令 $\mathrm{DPP}_{○}^{(\mathrm{V})}(\pi, \theta, p)$ (或 $\mathrm{DPP}_{△}^{(\mathrm{V})}(\pi, \theta, p)$) 表示受访者在表 2.1 中的○ 中打钩 (或在△中打钩) 的情况下属于敏感集合 $\{Y=1\}$ 的条件概率. 显然,

$$\begin{aligned} \mathrm{DPP}_{○}^{(\mathrm{V})}(\pi, \theta, p) &= \Pr(Y=1 | Y_{\mathrm{v}}^{\mathrm{R}} = -1) = 0, \\ \mathrm{DPP}_{△}^{(\mathrm{V})}(\pi, \theta, p) &= \Pr(Y=1 | Y_{\mathrm{v}}^{\mathrm{R}} = 0) = 0. \end{aligned} \tag{2.2}$$

类似地, 令 $\mathrm{DPP}_{□}^{(\mathrm{V})}(\pi, \theta, p)$ 表示受访者在表 2.1 中的上面的□中打钩的情况下属于敏感集合 $\{Y=1\}$ 的条件概率, 则

$$\mathrm{DPP}_{□}^{(\mathrm{V})}(\pi, \theta, p) = \Pr(Y=1 | Y_{\mathrm{v}}^{\mathrm{R}} = 1) = \frac{\pi p}{\pi p + \theta(1-p)}. \tag{2.3}$$

特别地, 当 $p=1$ 时, 有 $\mathrm{DPP}_{□}^{(\mathrm{V})}(\pi, \theta, 1) = 1$, 恰好等于直接问题模型中的隐私保护度. 图 2.1 中的每一个子图分别给出给定 $\pi = 0.05$, 0.20, 0.50 和 0.95 的情况下, $\mathrm{DPP}_{□}^{(\mathrm{V})}(\pi, \theta, p)$

与 p 在 $\theta = 1/3, 1/2$ 和 $2/3$ 时的相关图. 从图 2.1 中可以看到, 不论 θ 取值大小如何, $\mathrm{DPP}_{\square}^{(\mathrm{V})}(\pi, \theta, p)$ 随 p 的增大而增加, 也即, 对任意给定的 π 和 θ, $\mathrm{DPP}_{\square}^{(\mathrm{V})}(\pi, \theta, p)$ 为 p 的单调增函数.

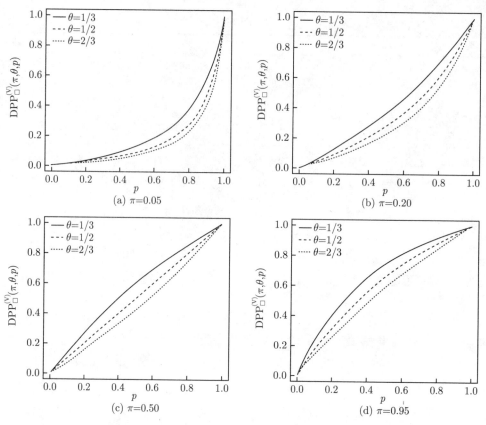

图 2.1 变体平行模型中, 给定 π, $\mathrm{DPP}_{\square}^{(\mathrm{V})}(\pi, \theta, p)$ 与 p 在 θ 的三个不同值下的相关图

图 2.2 中的每个子图分别给出给定 $\pi = 0.05, 0.20, 0.50$ 和 0.95 的情况下, $\mathrm{DPP}_{\square}^{(\mathrm{V})}(\pi, \theta, p)$

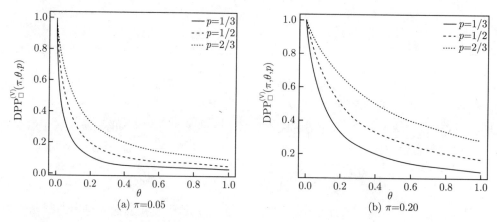

图 2.2 变体平行模型中, 给定 π, $\mathrm{DPP}_{\square}^{(\mathrm{V})}(\pi, \theta, p)$ 与 θ 在 p 的三个不同的值下的相关图

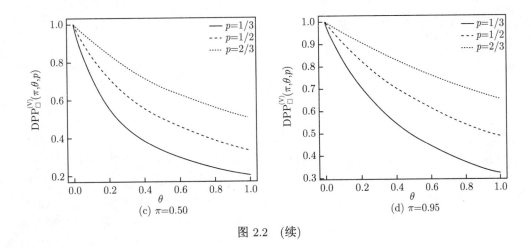

图 2.2　(续)

与 θ 在 $p=1/3, 1/2$ 和 $2/3$ 时的相关图. 从图 2.2 中可以看到, 不论 p 取值如何, $\mathrm{DPP}_\square^{(\mathrm{V})}(\pi, \theta, p)$ 随 θ 的增大而减小, 也即, 对任意给定的 π 和 p, $\mathrm{DPP}_\square^{(\mathrm{V})}(\pi, \theta, p)$ 为 θ 的单调减函数.

2.2.2　未知参数的极大似然估计及其方差

1. (π, θ) 的极大似然估计

假设在一次抽样调查中共获得 n 份有效问卷, n_1 名受访者在○中打钩, n_2 名受访者在△中打钩, n_3 名受访者在上面的□中打钩 (表 2.1). 令 $Y_{\mathrm{obs}} = \{n;\ n_1, n_2, n_3\}$ 表示观测数据, 其中, $n = \sum_{i=1}^3 n_i$. 关于未知参数 π 和 θ 的观测数据似然函数为

$$
\begin{aligned}
&L_{\mathrm{V}}(\pi, \theta | Y_{\mathrm{obs}}) \\
&= \binom{n}{n_1, n_2, n_3} [(1-\theta)(1-p)]^{n_1} [(1-\pi)p]^{n_2} [\theta(1-p) + \pi p]^{n_3}.
\end{aligned} \tag{2.4}
$$

由公式 (2.4) 可知, 相应的对数似然函数为

$$
\ell_{\mathrm{V}}(\pi, \theta | Y_{\mathrm{obs}}) = c_{\mathrm{V}} + n_1 \ln(1-\theta) + n_2 \ln(1-\pi) + n_3 \ln[\theta(1-p) + \pi p],
$$

其中, c_{V} 为不依赖于 π 和 θ 的常数. 令

$$
\frac{\partial \ell_{\mathrm{V}}(\pi, \theta | Y_{\mathrm{obs}})}{\partial \pi} = 0 \quad \text{和} \quad \frac{\partial \ell_{\mathrm{V}}(\pi, \theta | Y_{\mathrm{obs}})}{\partial \theta} = 0,
$$

可得

$$
\frac{-n_2}{1-\pi} + \frac{n_3 p}{\theta(1-p) + \pi p} = 0
$$

和

$$
\frac{-n_1}{1-\theta} + \frac{n_3(1-p)}{\theta(1-p) + \pi p} = 0.
$$

因此, π 和 θ 的极大似然估计分别为

$$\hat{\pi}_{\mathrm{V}} = 1 - \frac{n_2}{np} \quad \text{和} \quad \hat{\theta} = 1 - \frac{n_1}{n(1-p)}. \tag{2.5}$$

容易验证, $(\hat{\pi}_{\mathrm{V}}, \hat{\theta})$ 为 (π, θ) 的无偏估计.

2. π 的修正的极大似然估计及其渐近性质

注意到, 由 (2.5) 式定义的 π 的置信区间可能超出单位区间 $[0,1]$. 例如, 令 $(n_1, n_2, n_3)^{\top} = (15, 20, 35)^{\top}$ 和 $p = 1/4$, 根据 (2.5) 式, 有 $\hat{\pi}_{\mathrm{V}} = -0.1429 < 0$ 并且 $\hat{\theta} = 0.7143$. 这种情况下, 我们可以利用 EM 算法 (Dempster et al., 1977) 来计算 π 和 θ 的极大似然估计. 在 2.2.5 节中, 我们将介绍使用最大期望值算法寻找 π 和 θ 的后验众数的方法, 其中, π 和 θ 的先验分布分别为两个独立的贝塔 (Beta) 分布. 特别地, 如果采用定义在 $[0,1]$ 上的两个独立的均匀分布作为 π 和 θ 的先验分布, 则 π 和 θ 的后验众数等于它们的极大似然估计. 在公式 (2.45) 和 (2.46) 中, 令 $a_1 = b_1 = a_2 = b_2 = 1$ 以及 $\pi^{(0)} = \theta^{(0)} = 0.5$ 作为 EM 算法中 π 和 θ 初始值, 该算法经过 197 次迭代收敛到 $\hat{\pi}_{\mathrm{V}} = 2.22 \times 10^{-17} \approx 0$ 和 $\hat{\theta} = 0.70 \ (< 0.7143)$.

根据 (2.5) 式, 容易验证, 当且仅当 $0 \leqslant n_2 \leqslant np$ 时, $0 \leqslant \hat{\pi}_{\mathrm{V}} \leqslant 1$. 因此, π 的一个修正的极大似然估计为

$$\hat{\pi}_{\mathrm{VM}} = \max\{0, \hat{\pi}_{\mathrm{V}}\} = \begin{cases} 0, & n_2 > np, \\ \hat{\pi}_{\mathrm{V}}, & n_2 \leqslant np. \end{cases} \tag{2.6}$$

下述定理指出, $\hat{\pi}_{\mathrm{VM}}$ 和 $\hat{\pi}_{\mathrm{V}}$ 渐近相等.

定理 2.1 如果 $0 < \pi < 1$, 则 $\sqrt{n}\,(\hat{\pi}_{\mathrm{VM}} - \pi)$ 和 $\sqrt{n}\,(\hat{\pi}_{\mathrm{V}} - \pi)$ 当 $n \to \infty$ 时具有相同的渐近分布.

证明 该定理等价于验证: 当 $n \to \infty$ 时, $\sqrt{n}\,(\hat{\pi}_{\mathrm{VM}} - \pi) - \sqrt{n}\,(\hat{\pi}_{\mathrm{V}} - \pi)$ 依概率收敛至 0, 即

$$\Pr\{|\sqrt{n}\,(\hat{\pi}_{\mathrm{VM}} - \hat{\pi}_{\mathrm{V}})| > 0\} \to 0, \quad \text{当} \ n \to \infty. \tag{2.7}$$

当 $n_2 \leqslant np$ 时, 根据 (2.6) 式, 有 $\hat{\pi}_{\mathrm{VM}} = \hat{\pi}_{\mathrm{V}}$. 因此, (2.7) 式立即可得.

下面, 我们考虑 $n_2 > np$ 的情形, 即

$$\hat{\lambda}_2 > p. \tag{2.8}$$

注意到 $\hat{\lambda}_2$ 为 $\lambda_2 = (1-\pi)p$ 的极大似然估计, 对任意给定的 $\varepsilon > 0$, 当 $n \to \infty$ 时, 容易验证 $\Pr\{|\hat{\lambda}_2 - \lambda_2| > \varepsilon\} \to 0$. 因此, 我们只需证明下述关系成立即可: 即, 对任意的 $\varepsilon < \pi p = p - \lambda_2$, 总有

$$\Pr\{|\sqrt{n}\,(\hat{\pi}_{\mathrm{VM}} - \hat{\pi}_{\mathrm{V}})| > 0\} \leqslant \Pr\{|\hat{\lambda}_2 - \lambda_2| > \varepsilon\}, \tag{2.9}$$

由于 $\hat{\pi}_{\mathrm{VM}} = 0$, 故

$$\left|\sqrt{n}\left(\hat{\pi}_{\mathrm{VM}}-\hat{\pi}_{\mathrm{V}}\right)\right|>0\Rightarrow\left|\sqrt{n}\left[0-\left(1-\hat{\lambda}_2/p\right)\right]\right|>0\Rightarrow\left|\hat{\lambda}_2-p\right|>0$$
$$\Rightarrow 0<\left|\hat{\lambda}_2-p\right|\overset{(2.8)}{=\!=\!=\!=}\hat{\lambda}_2-p=\left(\hat{\lambda}_2-\lambda_2\right)-\left(p-\lambda_2\right)$$
$$\Rightarrow\left|\hat{\lambda}_2-\lambda_2\right|\geqslant\hat{\lambda}_2-\lambda_2>p-\lambda_2>\varepsilon.$$

因此, (2.9) 式立即可得.　　　　　　　　　　　　　　　　　　　　　　□

3. π 的估计的有效性

方差的大小是衡量估计量有效性的一个重要指标. 为了得到 $\hat{\pi}_{\mathrm{V}}$ 的期望和方差, 定义

$$\lambda_1=\mathrm{Pr}\{U=0,W=0\}=(1-\theta)(1-p),$$
$$\lambda_2=\mathrm{Pr}\{Y=0,W=1\}=(1-\pi)p \tag{2.10}$$

和

$$\lambda_3=\mathrm{Pr}\{U=1,W=0\}+\mathrm{Pr}\{Y=1,W=1\}=\theta(1-p)+\pi p.$$

显然, $(n_1,n_2,n_3)^{\top}$ 服从多项式分布, 即, $(n_1,n_2,n_3)^{\top}\sim\mathrm{Multinomial}(n;\lambda_1,\lambda_2,\lambda_3)$. 由于 $\{\lambda_i\}_{i=1}^{3}$ 的极大似然估计为 $\hat{\lambda}_i=n_i/n$ 且 $E(n_i)=n\lambda_i$, $i=1,2,3$, 容易验证, $\hat{\pi}_{\mathrm{V}}$ 的方差为

$$\mathrm{Var}(\hat{\pi}_{\mathrm{V}})=\frac{\lambda_2(1-\lambda_2)}{np^2}\overset{(2.10)}{=\!=\!=\!=}\mathrm{Var}(\hat{\pi}_{\mathrm{D}})+\frac{(1-p)(1-\pi)}{np}, \tag{2.11}$$

其中, $\mathrm{Var}(\hat{\pi}_{\mathrm{D}})=\pi(1-\pi)/n$ 表示直接问题模型中 $\hat{\pi}_{\mathrm{D}}$ 的方差. 显然, 当 $p=1$ 时, 变体平行模型退化为直接问题模型. 此外, 我们还观察到, $\mathrm{Var}(\hat{\pi}_{\mathrm{V}})$ 与未知参数 θ 无关. 此时, 对任意给定的 π,

$$n\mathrm{Var}(\hat{\pi}_{\mathrm{V}})=\pi(1-\pi)+\frac{(1-p)(1-\pi)}{p} \tag{2.12}$$

为 p 的减函数 (图 2.3). 同时, 当 $p\to 0$ 时, $n\mathrm{Var}(\hat{\pi}_{\mathrm{V}})\to\infty$.

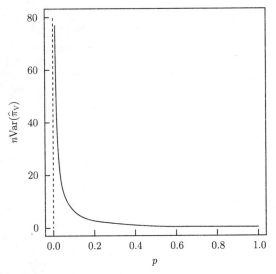

图 2.3　变体平行模型中, 给定 $\pi=0.3$, (2.12) 式定义的 $n\mathrm{Var}(\hat{\pi}_{\mathrm{V}})$ 与 p 的相关图

下述定理给出了敏感参数 π 的极大似然估计的方差的一个无偏估计.

定理 2.2 令 $\widehat{\mathrm{Var}}(\hat{\pi}_{\mathrm{v}}) = \hat{\lambda}_2(1-\hat{\lambda}_2)/[(n-1)p^2]$, 则

$$\widehat{\mathrm{Var}}(\hat{\pi}_{\mathrm{v}}) = \frac{\hat{\pi}_{\mathrm{v}}(1-\hat{\pi}_{\mathrm{v}})}{n-1} + \frac{(1-\hat{\pi}_{\mathrm{v}})(1-p)}{(n-1)p} \tag{2.13}$$

且 $\widehat{\mathrm{Var}}(\hat{\pi}_{\mathrm{v}})$ 为 $\mathrm{Var}(\hat{\pi}_{\mathrm{v}}) = \lambda_2(1-\lambda_2)/(np^2)$ 的一个无偏估计.

证明 由 (2.10) 式可知, $\hat{\lambda}_2 = p(1-\hat{\pi}_{\mathrm{v}})$, 其中, $\hat{\pi}_{\mathrm{v}}$ 由 (2.5) 式定义. 因此,

$$\widehat{\mathrm{Var}}(\hat{\pi}_{\mathrm{v}}) = \frac{\hat{\lambda}_2(1-\hat{\lambda}_2)}{(n-1)p^2}$$

$$= \frac{p(1-\hat{\pi}_{\mathrm{v}})(1-p+p\hat{\pi}_{\mathrm{v}})}{(n-1)p^2}$$

$$= \frac{\hat{\pi}_{\mathrm{v}}(1-\hat{\pi}_{\mathrm{v}})}{n-1} + \frac{(1-\hat{\pi}_{\mathrm{v}})(1-p)}{(n-1)p},$$

即, (2.13) 式成立. 接下来, 我们证明定理 2.2 的第二部分. 由于 $n_2 \sim \mathrm{Binomial}(n; \lambda_2)$, 有

$$E(\hat{\lambda}_2) = E(n_2/n) = \lambda_2 \quad \text{和} \quad \mathrm{Var}(\hat{\lambda}_2) = \frac{\mathrm{Var}(n_2)}{n^2} = \frac{\lambda_2(1-\lambda_2)}{n},$$

故

$$E[\hat{\lambda}_2(1-\hat{\lambda}_2)] = E(\hat{\lambda}_2) - [E(\hat{\lambda}_2)]^2 - \mathrm{Var}(\hat{\lambda}_2) = \frac{(n-1)\lambda_2(1-\lambda_2)}{n}.$$

因此, 我们有

$$E\left[\widehat{\mathrm{Var}}(\hat{\pi}_{\mathrm{v}})\right] = \frac{E[\hat{\lambda}_2(1-\hat{\lambda}_2)]}{(n-1)p^2} = \frac{\lambda_2(1-\lambda_2)}{np^2},$$

即, $\widehat{\mathrm{Var}}(\hat{\pi}_{\mathrm{v}})$ 为 $\mathrm{Var}(\hat{\pi}_{\mathrm{v}})$ 的一个无偏估计. $\square$

4. θ 的估计的有效性

根据 (2.5) 式, $\hat{\theta}$ 的方差为

$$\mathrm{Var}(\hat{\theta}) = \frac{\mathrm{Var}(n_1)}{n^2(1-p)^2} = \frac{\lambda_1(1-\lambda_1)}{n(1-p)^2}. \tag{2.14}$$

同定理 2.2, 容易验证

$$\widehat{\mathrm{Var}}(\hat{\theta}) = \frac{\hat{\lambda}_1(1-\hat{\lambda}_1)}{(n-1)(1-p)^2} \tag{2.15}$$

为 $\mathrm{Var}(\hat{\theta})$ 的一个无偏估计.

5. 相对效率

相对效率 (Relative Efficiency, RE) 是用来将两种调查设计的效率进行比较的有效工具之一. 变体平行模型到直接问题模型的相对效率定义如下:

$$\mathrm{RE}_{\mathrm{V}\to\mathrm{D}}(\pi, p) = \frac{\mathrm{Var}(\hat{\pi}_{\mathrm{V}})}{\mathrm{Var}(\hat{\pi}_{\mathrm{D}})} = 1 + \frac{1-p}{\pi p}.$$

注意 $\mathrm{RE}_{\mathrm{V}\to\mathrm{D}}(\pi, p)$ 不依赖于未知参数 θ 和样本容量 n. 给定 p, $\mathrm{RE}_{\mathrm{V}\to\mathrm{D}}(\pi, p)$ 为 π 的减函数; 类似地, 给定 π, $\mathrm{RE}_{\mathrm{V}\to\mathrm{D}}(\pi, p)$ 也为 p 的减函数. 表 2.2 给出了不同 (π, p) 组合下的相对效率 $\mathrm{RE}_{\mathrm{V}\to\mathrm{D}}(\pi, p)$ 的值. 例如, 当 $\pi = 0.10$ 且 $p = 2/3$ 时, 有 $\mathrm{RE}_{\mathrm{V}\to\mathrm{D}}(0.10, 2/3) = 6.000$, 意味着为了达到相同的估计精度, 变体平行模型所需的样本容量为直接问题模型所需的样本容量的 6 倍. 当 $\pi = 0.10$ 且 $p = 0.50$ 时, $\mathrm{RE}_{\mathrm{V}\to\mathrm{D}}(0.10, 0.50) = 11.000$. 对于想要研究某一敏感问题的社会调查工作者来说, 这确实是变体平行模型的一个不足之处. 这意味着如果采用直接问题模型需要调查 100 名受访者的话, 使用变体平行模型需要调查 1100 名受访者. 然而, 尽管直接问题模型需要的样本量相对较小, 但是, 受访者普遍并不愿意配合调查, 原因在于这些调查涉及非常敏感的隐私问题. 因此, 为了确保调查的顺利进行, 某些牺牲是值得的. 换句话说, 为了保护受访者隐私获取真实的调查数据, 在非随机化调查设计中使用相对较大样本是可以接受的.

表 2.2　不同 (π, p) 组合下的相对效率 $\mathrm{RE}_{\mathrm{V}\to\mathrm{D}}(\pi, p)$

π	p				
	1/3	0.40	0.50	0.60	2/3
0.05	41.000	31.000	21.000	14.333	11.000
0.10	21.000	16.000	11.000	7.6667	6.0000
0.20	11.000	8.5000	6.0000	4.3333	3.5000
0.30	7.6667	6.0000	4.3333	3.2222	2.6667
0.40	6.0000	4.7500	3.5000	2.6667	2.2500
0.50	5.0000	4.0000	3.0000	2.3333	2.0000
0.60	4.3333	3.5000	2.6667	2.1111	1.8333
0.70	3.8571	3.1429	2.4286	1.9524	1.7143
0.80	3.5000	2.8750	2.2500	1.8333	1.6250
0.90	3.2222	2.6667	2.1111	1.7407	1.5556
0.95	3.1053	2.5789	2.0526	1.7018	1.5263

2.2.3　未知参数的置信区间

我们首先利用定理 2.2 中给出 $\hat{\pi}_{\mathrm{V}}$ 的方差的无偏估计, 构造 π 在大样本情况下的三种渐近置信区间, 包括沃尔德 (Wald) 置信区间、威尔逊 (Wilson) 置信区间和似然比置信区间; 然后给出 π 的精确置信区间. 类似地, 我们给出 θ 在大样本情况下的三种渐近置信区间以及精确置信区间. 最后, 利用自助抽样法构造 (π, θ) 在中小样本下的置信区间.

1. 大样本情况下, π 的渐近置信区间

令 z_{α} 表示标准正态分布的 α 上分位点. 根据中心极限定理, 当 $n \to \infty$ 时, π 的基于方

差的无偏估计 $\widehat{\mathrm{Var}}(\hat{\pi}_{\mathrm{V}})$ 的一个置信水平为 $100(1-\alpha)\%$ 的沃尔德置信区间为

$$[\hat{\pi}_{\mathrm{V,WL}},\ \hat{\pi}_{\mathrm{V,WU}}] = \left[\hat{\pi}_{\mathrm{V}} - z_{\alpha/2}\sqrt{\widehat{\mathrm{Var}}(\hat{\pi}_{\mathrm{V}})},\ \ \hat{\pi}_{\mathrm{V}} + z_{\alpha/2}\sqrt{\widehat{\mathrm{Var}}(\hat{\pi}_{\mathrm{V}})}\right]. \qquad (2.16)$$

由 (2.16) 式定义的沃尔德置信区间的一个缺点在于: 当真实的 π 非常接近于 0 时其下界可能小于 0 或当真实的 π 非常接近于 1 时其上界可能大于 1. 由于 π 表示受访者具有敏感特征的概率, 因而这种情况下所得到的置信区间将无意义, 因此, 我们考虑基于下式构造 π 的一个置信水平为 $100(1-\alpha)\%$ 的威尔逊置信区间:

$$\begin{aligned} 1-\alpha &= \Pr\left\{\left|\frac{\hat{\pi}_{\mathrm{V}} - \pi}{\sqrt{\mathrm{Var}(\hat{\pi}_{\mathrm{V}})}}\right| \leqslant z_{\alpha/2}\right\} \\ &= \Pr\{(\hat{\pi}_{\mathrm{V}} - \pi)^2 \leqslant z_{\alpha/2}^2 \mathrm{Var}(\hat{\pi}_{\mathrm{V}})\} \\ &\xlongequal{(2.11)} \Pr\left\{(\hat{\pi}_{\mathrm{V}} - \pi)^2 \leqslant \frac{z_{\alpha/2}^2}{n}\left[\pi(1-\pi) + \frac{(1-p)(1-\pi)}{p}\right]\right\} \\ &= \Pr\left\{\hat{\pi}_{\mathrm{V}}^2 - 2\hat{\pi}_{\mathrm{V}}\pi + \pi^2 \leqslant \frac{z_{\alpha/2}^2(-\pi^2 + \rho_1\pi + \rho_2)}{n}\right\} \\ &= \Pr\left\{(1+z_*)\pi^2 - (2\hat{\pi}_{\mathrm{V}} + z_*\rho_1)\pi + \hat{\pi}_{\mathrm{V}}^2 - z_*\rho_2 \leqslant 0\right\}, \end{aligned} \qquad (2.17)$$

其中, $z_* \hat{=} z_{\alpha/2}^2/n$, $\rho_1 \hat{=} 1 - \rho_2$ 且

$$\rho_2 \hat{=} \frac{1-p}{p}. \qquad (2.18)$$

通过求解 (2.17) 式定义的概率函数中的二次不等式, 可以得到 π 的威尔逊置信区间为

$$\begin{aligned} &[\hat{\pi}_{\mathrm{V,WSL}},\ \hat{\pi}_{\mathrm{V,WSU}}] \\ &= \frac{2\hat{\pi}_{\mathrm{V}} + z_*\rho_1 \pm \sqrt{(2\hat{\pi}_{\mathrm{V}} + z_*\rho_1)^2 - 4(1+z_*)(\hat{\pi}_{\mathrm{V}}^2 - z_*\rho_2)}}{2(1+z_*)}, \end{aligned} \qquad (2.19)$$

上式所定义的区间一般来说落在区间 $[0,1]$ 内. 相较于沃尔德置信区间与精确置信区间, 威尔逊置信区间被证明拥有更好的表现, 详细内容见 Brown, Cai 和 DasGupta (2001), Agresti 和 Coull (1998), Newcombe (1998) 以及 Clopper 和 Pearson (1934).

当 π 的真实值非常小时, 基于似然比检验构造的似然比置信区间可以提供更好的区间估计. 为了构造 π 的似然比置信区间, 我们考虑如下检验:

$$H_0\colon \pi = \pi_0 \quad \text{V.S.} \quad H_1\colon \pi \neq \pi_0.$$

令 $\hat{\theta}^{\mathrm{R}}$ 表示原假设 H_0 成立的情况下 θ 的带约束的极大似然估计, 则 $\hat{\theta}^{\mathrm{R}} = [n_3(1-p) - n_1\pi_0 p]/[(n_1+n_3)(1-p)]$. 当 $n \to \infty$ 时, 有

$$\Lambda(\pi_0) = -2\{\ell_{\mathrm{V}}(\pi_0, \hat{\theta}^{\mathrm{R}}|Y_{\mathrm{obs}}) - \ell_{\mathrm{V}}(\hat{\pi}_{\mathrm{V}}, \hat{\theta}|Y_{\mathrm{obs}})\} \overset{\cdot}{\sim} \chi^2(1),$$

其中, $\hat{\pi}_{\mathrm{V}}$ 和 $\hat{\theta}$ 分别表示由 (2.5) 式定义的 π 和 θ 无约束的极大似然估计. 由于

$$
\begin{aligned}
\Lambda(\pi_0) = -2\bigg\{ &n_1 \ln(1-\hat{\theta}^{\mathrm{R}}) + n_2 \ln(1-\pi_0) + n_3 \ln[\hat{\theta}^{\mathrm{R}}(1-p) + \pi_0 p] \\
&-n_1 \ln(1-\hat{\theta}) - n_2 \ln(1-\hat{\pi}_{\mathrm{V}}) - n_3 \ln[\hat{\theta}(1-p) + \hat{\pi}_{\mathrm{V}} p]\bigg\},
\end{aligned}
\tag{2.20}
$$

容易验证, 当 $\pi_0 \in [0, 1-n_2/np]$ 时, $\Lambda(\pi_0)$ 为 π_0 的增函数; 当 $\pi_0 \in [1-n_2/np, 1]$ 时, $\Lambda(\pi_0)$ 为 π_0 的减函数. 因此, 对于给定的显著性水平 α, π 的一个置信水平为 $100(1-\alpha)\%$ 的似然比置信区间为

$$
[\hat{\pi}_{\mathrm{V,LRL}}, \hat{\pi}_{\mathrm{V,LRU}}],
\tag{2.21}
$$

其中, $\hat{\pi}_{\mathrm{V,LRL}}$ 和 $\hat{\pi}_{\mathrm{V,LRU}}$ 分别为下述关于 π_0 的方程的两个根:

$$
\Lambda(\pi_0) = \chi^2(\alpha, 1),
\tag{2.22}
$$

其中, $\chi^2(\alpha, 1)$ 表示自由度为 1 的 χ^2 分布的 α 上分位点.

　　由公式 (2.16)、(2.19) 和 (2.21) 定义的置信区间仅适用于大样本的情况. 当 n 较小时, 我们可以考虑由公式 (2.25) 定义的精确置信区间或由公式 (2.34) 或 (2.35) 定义的自助抽样置信区间.

2. π 的精确置信区间

　　当样本容量较小时, Clopper 和 Pearson (1934) 提出了一种基于二项分布的等尾检验建立二项式比例的精确置信区间的方法. 本节, 我们将利用这种方法计算 $\pi = 1 - \lambda_2/p$ ((2.10) 式) 的精确置信区间. 由于 $n_2 \sim \mathrm{Binomial}(n; \lambda_2)$, 因此, λ_2 的一个置信水平为 $100(1-\alpha)\%$ 的精确置信区间 $[\hat{\lambda}_{2,\mathrm{EL}}, \hat{\lambda}_{2,\mathrm{EU}}]$ 需满足下述等式关系:

$$
\hat{\lambda}_{2,\mathrm{EL}} = 0, \qquad n_2 = 0,
$$

$$
\sum_{x=n_2}^{n} \binom{n}{x} \hat{\lambda}_{2,\mathrm{EL}}^x (1-\hat{\lambda}_{2,\mathrm{EL}})^{n-x} = \frac{\alpha}{2}, \qquad n_2 = 1, \cdots, n-1,
\tag{2.23}
$$

$$
\sum_{x=0}^{n_2} \binom{n}{x} \hat{\lambda}_{2,\mathrm{EU}}^x (1-\hat{\lambda}_{2,\mathrm{EU}})^{n-x} = \frac{\alpha}{2}, \qquad n_2 = 1, \cdots, n-1,
\tag{2.24}
$$

$$
\hat{\lambda}_{2,\mathrm{EU}} = 1, \qquad n_2 = n.
$$

通过求解公式 (2.23) 和 (2.24) 定义的两个方程, 得到

$$
\hat{\lambda}_{2,\mathrm{EL}} = \left[1 + \frac{n-n_2+1}{n_2 F(1-\alpha/2; 2n_2, 2(n-n_2+1))}\right]^{-1}
$$

和

$$
\hat{\lambda}_{2,\mathrm{EU}} = \left[1 + \frac{n-n_2}{(n_2+1)F(\alpha/2; 2(n_2+1), 2(n-n_2))}\right]^{-1},
$$

其中, $F(\alpha; k_1, k_2)$ 表示第一自由度为 k_1 且第二自由度为 k_2 的 F 分布的 α 上分位点. 因此, π 的一个置信水平为 $100(1-\alpha)\%$ 的精确置信区间为

$$\hat{\pi}_{\mathrm{V,EL}} = 1 - \frac{\hat{\lambda}_{2,\mathrm{EU}}}{p} \quad \text{和} \quad \hat{\pi}_{\mathrm{V,EU}} = 1 - \frac{\hat{\lambda}_{2,\mathrm{EL}}}{p}. \tag{2.25}$$

注意到这是一个离散分布的问题, 所以精确置信区间的置信度 (或覆盖率) 不会恰好等于 $1-\alpha$, 但至少为 $1-\alpha$. 因此, 精确置信区间通常被认为是保守的置信区间.

3. 大样本情况下, θ 的渐近置信区间

由 $\hat{\theta}$ 的方差的无偏估计 ((2.15) 式) 出发, θ 的一个置信水平为 $100(1-\alpha)\%$ 的沃尔德置信区间为

$$[\hat{\theta}_{\mathrm{WL}}, \hat{\theta}_{\mathrm{WU}}] = \left[\hat{\theta} - z_{\alpha/2}\sqrt{\widehat{\mathrm{Var}(\hat{\theta})}}, \ \hat{\theta} + z_{\alpha/2}\sqrt{\widehat{\mathrm{Var}(\hat{\theta})}} \right]. \tag{2.26}$$

而 θ 的一个置信水平为 $100(1-\alpha)\%$ 的威尔逊置信区间可通过下式构造:

$$1 - \alpha = \Pr\left\{ \left| \frac{\hat{\theta} - \theta}{\sqrt{\mathrm{Var}(\hat{\theta})}} \right| \leqslant z_{\alpha/2} \right\}$$

$$\overset{(2.14)}{=\!=\!=} \Pr\left\{ (\hat{\theta} - \theta)^2 \leqslant \frac{z_{\alpha/2}^2 (1-\theta)(1-p)[1-(1-\theta)(1-p)]}{n(1-p)^2} \right\}$$

$$= \Pr\left\{ (1+z_*)\theta^2 - (2\hat{\theta} + 2z_* - z_*\rho_3)\theta + \hat{\theta}^2 + z_* - z_*\rho_3 \leqslant 0 \right\}, \tag{2.27}$$

其中, $z_* \doteq z_{\alpha/2}^2/n$ 和 $\rho_3 \doteq 1/(1-p)$. 求解 (2.27) 式定义的概率函数中的二次不等式, 我们可以得到 θ 的威尔逊置信区间为

$$[\hat{\theta}_{\mathrm{WSL}}, \hat{\theta}_{\mathrm{WSU}}]$$

$$= \frac{2\hat{\theta} + 2z_* - z_*\rho_3 \pm \sqrt{(2\hat{\theta} + 2z_* - z_*\rho_3)^2 - 4(1+z_*)(\hat{\theta}^2 + z_* - z_*\rho_3)}}{2(1+z_*)}. \tag{2.28}$$

一般来说, 由上式定义的置信区间落在区间 $[0,1]$ 内.

另一方面, 为了得到 θ 的似然比置信区间, 我们考虑下述检验:

$$H_0\colon \theta = \theta_0 \quad \text{V.S.} \quad H_1\colon \theta \neq \theta_0.$$

令 $\hat{\pi}^{\mathrm{R}}$ 表示原假设 H_0 成立时 π 的带约束的极大似然估计. 则, $\hat{\pi}^{\mathrm{R}} = [n_3 p - n_2\theta_0(1-p)]/[(n_2 + n_3)p]$. 当 $n \to \infty$ 时, 易知,

$$\Lambda(\theta_0) = -2\{\ell_{\mathrm{v}}(\hat{\pi}^{\mathrm{R}}, \theta_0 | Y_{\mathrm{obs}}) - \ell_{\mathrm{v}}(\hat{\pi}_{\mathrm{v}}, \hat{\theta} | Y_{\mathrm{obs}})\} \overset{\cdot}{\sim} \chi^2(1),$$

其中, $\hat{\pi}_{\mathrm{v}}$ 和 $\hat{\theta}$ 分别表示由 (2.5) 式定义的 π 和 θ 的不带约束的极大似然估计. 由于

$$\Lambda(\theta_0) = -2\left\{ n_1 \ln(1-\theta_0) + n_2 \ln(1-\hat{\pi}^{\mathrm{R}}) + n_3 \ln[\theta_0(1-p) + \hat{\pi}^{\mathrm{R}}p] \right.$$

$$\left. -n_1 \ln(1-\hat{\theta}) - n_2 \ln(1-\hat{\pi}_{\mathrm{v}}) - n_3 \ln[\hat{\theta}(1-p) + \hat{\pi}_{\mathrm{v}}p] \right\}, \tag{2.29}$$

容易验证, 当 $\theta_0 \in [0, 1 - n_1/(n(1-p))]$ 时, $\Lambda(\theta_0)$ 为 θ_0 的增函数; 当 $\theta_0 \in [1 - n_1/(n(1-p)), 1]$ 时, $\Lambda(\theta_0)$ 为 θ_0 的减函数. 因此, 对于给定的显著性水平 α, θ 的一个置信水平为 $100(1-\alpha)\%$ 的似然比置信区间为

$$[\hat{\theta}_{\mathrm{LRL}}, \hat{\theta}_{\mathrm{LRU}}], \tag{2.30}$$

其中, $\hat{\theta}_{\mathrm{LRL}}$ 和 $\hat{\theta}_{\mathrm{LRU}}$ 为下述关于 θ_0 的方程的两个根:

$$\Lambda(\theta_0) = \chi^2(\alpha, 1). \tag{2.31}$$

4. θ 的精确置信区间

类似前文可得, θ 的一个置信水平为 $100(1-\alpha)\%$ 的精确置信区间为

$$\hat{\theta}_{\mathrm{EL}} = 1 - \frac{\hat{\lambda}_{1,\mathrm{EU}}}{1-p} \quad \text{和} \quad \hat{\theta}_{\mathrm{EU}} = 1 - \frac{\hat{\lambda}_{1,\mathrm{EL}}}{1-p}, \tag{2.32}$$

其中,

$$\hat{\lambda}_{1,\mathrm{EL}} = \left[1 + \frac{n - n_1 + 1}{n_1 F(1 - \alpha/2; 2n_1, 2(n - n_1 + 1))} \right]^{-1}$$

$$\hat{\lambda}_{1,\mathrm{EU}} = \left[1 + \frac{n - n_1}{(n_1 + 1) F(\alpha/2; 2(n_1 + 1), 2(n - n_1))} \right]^{-1}.$$

5. 自助抽样置信区间

前面, 我们分别给出了大样本情况下由公式 (2.16) 和 (2.19) 定义的 π 的两种渐近置信区间和由公式 (2.26) 和 (2.28) 定义的 θ 的两种渐近置信区间. 尽管由公式 (2.25) 和 (2.32) 定义的精确置信区间在小样本情况下可行, 但事实证明, 该区间的效果不如公式 (2.19) 和 (2.28) 定义的威尔逊置信区间 (Agresti & Coull, 1998). 对于 θ 的置信区间也存在同样的问题. 作为替代的, 我们可以利用自助抽样方法构建小样本情况下 π 和 θ 的自助抽样置信区间. 其次, 在 2.2.2 节中, 我们曾经提到, 如果由 (2.5) 式定义的 π 的极大似然估计小于 0, 则可以利用由后面的公式 (2.45) 和 (2.46) 定义的 EM 算法来计算 π 的极大似然估计, 其中, 令 $a_1 = b_1 = a_2 = b_2 = 1$ 即可. 在这种情况下, 自助抽样方法是用来确定 π 和 θ 的任一函数 (例如, $\vartheta = h(\pi, \theta)$) 的置信区间的一种有效的工具.

令 $\hat{\vartheta} = h(\hat{\pi}_{\mathrm{V}}, \hat{\theta})$ 表示 ϑ 的极大似然估计, 其中, $\hat{\pi}_{\mathrm{V}}$ 和 $\hat{\theta}$ 分别表示 π 和 θ 由 (2.5) 式或由公式 (2.45) 和 (2.46) 定义的 EM 算法在 $a_1 = b_1 = a_2 = b_2 = 1$ 时计算得到的极大似然估计. 基于所得到的 $\hat{\pi}_{\mathrm{V}}$ 和 $\hat{\theta}$, 我们可以通过下式产生随机样本:

$$(n_1^*, n_2^*, n_3^*)^\top \sim \mathrm{Multinomial}(n; \ (1 - \hat{\theta})(1 - p), (1 - \hat{\pi}_{\mathrm{V}})p, \hat{\theta}(1-p) + \hat{\pi}_{\mathrm{V}}p).$$

由所产生的样本观测数据 $Y_{\mathrm{obs}}^* = \{n; n_1^*, n_2^*, n_3^*\}$, 我们可以计算一次自助抽样估计, 即 $\hat{\pi}_{\mathrm{V}}^*$ 和 $\hat{\theta}^*$, 并以此计算 $\hat{\vartheta}^* = h(\hat{\pi}_{\mathrm{V}}^*, \hat{\theta}^*)$. 将此过程独立地重复 G 次, 我们得到 G 个自助抽样估计 $\{\hat{\vartheta}_g^*\}_{g=1}^G$. 因此, $\hat{\vartheta}$ 的标准误差 $\mathrm{se}(\hat{\vartheta})$ 可以由 G 个自助抽样估计的样本标准差进行估计, 即

$$\widehat{\mathrm{se}}(\hat{\vartheta}) = \left\{ \frac{1}{G-1} \sum_{g=1}^G [\hat{\vartheta}_g^* - (\hat{\vartheta}_1^* + \cdots + \hat{\vartheta}_G^*)/G]^2 \right\}^{1/2}. \tag{2.33}$$

如果 $\{\hat{\vartheta}_g^*\}_{g=1}^G$ 近似服从正态分布, 则 ϑ 的一个置信水平为 $100(1-\alpha)\%$ 的自助抽样置信区间为

$$\left[\hat{\vartheta} - z_{\alpha/2} \cdot \widehat{\mathrm{se}}(\hat{\vartheta}),\ \hat{\vartheta} + z_{\alpha/2} \cdot \widehat{\mathrm{se}}(\hat{\vartheta}) \right]. \tag{2.34}$$

如果 $\{\hat{\vartheta}_g^*\}_{g=1}^G$ 并非近似服从正态分布, 则 ϑ 的一个置信水平为 $100(1-\alpha)\%$ 的自助抽样置信区间为

$$[\hat{\vartheta}_{\mathrm{L}},\ \hat{\vartheta}_{\mathrm{U}}], \tag{2.35}$$

其中, $\hat{\vartheta}_{\mathrm{L}}$ 和 $\hat{\vartheta}_{\mathrm{U}}$ 分别为 $\{\hat{\vartheta}_g^*\}_{g=1}^G$ 的 $100(\alpha/2)\%$ 和 $100(1-\alpha/2)\%$ 分位点.

2.2.4 关于 θ 的假设检验

某些情况下, 在进行调查之前, 我们可能已经掌握关于未知参数 $\theta = \mathrm{Pr}(U=1)$ 的某些信息. 例如, 我们可以定义 $U=1$ 表示受访者的生日在下半个月, 否则, $U=0$. 对于这种情形, 我们通常可以假定 $\theta \approx 0.5$. 为了检验诸如此类的假定是否恰当, 本节, 我们将重点考虑下述检验问题:

$$H_0: \theta = \theta_0 \quad \text{V.S.} \quad H_1: \theta \neq \theta_0. \tag{2.36}$$

1. 大样本下的假设检验

令 n_1 表示表 2.1 中在○上打钩的受访者的人数, X 表示相应的随机变量, 则, $X \sim \mathrm{Binomial}(n; \lambda_1)$. 由于 $\lambda_1 = (1-\theta)(1-p)$, 由 (2.36) 式定义的原假设和备择假设等价于

$$H_0^*: \lambda_1 = \lambda_{10} \quad \text{V.S.} \quad H_1^*: \lambda_1 \neq \lambda_{10},$$

其中, $\lambda_{10} = (1-\theta_0)(1-p)$. 在大样本情况下, 正态分布可作为二项分布的近似分布. 因此, 检验统计量 Z 与相应的检验统计量的观测值 z 分别为

$$Z = \frac{X - n\lambda_{10}}{\sqrt{n\lambda_{10}(1-\lambda_{10})}} \quad \text{和} \quad z = \frac{n_1 - n\lambda_{10}}{\sqrt{n\lambda_{10}(1-\lambda_{10})}}.$$

在原假设 H_0^* 成立的情况下, 有 $Z \sim N(0,1)$. 因此, 相应的概率 p 值为

$$p_{\mathrm{v1}} = 2\mathrm{Pr}\{Z > |z|\} = \mathrm{Pr}\{Z^2 > z^2\} = \mathrm{Pr}\{\chi^2(1) > z^2\}, \tag{2.37}$$

其中, $\chi^2(\nu)$ 表示自由度为 ν 的 χ^2 分布. 当 $p_{\mathrm{v1}} \geqslant \alpha$ 时, 在显著性水平 α 下, 我们不能拒绝原假设 H_0^*(等价地, 我们不能拒绝原假设 H_0).

2. 小样本下的精确检验

当样本容量并不充分大时, 我们必须计算检验原假设 H_0 是否成立的精确的概率 p 值. 注意到 $X|H_0^* \sim \mathrm{Binomial}(n; \lambda_{10})$, 我们可以定义

$$\beta_x \hat{=} \mathrm{Pr}(X=x|H_0^*) = \binom{n}{x} \lambda_{10}^x (1-\lambda_{10})^{n-x}, \quad x = 0, 1, \cdots, n.$$

因此, 精确的双边检验的概率 p 值可由下式计算得到:

$$p_{\mathrm{v2}} = \sum_{x=0}^n \beta_x I_{(\beta_x \leqslant \beta_{n_1})}, \tag{2.38}$$

其中, $I_{(\cdot)}$ 为示性函数.

2.2.5　贝叶斯统计推断方法

本节, 首先, 我们给出 π 和 θ 在给定先验信息情况下的联合后验分布并得到它们的后验矩的精确表示形式; 其次, 如果 π 和 θ 的后验分布高度偏斜, 我们利用最大期望值算法得到它们的后验众数的估计; 最后, 我们通过精确的逆贝叶斯公式抽样方法产生 π 和 θ 的独立同分布的后验样本.

1. 后验矩的精确表示

忽略掉归一化常数与已知的因子 $(1-p)^{n_1}p^{n_2+n_3}$, 我们可以将 (2.4) 式对应的核密度写为如下形式:

$$l_{\mathrm{v}}(\pi,\theta|Y_{\mathrm{obs}}) = (1-\theta)^{n_1}(1-\pi)^{n_2}(\theta\rho_2+\pi)^{n_3}, \tag{2.39}$$

其中, $0 < \pi < 1$, $0 < \theta < 1$ 以及 ρ_2 由 (2.18) 式定义. 如果分别采用独立的贝塔分布 $\mathrm{Beta}(a_1,b_1)$ 和 $\mathrm{Beta}(a_2,b_2)$ 作为 π 和 θ 的先验分布, 则, π 和 θ 的联合后验分布为

$$f(\pi,\theta|Y_{\mathrm{obs}}) = \frac{\pi^{a_1-1}(1-\pi)^{b_1-1}\theta^{a_2-1}(1-\theta)^{b_2-1}\cdot l_{\mathrm{v}}(\pi,\theta|Y_{\mathrm{obs}})}{c_{\mathrm{v}}(a_1,b_1,a_2,b_2;n_1,n_2,n_3)}, \tag{2.40}$$

其中, 归一化常数 $c_{\mathrm{v}}(a_1,b_1,a_2,b_2;n_1,n_2,n_3)$ 由下式定义:

$$
\begin{aligned}
&c_{\mathrm{v}}(a_1,b_1,a_2,b_2;n_1,n_2,n_3)\\
&= \int_0^1\int_0^1 \pi^{a_1-1}(1-\pi)^{b_1-1}\theta^{a_2-1}(1-\theta)^{b_2-1}\cdot l_{\mathrm{v}}(\theta,\pi|Y_{\mathrm{obs}})\,\mathrm{d}\pi\mathrm{d}\theta\\
&= \sum_{i=0}^{n_3}\binom{n_3}{i}\rho_2^i \int_0^1 \pi^{a_1+n_3-i-1}(1-\pi)^{b_1+n_2-1}\mathrm{d}\pi \int_0^1 \theta^{a_2+i-1}(1-\theta)^{b_2+n_1-1}\mathrm{d}\theta\\
&= \sum_{i=0}^{n_3}\binom{n_3}{i}\rho_2^i B(a_1+n_3-i,\ b_1+n_2)B(a_2+i,\ b_2+n_1).
\end{aligned}\tag{2.41}
$$

因此, π 和 θ 的 r 阶后验矩分别为

$$E(\pi^r|Y_{\mathrm{obs}}) = \frac{c_{\mathrm{v}}(a_1+r,b_1,a_2,b_2;n_1,n_2,n_3)}{c_{\mathrm{v}}(a_1,b_1,a_2,b_2;n_1,n_2,n_3)}$$

和

$$E(\theta^r|Y_{\mathrm{obs}}) = \frac{c_{\mathrm{v}}(a_1,b_1,a_2+r,b_2;n_1,n_2,n_3)}{c_{\mathrm{v}}(a_1,b_1,a_2,b_2;n_1,n_2,n_3)}. \tag{2.42}$$

2. 基于 EM 算法的后验众数估计

当所研究的问题存在缺失数据或潜在数据时, EM 算法是用来寻找极大似然估计的一个有用的工具. 令 Z 表示表 2.1 中受访者实际属于敏感子集 $\{Y=1,W=1\}$ 的人数. 由于 Z 无法直接观测到, 因此, 我们很自然地将 Z 当作潜在变量. 令 z 表示 Z 的观测值, 则 π 和 θ

的完全数据 $\{Y_{\text{obs}}, z\}$ 似然函数为

$$L_{\text{v}}(\pi, \theta | Y_{\text{obs}}, z)$$

$$= \binom{n}{n_1, n_2, n_3 - z, z} [(1-\theta)(1-p)]^{n_1} [(1-\pi)p]^{n_2} [\theta(1-p)]^{n_3-z} (\pi p)^z,$$

$$\propto \pi^z (1-\pi)^{n_2} \theta^{n_3-z} (1-\theta)^{n_1}.$$

再一次, 我们将两个独立的密度函数 $\text{Beta}(\pi | a_1, b_1)$ 和 $\text{Beta}(\theta | a_2, b_2)$ 的乘积作为 π 和 θ 的联合先验密度. 因此, π 和 θ 的完全数据后验密度以及 Z 的条件预测分布分别为

$$f(\pi, \theta | Y_{\text{obs}}, z)$$

$$= \text{Beta}(\pi | a_1 + z, b_1 + n_2) \times \text{Beta}(\theta | a_2 + n_3 - z, b_2 + n_1) \tag{2.43}$$

和

$$f(z | Y_{\text{obs}}, \pi, \theta) = \text{Binomial}\left(z \,\middle|\, n_3, \frac{\pi p}{\theta(1-p) + \pi p}\right), \tag{2.44}$$

EM 算法中的 M 步用来计算 π 和 θ 的完全数据后验众数:

$$\tilde{\pi}_{\text{v}} = \frac{a_1 + z - 1}{a_1 + b_1 + n_2 + z - 2} \quad \text{和} \quad \tilde{\theta}_{\text{v}} = \frac{a_2 + n_3 - z - 1}{a_2 + b_2 + n_1 + n_3 - z - 2}, \tag{2.45}$$

E 步将 (2.45) 式中的 z 由其条件期望替代:

$$E(Z | Y_{\text{obs}}, \pi, \theta) = \frac{n_3 \pi p}{\theta(1-p) + \pi p}. \tag{2.46}$$

3. 基于 IBF 算法产生独立同分布的后验样本

本节, 我们将采用 Tan, Tian 和 Ng 提出的精确的 IBF 算法 (Tan et al., 2003) 来产生 π 和 θ 的独立同分布的后验样本. 我们只需确定 $Z|(Y_{\text{obs}}, \pi, \theta)$ 的条件支撑, 记为 $\mathcal{S}_{(Z|Y_{\text{obs}}, \pi, \theta)}$, 并计算权重 $\{\omega_k\}_{k=1}^K$ (2.4.2 节) 即可. 根据 (2.44) 式, 可得

$$\mathcal{S}_{(Z|Y_{\text{obs}})} = \mathcal{S}_{(Z|Y_{\text{obs}}, \pi, \theta)} = \{z_1, \cdots, z_K\} = \{0, 1, \cdots, n_3\},$$

其中, $K = n_3 + 1$. 让 $\pi_0 = \theta_0 = 0.5$, 根据公式 (2.99) 和 (2.100) 可得

$$q_k(\pi_0, \theta_0) = \frac{f(Z = z_k | Y_{\text{obs}}, \pi_0, \theta_0)}{f(\pi_0, \theta_0 | Y_{\text{obs}}, z_k)}, \tag{2.47}$$

且 $\omega_k = q_k(0.5, 0.5) / \sum_{k'=1}^K q_{k'}(0.5, 0.5)$, 其中, $k = 1, \cdots, K$.

2.2.6 与十字交叉模型的比较

本节, 我们将分别从理论上和数值上将变体平行模型与非随机化的十字交叉模型进行比较.

1. 方差的差异

令 $\hat{\pi}_{\mathrm{C}}$ 表示 $\pi = \Pr(Y = 1)$ 在十字交叉模型下的极大似然估计, 且 $p = \Pr(W = 1) \neq 1/2$. 由 (1.1) 式和 (2.11) 式, 可得

$$\mathrm{Var}(\hat{\pi}_{\mathrm{C}}) - \mathrm{Var}(\hat{\pi}_{\mathrm{V}}) = \frac{p(1-p)}{n(2p-1)^2} - \frac{(1-p)(1-\pi)}{np}$$

$$= \frac{1-p}{np(2p-1)^2} h_{\mathrm{CV}}(p|\pi), \quad p \neq 1/2, \tag{2.48}$$

其中, 对任意给定的 $\pi(\pi \neq 3/4)$, $h_{\mathrm{CV}}(p|\pi) \doteq (4\pi-3)p^2 + 4(1-\pi)p + \pi - 1$ 为 p 的二次函数. 则, $h_{\mathrm{CV}}(p|\pi)$ 的判别式为

$$D(h_{\mathrm{CV}}) = 16(1-\pi)^2 - 4(4\pi-3)(\pi-1) = 4(1-\pi) > 0.$$

我们可以得到下述结论.

定理 2.3　令 $\pi \in (0,1)$ 且 $p \in (0,1)$.

(1) 当 $\pi = 3/4$ 时, 对任意的 $p > 1/4$, 变体平行模型比十字交叉模型更有效;

(2) 当 $\pi > 3/4$ 时, 对任意的 $p \in (p_\pi, 1)$, 变体平行模型比十字交叉模型更有效, 其中,

$$p_\pi = \frac{-2(1-\pi) + \sqrt{1-\pi}}{4\pi - 3} \tag{2.49}$$

在 $\pi \in (3/4, 1)$ 上单调递减且 $0 < p_\pi < 1/4$;

(3) 当 $\pi < 3/4$ 时, 对任意的 $p \in (p_\pi, 1)$, 变体平行模型比十字交叉模型更有效, 其中, 由 (2.49) 式定义的 p_π 在 $\pi \in (0, 3/4)$ 上单调递减且 $1/4 < p_\pi < 1/3$.　¶

证明　(1) 当 $\pi = 3/4$ 时, $h_{\mathrm{CV}}(p|\pi) = p - 1/4$. 因此, $h_{\mathrm{CV}}(p|\pi) > 0$ 当且仅当 $p > 1/4$ 时成立. 根据 (2.48) 式, 可得, $p > 1/4$ 时有 $\mathrm{Var}(\hat{\pi}_{\mathrm{C}}) > \mathrm{Var}(\hat{\pi}_{\mathrm{V}})$ 成立.

(2) 当 $3/4 < \pi < 1$ 时, 可以证明方程 $h_{\mathrm{CV}}(p|\pi) = 0$ 的两个根分别为

$$p_{\mathrm{L}} = \frac{-2(1-\pi) - \sqrt{1-\pi}}{4\pi - 3}$$

和由 (2.49) 式定义的 p_π. 显然, $p_{\mathrm{L}} < 0$. 由于

$$\frac{\mathrm{d}p_\pi}{\mathrm{d}\pi} = \frac{-(2\sqrt{1-\pi}-1)^2}{2\sqrt{1-\pi}(4\pi-3)^2} < 0, \tag{2.50}$$

因此, p_π 为 π 的单调递减函数. p_π 的下确界等于 $\lim_{\pi \to 1} p_\pi = 0$ 且 p_π 的上确界等于

$$\lim_{\pi \to \frac{3}{4}} p_\pi = \lim_{\pi \to \frac{3}{4}} \frac{2 - \dfrac{1}{2\sqrt{1-\pi}}}{4} = \frac{1}{4},$$

因此, $0 < p_\pi < 1/4$. 故, $h_{\mathrm{CV}}(p|\pi) > 0$ 当且仅当 $p_\pi < p < 1$ 时成立.

(3) 当 $0 < \pi < 3/4$ 时, 容易验证, $h_{\mathrm{CV}}(p|\pi) = 0$ 的两个根分别为由 (2.49) 式定义的 p_π 和

$$p_{\mathrm{U}}(\pi) = \frac{-2(1-\pi) - \sqrt{1-\pi}}{4\pi - 3} = \frac{2(1-\pi) + \sqrt{1-\pi}}{3 - 4\pi}.$$

注意到

$$\frac{\mathrm{d}p_{\mathrm{U}}(\pi)}{\mathrm{d}\pi} = \frac{(2\sqrt{1-\pi} + 1)^2}{2\sqrt{1-\pi}\,(4\pi - 3)^2} > 0,$$

则, $p_{\mathrm{U}}(\pi)$ 在 $\pi \in (0, 3/4)$ 上单调递增, 因此, $p_{\mathrm{U}}(\pi) > p_{\mathrm{U}}(0) = 1$. 由 (2.50) 式可知, p_π 在 $\pi \in (0, 3/4)$ 上也为单调递增函数. p_π 的下确界为 $\lim_{\pi \to 3/4} p_\pi = 1/4$ 且 p_π 的上确界等于 $\lim_{\pi \to 0} p_\pi = 1/3$, 即, $1/4 < p_\pi < 1/3$. 因此, $h_{\mathrm{CV}}(p|\pi) > 0$ 当且仅当 $p_\pi < p < 1$ 时成立. □

根据定理 2.3, 我们可以立即得到下述结论.

推论 2.1 当 $\pi \in (0, 1)$ 且 $p > 1/3$ 时, 总有变体平行模型比十字交叉模型更有效. ¶

2. 相对效率

当 $p \neq 0.5$ 时, 十字交叉模型到变体平行模型的相对效率为

$$\mathrm{RE}_{\mathrm{C} \to \mathrm{V}}(\pi, p) = \frac{\mathrm{Var}(\hat{\pi}_{\mathrm{C}})}{\mathrm{Var}(\hat{\pi}_{\mathrm{V}})} = \frac{\pi(1-\pi) + p(1-p)/(2p-1)^2}{\pi(1-\pi) + (1-\pi)(1-p)/p},$$

该相对效率与样本容量 n 无关.

表 2.3 给出了不同 (π, p) 组合下的相对效率 $\mathrm{RE}_{\mathrm{C} \to \mathrm{V}}(\pi, p)$ 的值. 例如, 当 $\pi = 0.95$ 且 $p = 0.55$ 时, $\mathrm{RE}_{\mathrm{C} \to \mathrm{V}}(0.95, 0.55) = 280.4859$, 意味着变体平行模型的有效性远高于十字交叉模型; 当 $\pi = 0.80$ 且 $p = 0.60$ 时, $\mathrm{RE}_{\mathrm{C} \to \mathrm{V}}(0.80, 0.60) = 21.0000$, 意味着变体平行模型的有效性是十字交叉模型的 21 倍.

表 2.3 不同 (π, p) 组合下的相对效率 $\mathrm{RE}_{\mathrm{C} \to \mathrm{V}}(\pi, p)$

π	p					
	1/3	0.40	0.45	0.55	0.60	2/3
0.05	1.0513	4.1070	20.5174	30.0659	8.8825	3.9187
0.10	1.1058	4.2292	20.8739	30.0594	8.8261	3.8704
0.20	1.2273	4.5294	21.8936	30.5815	8.8846	3.8571
0.30	1.3727	4.9286	23.4244	31.8885	9.1773	3.9464
0.40	1.5556	5.4737	25.6747	34.1903	9.7500	4.1481
0.50	1.8000	6.2500	29.0323	37.9310	10.7143	4.5000
0.60	2.1538	7.4286	34.2851	44.0529	12.3158	5.0909
0.70	2.7284	9.4091	43.2832	54.8024	15.1463	6.1389
0.80	3.8571	13.3913	61.5907	76.9691	21.0000	8.3077
0.90	7.2069	25.3750	117.0471	144.5714	38.8723	14.9286
0.95	13.8814	49.3613	228.3146	280.4859	74.8144	28.2414

2.2.7 与三角模型的比较

本节, 我们将分别从理论上和数值上将变体平行模型与非随机化的三角模型进行比较.

1. 方差的差异

令 $\hat{\pi}_{\mathrm{T}}$ 表示 $\pi = \mathrm{Pr}(Y=1)$ 在三角模型下的极大似然估计, 其中, $p = \mathrm{Pr}(W=1)$. 由 (1.3) 式和 (2.11) 式, 可得

$$\mathrm{Var}(\hat{\pi}_{\mathrm{T}}) - \mathrm{Var}(\hat{\pi}_{\mathrm{V}}) = \frac{(1-\pi)p}{n(1-p)} - \frac{(1-\pi)(1-p)}{np}$$

$$= \frac{(1-\pi)(2p-1)}{np(1-p)}, \quad p \in (0,1). \tag{2.51}$$

定理 2.4 对任意的 $\pi \in (0,1)$ 和 $p \in (0.5,1)$, 变体平行模型比三角模型更有效, 即, $\mathrm{Var}(\hat{\pi}_{\mathrm{T}}) \geqslant \mathrm{Var}(\hat{\pi}_{\mathrm{V}})$. ¶

证明 为了证明 $\mathrm{Var}(\hat{\pi}_{\mathrm{T}}) \geqslant \mathrm{Var}(\hat{\pi}_{\mathrm{V}})$, 只需证明 (2.51) 式总是大于或等于 0 即可, 也即, 只需证明 $(1-\pi)(2p-1) > 0$. 由于 $1-\pi > 0$, 故 $2p-1 > 0$, 即, $0.5 < p < 1$. □

2. 相对效率

三角模型到变体平行模型的相对效率为

$$\mathrm{RE}_{\mathrm{T}\to\mathrm{V}}(\pi, p) = \frac{\mathrm{Var}(\hat{\pi}_{\mathrm{T}})}{\mathrm{Var}(\hat{\pi}_{\mathrm{V}})} = \frac{\pi + p/(1-p)}{\pi + (1-p)/p},$$

该相对效率与样本容量 n 无关.

表 2.4 给出了不同 (π, p) 组合下的相对效率 $\mathrm{RE}_{\mathrm{T}\to\mathrm{V}}(\pi, p)$ 的值. 从表 2.4 中可以看出, 对任意的 $\pi \in (0,1)$, 当 $p > 0.5$ 时有 $\mathrm{RE}_{\mathrm{T}\to\mathrm{V}}(\pi, p) > 1$, 而当 $p < 0.5$ 时有 $\mathrm{RE}_{\mathrm{T}\to\mathrm{V}}(\pi, p) < 1$. 换言之, 当 $p > 0.5$ 时, 变体平行模型的有效性要优于三角模型; 但是, 当 $p < 0.5$ 时, 三角模型的有效性要优于变体平行模型; 当 $p = 0.5$ 时, 两种模型具有相同的有效性.

表 2.4 不同 (π, p) 组合下的相对效率 $\mathrm{RE}_{\mathrm{T}\to\mathrm{V}}(\pi, p)$

π	p						
	1/3	0.40	0.45	0.5	0.55	0.60	2/3
0.05	0.2683	0.4624	0.6824	1	1.4654	2.1628	3.7273
0.10	0.2857	0.4792	0.6944	1	1.4400	2.0870	3.5000
0.20	0.3182	0.5098	0.7159	1	1.3968	1.9615	3.1429
0.30	0.3478	0.5370	0.7346	1	1.3613	1.8621	2.8750
0.40	0.3750	0.5614	0.7509	1	1.3317	1.7813	2.6667
0.50	0.4000	0.5833	0.7654	1	1.3065	1.7143	2.5000
0.60	0.4231	0.6032	0.7783	1	1.2849	1.6579	2.3636
0.70	0.4444	0.6212	0.7898	1	1.2661	1.6098	2.2500
0.80	0.4643	0.6377	0.8002	1	1.2497	1.5682	2.1538
0.90	0.4828	0.6528	0.8096	1	1.2352	1.5319	2.0714
0.95	0.4915	0.6599	0.8140	1	1.2285	1.5155	2.0345

2.2.8　与平行模型的比较

本节, 我们将分别从理论上和数值上将变体平行模型与非随机化的平行模型进行比较.

1. 方差的差异

令 $\hat{\pi}_{\mathrm{P}}$ 表示 $\pi = \Pr(Y = 1)$ 在平行模型下的极大似然估计, 其中, $p = \Pr(W = 1)$, $q = \Pr(U = 1)$. 由 (1.14) 式和 (2.11) 式, 可得

$$\mathrm{Var}(\hat{\pi}_{\mathrm{P}}) - \mathrm{Var}(\hat{\pi}_{\mathrm{V}}) = \frac{\lambda(1-\lambda)}{np^2} - \frac{\lambda_2(1-\lambda_2)}{np^2}, \tag{2.52}$$

其中, $\lambda = q(1-p) + \pi p$, $\lambda_2 = (1-\pi)p$, $p,\ q \in (0,1)$.

定理 2.5　令 $\pi, p, q \in (0,1)$. 对于变体平行模型和平行模型, 则有

(1) 当 $\pi \in [1/2, 1)$ 且 $\pi, q \in (0,1)$ 时, 变体平行模型比平行模型更有效, 即, $\mathrm{Var}(\hat{\pi}_{\mathrm{P}}) \geqslant \mathrm{Var}(\hat{\pi}_{\mathrm{V}})$;

(2) 当 $\pi \in (0, 1/2)$, $q \in (0,1)$ 且 $p \in (0, q/(1-2\pi+q))$ 时, 变体平行模型比平行模型更有效, 即, $\mathrm{Var}(\hat{\pi}_{\mathrm{P}}) \geqslant \mathrm{Var}(\hat{\pi}_{\mathrm{V}})$. ¶

证明　为了证明 $\mathrm{Var}(\hat{\pi}_{\mathrm{P}}) \geqslant \mathrm{Var}(\hat{\pi}_{\mathrm{V}})$, 只需证明 (2.52) 式总是大于或等于 0 即可, 也即, 只需证明 $\lambda_2(1-\lambda_2) \leqslant \lambda(1-\lambda)$ 或其等价条件

$$(1-\pi)p[1 - (1-\pi)p] \leqslant [q(1-p) + \pi p][(1-q)(1-p) + (1-\pi)p]. \tag{2.53}$$

化简可得, (2.53) 式与下式等价:

$$(1-p)q \geqslant (1-2\pi)p. \tag{2.54}$$

易知, 公式 (2.54) 与 θ 无关.

(1) 当 $\pi \in [1/2, 1)$ 时, 由于 $(1-2\pi) \leqslant 0$. 因此, 对任意的 $p, q \in (0,1)$, 总有公式 (2.54) 成立.

(2) 当 $\pi \in [0, 1/2)$ 时, 对任意的 $p, q \in (0,1)$, $(1-p)q \geqslant 0$ 且 $(1-2\pi)p > 0$. 此时, 由公式 (2.54) 可得, $p \leqslant q/(1-2\pi+q) < 1$. □

2. 相对效率

平行模型到变体平行模型的相对效率为

$$\mathrm{RE}_{\mathrm{P}\to\mathrm{V}}(\pi, p, q) = \frac{\mathrm{Var}(\hat{\pi}_{\mathrm{P}})}{\mathrm{Var}(\hat{\pi}_{\mathrm{V}})} = \frac{[q(1-p) + \pi p][(1-q)(1-p) + (1-\pi)p]}{(1-\pi)p[1 - (1-\pi)p]},$$

该相对效率与样本容量 n 无关.

表 2.5 给出了不同 (π, p, q) 组合下的相对效率 $\mathrm{RE}_{\mathrm{P}\to\mathrm{V}}(\pi, p, q)$ 的值. 从表 2.5 中可以看出, 给定 (p, q) 的任一组合, $\mathrm{RE}_{\mathrm{P}\to\mathrm{V}}(\pi, p, q)$ 为 $\pi \in (0,1)$ 上的增函数; 给定 (π, q) 的任一组合, $\mathrm{RE}_{\mathrm{P}\to\mathrm{V}}(\pi, p, q)$ 为 $p \in (0,1)$ 上的减函数; 给定 (π, p) 的任一组合, $\mathrm{RE}_{\mathrm{P}\to\mathrm{V}}(\pi, p, q)$

当 $q \in (0, 1/2)$ 时递增, 而当 $q \in [1/2, 1)$ 时递减. 例如, 当 $\pi = 0.95$ 且 $p = q = 1/3$ 时, $\mathrm{RE}_{\mathrm{P} \to \mathrm{V}}(0.95, 1/3, 1/3) = 15.162$, 意味着变体平行模型的有效性约为平行模型的 15 倍; 当 $\pi = 0.05$ 且 $p = 2/3$, $q = 1/3$ 时, $\mathrm{RE}_{\mathrm{P} \to \mathrm{V}}(0.05, 2/3, 1/3) = 0.5322$, 意味着平行模型的有效性约为变体平行模型的 2 倍.

表 2.5　不同 (π, p, q) 组合下的相对效率 $\mathrm{RE}_{\mathrm{P} \to \mathrm{V}}(\pi, p, q)$

π	q	p						
		1/3	0.40	0.45	0.5	0.55	0.60	2/3
0.05		0.8403	0.7284	0.6691	0.6213	0.5852	0.5576	0.5322
0.10		0.9059	0.7917	0.7312	0.6858	0.6520	0.6278	0.6091
0.20		1.0505	0.9265	0.8621	0.8148	0.7808	0.7578	0.7421
0.30		1.2208	1.0794	1.0057	0.9512	0.9113	0.8832	0.8611
0.40		1.4321	1.2632	1.1736	1.1058	1.0543	1.0154	0.9794
0.50	1/3	1.7111	1.5000	1.3855	1.2963	1.2257	1.1693	1.1111
0.60		2.1111	1.8333	1.6790	1.5556	1.4545	1.3704	1.2778
0.70		2.7558	2.3636	2.1408	1.9586	1.8057	1.6745	1.5247
0.80		4.0159	3.3913	3.0296	2.7284	2.4709	2.2458	1.9829
0.90		7.7433	6.4167	5.6358	4.9766	4.4055	3.8999	3.3016
0.95		15.162	12.429	10.808	9.4330	8.2353	7.1703	5.9042
0.05		1.0514	0.9236	0.8539	0.7995	0.7565	0.7226	0.6890
0.10		1.1058	0.9740	0.9030	0.8485	0.8065	0.7746	0.7454
0.20		1.2273	1.0827	1.0060	0.9479	0.9041	0.8718	0.8438
0.30		1.3727	1.2083	1.1211	1.0550	1.0048	0.9672	0.9330
0.40		1.5556	1.3618	1.2581	1.1786	1.1170	1.0694	1.0232
0.50	1/2	1.8000	1.5625	1.4337	1.3333	1.2539	1.1905	1.1250
0.60		2.1538	1.8482	1.6800	1.5469	1.4392	1.3509	1.2557
0.70		2.7284	2.3608	2.0715	1.8824	1.7267	1.5962	1.4514
0.80		3.8571	3.2011	2.8300	2.5278	2.2755	2.0606	1.8173
0.90		7.2069	5.8438	5.0634	4.4211	3.8788	3.4113	2.8750
0.95		13.811	11.102	9.5024	8.1795	7.0575	6.0859	4.9655
0.05		1.1483	1.0340	0.9713	0.9220	0.8828	0.8513	0.8193
0.10		1.1881	1.0694	1.0051	0.9551	0.9160	0.8855	0.8560
0.20		1.2778	1.1471	1.0769	1.0232	0.9817	0.9501	0.9206
0.30		1.3865	1.2381	1.1586	1.0977	1.0507	1.0146	0.9802
0.40		1.5247	1.3509	1.2573	1.1852	1.1289	1.0849	1.0412
0.50	2/3	1.7111	1.5000	1.3855	1.2963	1.2257	1.1693	1.1111
0.60		1.9829	1.7143	1.5627	1.4514	1.3584	1.2827	1.2020
0.70		2.4266	2.0606	1.8583	1.6972	1.5661	1.4577	1.3395
0.80		3.3016	2.7391	2.4252	2.1728	1.9653	1.7912	1.5983
0.90		5.9042	4.7500	4.1000	3.5731	3.1356	2.7652	2.3492
0.95		11.094	8.7551	7.4324	6.3561	5.4590	4.6961	3.8352

2.2.9　与十字交叉模型、三角模型和平行模型的整体比较

本节着重于从整体上比较针对二分类敏感变量所提出的非随机化响应技术, 即十字交叉模型、三角模型、平行模型及变体平行模型之间的比较.

在关于二分类敏感变量 (其中一个分类为非敏感) 的调查设计中, 模型设计的优劣主要取决于两个方面——其保护受访者隐私程度的好坏以及对敏感参数估计的精度的大小. 模型越不容易透露受访者的隐私, 受访者越容易配合提供真实的答案. 因此, 模型设计越好, 其保护受访者隐私的能力越好, 即, DPP 越小越好. 从隐私保护的角度出发, 有下面的定理成立:

定理 2.6 对任意的 $\pi, p, q, \theta \in (0, 1)$, 根据公式 (1.2)、(1.4)、(1.15)、(2.2) 和 (2.3):

(1) 总有

$$\mathrm{DPP}_{\bigcirc}^{(\mathrm{V})}(\pi, p, \theta) = \mathrm{DPP}_{\triangle}^{(\mathrm{V})}(\pi, p, \theta) = \mathrm{DPP}_{\bigcirc}^{(\mathrm{P})}(\pi, p, q) = \mathrm{DPP}_{\bigcirc}^{(\mathrm{T})}(\pi, p) = 0 < \mathrm{DPP}_{\bigcirc}^{(\mathrm{C})}(\pi, p);$$

(2) 若 $p \in \left(\dfrac{\sqrt{5}-1}{2}, 1\right)$ 且 $\theta > q > \dfrac{(1-\pi)p^2}{1-p}$, 总有

$$\mathrm{DPP}_{\square}^{(\mathrm{V})}(\pi, p, \theta) < \mathrm{DPP}_{\square}^{(\mathrm{P})}(\pi, p, q) < \mathrm{DPP}_{\square}^{(\mathrm{T})}(\pi, p) < \mathrm{DPP}_{\square}^{(\mathrm{C})}(\pi, p).$$

另一方面, 对于敏感参数的估计的有效性很大程度上依赖于其估计量的方差的大小, 方差越小, 估计的精度越高. 因此, 我们在定理 2.6 条件满足的情况之下来考察四种非随机化响应技术在估计的有效性上是否存在差异. 不失一般性, 固定样本量为 $n = 100$, 变体平行模型中未知的非敏感参数为 $\theta = 0.75$. 表 2.6(a)~(e) 分别给出敏感参数 π 的真实值分别为 0.1, 0.3, 0.5, 0.7, 0.9 时, (p, q) 的不同组合下 (其中, $p = 0.65, 0.75, 0.85, 0.95$, $q = 1/3, 1/2, 2/3$) 四种不同模型下估计的有效性的比较. 从表 2.6(a)~(e) 可以看出, 在定理 2.6 条件满足的情况下, 总有平行模型和变体平行模型估计的效率要显著优于十字交叉模型和三角模型. 其中 $\pi < 0.5$ 时平行模型估计的效率优于变体平行模型, $\pi \geqslant 0.5$ 时变体平行模型估计的效率优于平行模型, 两种模型下估计效率的差异随 p 的增加而减小. 另一方面, 对任意的 $\pi \in (0, 1)$, 当 $p < 0.75$ 时三角模型的估计效率略优于十字交叉模型, 但 $p \geqslant 0.75$ 时, 十字交叉模型的估计效率显著优于三角模型.

表 2.6(a)　$\pi = 0.1$ 时四种二分类随机化响应技术中 π 的方差的比较

参数		十字交叉模型	三角模型	变体平行模型	平行模型
	$q = 1/3$				0.0035
$p = 0.65$	$q = 1/2$	0.0262	0.0176	0.0057	0.0043
	$q = 2/3$				0.0050
	$q = 1/3$				0.0024
$p = 0.75$	$q = 1/2$	0.0084	0.0279	0.0039	0.0028
	$q = 2/3$				0.0033
	$q = 1/3$				0.0016
$p = 0.85$	$q = 1/2$	0.0035	0.0519	0.0025	0.0019
	$q = 2/3$				0.0021
	$q = 1/3$				0.0011
$p = 0.95$	$q = 1/2$	0.0015	0.1719	0.0014	0.0012
	$q = 2/3$				0.0012

表 2.6(b) $\pi = 0.3$ 时四种二分类随机化响应技术中 π 的方差的比较

参数		十字交叉模型	三角模型	变体平行模型	平行模型
	$q = 1/3$				0.0051
$p = 0.65$	$q = 1/2$	0.0274	0.0151	0.0059	0.0055
	$q = 2/3$				0.0058
	$q = 1/3$				0.0038
$p = 0.75$	$q = 1/2$	0.0096	0.0231	0.0044	0.0040
	$q = 2/3$				0.0042
	$q = 1/3$				0.0029
$p = 0.85$	$q = 1/2$	0.0047	0.0418	0.0033	0.0031
	$q = 2/3$				0.0032
	$q = 1/3$				0.0023
$p = 0.95$	$q = 1/2$	0.0027	0.1351	0.0025	0.0024
	$q = 2/3$				0.0024

表 2.6(c) $\pi = 0.5$ 时四种二分类随机化响应技术中 π 的方差的比较

参数		十字交叉模型	三角模型	变体平行模型	平行模型
	$q = 1/3$				0.0058
$p = 0.65$	$q = 1/2$	0.0278	0.0118	0.0052	0.0059
	$q = 2/3$				0.0058
	$q = 1/3$				0.0044
$p = 0.75$	$q = 1/2$	0.0100	0.0175	0.0042	0.0044
	$q = 2/3$				0.0044
	$q = 1/3$				0.0035
$p = 0.85$	$q = 1/2$	0.0051	0.0308	0.0034	0.0035
	$q = 2/3$				0.0035
	$q = 1/3$				0.0028
$p = 0.95$	$q = 1/2$	0.0031	0.0975	0.0028	0.0028
	$q = 2/3$				0.0028

表 2.6(d) $\pi = 0.7$ 时四种二分类随机化响应技术中 π 的方差的比较

参数		十字交叉模型	三角模型	变体平行模型	平行模型
	$q = 1/3$				0.0058
$p = 0.65$	$q = 1/2$	0.0274	0.0076	0.0037	0.0055
	$q = 2/3$				0.0051
	$q = 1/3$				0.0042
$p = 0.75$	$q = 1/2$	0.0096	0.0111	0.0031	0.0040
	$q = 2/3$				0.0038
	$q = 1/3$				0.0032
$p = 0.85$	$q = 1/2$	0.0047	0.0191	0.0026	0.0031
	$q = 2/3$				0.0029
	$q = 1/3$				0.0024
$p = 0.95$	$q = 1/2$	0.0027	0.0591	0.0023	0.0024
	$q = 2/3$				0.0023

表 2.6(e) $\pi = 0.9$ 时四种二分类随机化响应技术中 π 的方差的比较

参数		十字交叉模型	三角模型	变体平行模型	平行模型
	$q = 1/3$				0.0059
$p = 0.65$	$q = 1/2$	0.0262	0.0028	0.0014	0.0043
	$q = 2/3$				0.0035
	$q = 1/3$				0.0033
$p = 0.75$	$q = 1/2$	0.0084	0.0039	0.0012	0.0028
	$q = 2/3$				0.0024
	$q = 1/3$				0.0021
$p = 0.85$	$q = 1/2$	0.0035	0.0066	0.0011	0.0019
	$q = 2/3$				0.0016
	$q = 1/3$				0.0012
$p = 0.95$	$q = 1/2$	0.0015	0.0199	0.0010	0.0012
	$q = 2/3$				0.0011

2.2.10   变体平行模型的非依从问题

随机化调查中的非依从行为指的是: 即使调查人员为参与调查的受访者提供保密问卷、密封信封以及真诚的保密承诺, 某些受访者仍然不会按照设计的说明进行作答 (Mangat, 1994). 但是, 在我们看来, 造成非依从行为的一个可能的或部分的原因在于随机化装置由调查人员所控制. 发展非随机化响应技术的目的之一在于减轻非依从的行为. 例如, 当使用平行模型来搜集样本信息时, 尽管所关心的敏感变量的两个分类可能都是敏感的 (即, $\{Y = 0\}$ 和 $\{Y = 1\}$ 均为敏感集合), 但该模型能够很好地保护受访者的隐私不被泄露, 因此, 我们有理由相信使用平行模型的受访者不会拒绝作答, 他们愿意配合调查人员并按照设计的说明进行作答. 但是, 对于非随机的三角模型却可能存在非依从的问题. Wu 和 Tang (2016) 提出了两种调查技术可以用来处理非随机化的三角模型中存在的非依从行为.

事实上, 非依从行为也可能发生在变体平行模型中. 注意到, 在变体平行模型中, 只有子类 $\{Y = 1, W = 1\}$(即, 表 2.1 下面的□) 包含敏感信息. 受访者如果属于该子类并且对调查缺乏足够的信心的话, 有可能会故意在△中打钩从而导致非依从问题的产生. 为了将非依从行为考虑进来, 我们在变体平行模型中引入一个新的参数, 记受访者属于集合 $\{W = 1\}$ 同时具有敏感特征且按照表 2.1 的设计说明进行作答的概率为 ω. 由于新参数 ω 的加入, 受访者需要被随机地分配到两个组. 在第一组中使用包含两个非敏感的二分类变量 W, U 和一个敏感的二分类变量 Y 的变体平行模型, 而在第二组中使用 Tian (2015) 提出的平行模型以及同样的 W, U 和 Y 来对敏感参数 $\pi = \Pr\{Y = 1\}$ 进行估计.

假设在第一组样本中, 我们分别观测到 n_{11}, n_{12} 和 $n_{13}\,(n_1 = n_{11} + n_{12} + n_{13})$ 位受访者在表 2.1 中的○、△和上面的□中打钩. 因此, 这三个集合相应的概率分别为

$$\lambda_1^* = \Pr\{U = 0, W = 0\} = (1 - \theta)(1 - p),$$
$$\lambda_2^* = \Pr\{Y = 0, W = 1\} = (1 - \pi\omega)p$$

和

$$\lambda_3^* = \Pr\{U = 1, W = 0\} + \Pr\{Y = 1, W = 1\} = \theta(1 - p) + \pi\omega p.$$

由第一个等式可得, θ 的极大似然估计为

$$\hat{\theta} = 1 - \frac{n_{11}}{(1-p)n_1}. \tag{2.55}$$

然而, 由第二和第三个等式只能得到 $\pi\omega$ 的估计为 $1 - n_{12}/(pn_1)$, 却无法得到 π 和 ω 各自的精确估计. 这一点解释了为什么我们还需要第二组样本. 假设在第二组样本中, 我们分别观测到 n_{21} 和 n_{22} $(n_2 = n_{21} + n_{22})$ 名受访者连接两个〇和连接两个□. 则 π 和 ω 的极大似然估计分别为

$$\hat{\pi}_{\mathrm{P}} = \frac{n_{22}/n_2 - \hat{\theta}(1-p)}{p} \quad 和 \quad \hat{\omega} = \frac{1}{\hat{\pi}_{\mathrm{P}}}\left(1 - \frac{n_{12}}{pn_1}\right), \tag{2.56}$$

如果 $\hat{\theta}$, $\hat{\pi}_{\mathrm{P}}$ 和 $\hat{\omega}$ 中至少有一个超出区间 $[0,1]$ 范围, 则需要使用 EM 算法来计算相应的极大似然估计.

2.2.11　案例分析

1. 一个有关性伴侣个数研究的说明例子

即使是在思想开放的国家, 谈论有关性的话题——作为一个敏感的话题——仍然会令人感到尴尬. 因此, 想要利用直接问题模型去估计整个目标群体中性伴侣个数的平均水平或者估计拥有 $x(x \leqslant 1$ 或 $x \geqslant 2)$ 个性伴侣的人数在目标群体中所占比例是一件非常困难的事情. 然而, 获取相关敏感问题的信息在协助研究人员调查性行为和某些疾病 (例如, 宫颈癌或艾滋病) 中起着非常重要的作用. 现考虑 Monto (2001) 的一项有关性行为的调查研究, 我们选取其中的一个数据子集, 即, 所有的受访者为三个城市 (S 市、L 市和 P 市) 中逮捕的准备进行非法性交易的男性. Monto (2001) 的表 1 展示了参与者的背景特征, 我们可以看到其中343 名男性最多接受过高中教育而 927 名男性至少接受过本科教育. 同时, 593 名男性至多有1 个性伴侣而 668 名男性至少有 2 个性伴侣. 为了说明表 2.1 所展示的变体平行模型, 我们定义 $Y = 1$ 表示受访者至少有 2 个性伴侣, 否则, $Y = 0$. 为了估计未知比例 $\pi = \Pr\{Y = 1\}$, 我们引入两个非敏感的二分类变量 U 和 W, 其中, $U = 1$ 表示受访者至少接受过本科教育, 否则, $U = 0$; 而 $W = 1$ 表示受访者的生日在 9 月至 12 月之间, 否则, $W = 0$. 因此, 假定 $p = \Pr\{W = 1\} \approx \frac{1}{3}$ 是合理的.

首先, 我们需要验证受教育水平与性伴侣个数之间的独立性. 表 2.7 给出了 Monto (2001) 的调查数据, 其中, 表 2.7 中数据根据 $\Pr(U = 0) = 343/1270 = 0.27$ 估算得到. 则优势比 $\psi = \dfrac{\Pr(U = 0, Y = 0)\Pr(U = 1, Y = 1)}{\Pr(U = 1, Y = 0)\Pr(U = 0, Y = 1)}$ 的极大似然估计为

$$\hat{\psi} = \frac{m_1 m_4}{m_2 m_3} = 1.001796.$$

表 2.7　Monto (2001) 的调查数据

受教育	性伴侣个数		合计
水平	$Y = 0\ (\leqslant 1)$	$Y = 1\ (> 2)$	
$U = 0$	160 (m_1)	180 (m_2)	340
$U = 1$	433 (m_3)	488 (m_4)	921
合计	593	668	1261

为了说明对该数据使用变体平行模型的合理性, 此处, 我们首先需要检验受教育水平与性伴侣个数之间是否为不相关的, 即, 检验 ψ 的真实值是否为 1:

$$H_0: \psi = 1 \quad \text{V.S.} \quad H_1: \psi \neq 1.$$

其相应的概率 p 值为

$$p\text{值} = 2\Pr\left(Z < \frac{-|L|}{\text{se}}\right) = 0.9887377,$$

其中, Z 表示标准正态分布随机变量, $L = \ln[m_1 m_4/(m_2 m_3)]$ 以及

$$\text{se} = \sqrt{1/m_1 + 1/m_2 + 1/m_3 + 1/m_4}.$$

由于 p 值 $= 0.9887377 \gg 0.05$, 我们不能拒绝原假设, 也即, 我们有充分的理由相信受教育水平与性伴侣个数之间不存在相关性.

因此, 基于变体平行模型的观测数据可以由下式构造得到:

$$(n_1, n_2, n_3)^\top = (340 \times (1-p),\ 593 \times p,\ 921 \times (1-p) + 668 \times p)^\top$$
$$\approx (227, 198, 836)^\top,$$

其中, $n = n_1 + n_2 + n_3 = 1261$.

根据 (2.5) 式, π 和 θ 的极大似然估计分别为 $\hat{\pi}_v = 0.5289$ 和 $\hat{\theta} = 0.7300$. 表 2.8 给出了基于公式 (2.16)、(2.19)、(2.21)、(2.25)、(2.34) 和 (2.35) 得到的 π 的六种 95% 置信区间. 类似地, 表 2.9 给出了基于公式 (2.26)、(2.28)、(2.30)、(2.32)、(2.34) 和 (2.35) 得到的 θ 的六种 95% 置信区间.

表 2.8 π 的六种 95% 置信区间

置信区间类型	95% 置信区间	宽度
沃尔德置信区间 (2.16)	[0.4686799, 0.5892107]	0.1205308
威尔逊置信区间 (2.19)	[0.4655892, 0.5860514]	0.1204622
似然比置信区间 (2.21)	[0.4666440, 0.5870715]	0.1204275
精确置信区间 (2.25)	[0.4651272, 0.5879232]	0.1227960
基于正态的自助抽样置信区间 (2.34)	[0.4688446, 0.5890460]	0.1202014
基于非正态的自助抽样置信区间 (2.35)	[0.4670896, 0.5884219]	0.1213323

表 2.9 θ 的六种 95% 置信区间

置信区间类型	95% 置信区间	宽度
沃尔德置信区间 (2.26)	[0.6981553, 0.7617971]	0.0636418
威尔逊置信区间 (2.28)	[0.6967251, 0.7603118]	0.0635867
似然比置信区间 (2.30)	[0.6972109, 0.7607939]	0.0635830
精确置信区间 (2.32)	[0.6964663, 0.7612313]	0.0647650
基于正态的自助抽样置信区间 (2.34)	[0.6964663, 0.7617550]	0.0652887
基于非正态的自助抽样置信区间 (2.35)	[0.6978588, 0.7609040]	0.0630452

假设我们现在想要检验

$$H_0: \theta = \theta_0 = 0.75 \quad \text{V.S.} \quad H_1: \theta \neq 0.75.$$

令 $\alpha = 0.05$, 由公式 (2.37) 和 (2.38) 可得, $p_{v1} = 0.2034$ 以及 $p_{v2} = 0.2123$. 由于两个概率 p 值均大于 0.05, 因此, 我们不能拒绝原假设 H_0. 如果令 $\theta_0 = 0.69$, 则 $p_{v1} = 0.0194$ 和 $p_{v2} = 0.0198$. 因此, 在相同的显著性水平下, 原假设 H_0 应当被拒绝.

在贝叶斯分析中, 我们选取两个独立的均匀分布 (不失一般性, 令 $a_1 = b_1 = a_2 = b_2 = 1$) 分别作为 π 和 θ 的先验分布, 同时, 选取 $\pi^{(0)} = \theta^{(0)} = 0.5$ 作为初始值, 由公式 (2.45) 和 (2.46) 定义的 EM 算法经过 17 次迭代收敛到后验众数 $\tilde{\pi} = 0.5289$ 和 $\tilde{\theta} = 0.7300$.

根据 (2.47) 式, 我们利用 IBF 算法产生 $L = 20000$ 个 π 和 θ 的独立同分布的后验样本. 表 2.10 的第 3~5 列分别给出了 π 和 θ 的后验均值、后验标准差以及 95% 的贝叶斯可靠区间. 图 2.4 展示了基于后验样本得到的 π 和 θ 的后验密度图以及相应的直方图.

表 2.10　基于 Monto (2001) 调查数据的参数的后验众数

参数	后验众数	后验均值	后验标准差	95% 的贝叶斯可靠区间
π	0.5289	0.5279	0.0307	[0.4658, 0.5856]
θ	0.7300	0.7294	0.0162	[0.6967, 0.7607]

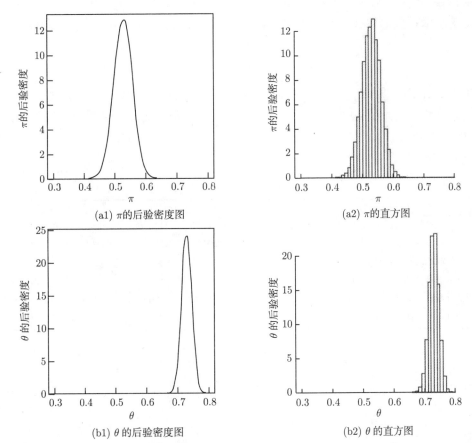

(a1) π 的后验密度图　　(a2) π 的直方图

(b1) θ 的后验密度图　　(b2) θ 的直方图

图 2.4　选取两个独立的 $(0, 1)$ 上的均匀分布分别作为 π 和 θ 的先验分布, 基于 IBF 算法产生的 $L = 20000$ 个独立同分布的后验样本并利用核密度平滑器得到的 π 和 θ 的后验密度图以及相应的直方图

2. K 大学考试作弊行为分析

1) 完全依从假定下的设计与分析

众所周知, 在大学或学院中, 考试作弊行为必然会导致不公平的现象. 没有学生愿意承认他曾在考试中有过作弊行为, 因此, 如果利用直接问题模型我们将难以获得可靠的回答. 为了研究本科生在考试中曾有过作弊行为的学生所占的比例, 我们于 2013 年 3 月在 K 大学随机抽取的 150 名本科生中使用变体平行模型进行了一项调查. 调查问卷设计如下:

- 如果你的生日在上半年且你不是 K 地区永久居民, 请选择○;
- 如果你的生日在下半年且你从未在 K 大学的考试中作弊, 请选择△;
- 如果你的生日在上半年且你是 K 地区永久居民或你的生日在下半年且你曾在 K 大学的考试中作弊, 请选择□.

调查结束时, 我们共收集到 115 份有效问卷 (52 名女性, 63 名男性), 其中, 1 位同学来自文学院, 22 位同学来自商学院, 2 位同学来自工程学院, 89 位同学来自理学院, 1 位同学学院未知. 在这些受访者中, 99 位同学来自大一, 2 位同学来自大二, 13 位同学来自大三, 1 位同学来自大四. 我们观测到 22 位同学选择○, 54 位同学选择△, 39 位同学选择□. 令 $\pi = \Pr(Y = 1)$ 表示 K 大学本科生中曾有过考试作弊行为的学生所占比例, $\theta = \Pr(U = 1)$ 表示 K 大学本科生中为 K 地区永久居民的学生所占比例, π 和 θ 未知. 记观测数据为

$$Y_{\mathrm{obs}} = \{n; n_1, n_2, n_3\} = \{115; 22, 54, 39\}.$$

根据 (2.5) 式, π 和 θ 的极大似然估计分别为 $\hat{\pi}_{\mathrm{v}} = 0.0609$ 和 $\hat{\theta} = 0.6174$. 表 2.11 给出了基于公式 (2.16)、(2.19)、(2.21)、(2.25)、(2.34) 和 (2.35) 得到的 π 的六种 95% 置信区间. 类似地, 表 2.12 给出了基于公式 (2.26)、(2.28)、(2.30)、(2.32)、(2.34) 和 (2.35) 得到的 θ 的六种 95% 置信区间.

表 2.11 π 的六种 95% 置信区间

置信区间类型	95% 置信区间	宽度
沃尔德置信区间 (2.16)	$[-0.1223575,\ 0.2440966]$	0.3664541
威尔逊置信区间 (2.19)	$[-0.1205648,\ 0.2383688]$	0.3589336
似然比置信区间 (2.21)	$[-0.1213907,\ 0.2404458]$	0.3618365
精确置信区间 (2.25)	$[-0.1297411,\ 0.2482693]$	0.3780104
基于正态的自助抽样置信区间 (2.34)	$[-0.0676406,\ 0.2186684]$	0.2863090
基于非正态的自助抽样置信区间 (2.35)	$[6.8321 \times 10^{-18},\ 0.2347826]$	0.2347826

表 2.12 θ 的六种 95% 置信区间

置信区间类型	95% 置信区间	宽度
沃尔德置信区间 (2.26)	$[0.4729868,\ 0.7617958]$	0.2888090
威尔逊置信区间 (2.28)	$[0.4546011,\ 0.7402681]$	0.2856670
似然比置信区间 (2.30)	$[0.4608817,\ 0.7467020]$	0.2858203
精确置信区间 (2.32)	$[0.4496279,\ 0.7521093]$	0.3024814
基于正态的自助抽样置信区间 (2.34)	$[0.4725176,\ 0.7512286]$	0.2787110
基于非正态的自助抽样置信区间 (2.35)	$[0.4608696,\ 0.7407407]$	0.2798711

假设我们现在想要检验

$$H_0: \theta = \theta_0 = 0.35 \quad \text{V.S.} \quad H_1: \theta \neq 0.35.$$

令 $\alpha = 0.05$, 由公式 (2.37) 和 (2.38) 可得, $p_{v1} = 0.0022$ 以及 $p_{v2} = 0.0019$. 由于两个概率 p 值均小于 0.01, 因此, 我们需要作出拒绝原假设 H_0 的结论. 如果令 $\theta_0 = 0.60$, 则 $p_{v1} = 0.8157$ 和 $p_{v2} = 0.9073$. 因此, 在显著性水平 $\alpha = 0.05$ 下, 原假设 H_0 不能被拒绝.

在贝叶斯分析中, 我们选取两个独立的均匀分布 (即, $a_1 = b_1 = a_2 = b_2 = 1$) 分别作为 π 和 θ 的先验分布. 选取 $\pi^{(0)} = \theta^{(0)} = 0.5$ 作为初始值, 由公式 (2.45) 和 (2.46) 定义的 EM 算法经过 133 次迭代收敛到后验众数 $\tilde{\pi} = 0.0609$ 和 $\tilde{\theta} = 0.6174$.

根据 (2.47) 式, 我们利用 IBF 算法产生 $L = 20000$ 个 π 和 θ 的独立同分布的后验样本. 表 2.13 的第 3~5 列分别给出了 π 和 θ 的后验均值、后验标准差以及 95% 贝叶斯可靠区间. 图 2.5 展示了基于后验样本得到的 π 和 θ 的后验密度图以及相应的直方图.

表 2.13　基于作弊行为数据的参数的后验众数

参数	后验众数	后验均值	后验标准差	95% 贝叶斯可靠区间
π	0.0609	0.1040	0.0678	[0.0061, 0.2256]
θ	0.6174	0.5977	0.0704	[0.4503, 0.7261]

2) 考虑非依从行为的设计与分析

为了在问卷设计中考虑非依从问题, 我们 2013 年在 K 大学随机抽取的另外 100 名本科生中进行了第二次调查. 调查问卷设计如下:

• 如果你的生日在上半年且你不是 K 地区永久居民或你的生日在下半年且你从未在 K 大学的考试中作弊, 请选择○;

• 如果你的生日在上半年且你是 K 地区永久居民或你的生日在下半年且你曾在 K 大学的考试中作弊, 请选择□.

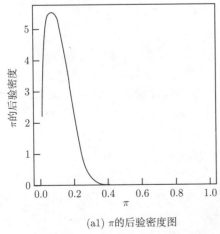

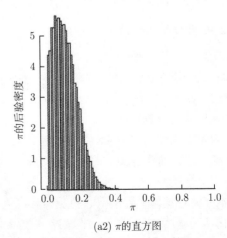

(a1) π的后验密度图　　　　　　　　　(a2) π的直方图

图 2.5　选取两个独立的 $(0,1)$ 上的均匀分布分别作为 π 和 θ 的先验分布, 基于 IBF 算法产生的 $L = 20000$ 个独立同分布的后验样本并利用核密度平滑器得到的 π 和 θ 的后验密度图以及相应的直方图

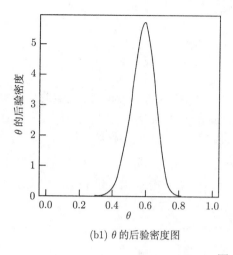

(b1) θ 的后验密度图

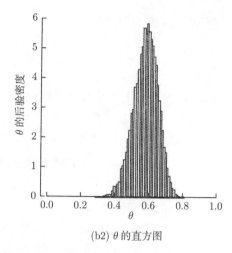

(b2) θ 的直方图

图 2.5 (续)

最终, 我们收集到 77 份有效问卷 (27 名女性, 50 名男性), 其中, 2 位同学来自法学院, 7 位同学来自商学院, 67 位同学来自理学院, 1 位同学学院未知. 在这些受访者中, 43 位同学来自大一, 10 位同学来自大二, 20 位同学来自大三, 4 位同学来自大四. 我们观测到 40 位同学选择○, 37 位同学选择□. 令 $\pi = \mathrm{Pr}(Y = 1)$ 表示 K 大学本科生中曾有过考试作弊行为的学生所占比例, $\theta = \mathrm{Pr}(U = 1)$ 表示 K 大学本科生中为 K 地区永久居民的学生所占比例, ω 表示参与调查的本科生中有过作弊行为且按照表 2.1 的设计要求进行作答的学生所占比例, π, θ 和 ω 未知. 记观测数据为

$$Y_{\mathrm{obs}} = \{n_2;\, n_{21},\, n_{22}\} = \{77;\, 40, 37\}.$$

则, 根据公式 (2.55) 和 (2.56), 可得 $\hat{\pi} = 0.3436$, $\hat{\theta} = 0.6174$ 以及 $\hat{\omega} = 0.1771$. 可以发现, 由两组数据组合得到的 π 的极大似然估计显著高于仅由第一组样本得到的 π 的极大似然估计. 由于 $\hat{\omega} = 0.1771$, 我们发现, 大约 $\hat{\pi}(1 - \hat{\omega})p = 0.3436 \times (1 - 0.1771) \times 0.5 = 14.14\%$ 的学生在变体平行模型的调查中并没有按照设计的要求进行作答.

2.2.12 变体平行模型优缺点小结

变体平行模型作为 Tian (2015) 提出的平行模型的另一个推广, 将平行模型中要求两个非敏感二分类变量 U 与 W 的概率 ($q = \mathrm{Pr}(U = 1)$ 和 $p = \mathrm{Pr}(W = 1)$) 已知的限制放宽到只要求 $p = \mathrm{Pr}(W = 1)$ 已知而 $\theta = \mathrm{Pr}(U = 1)$ 未知. 这使得该模型在实际应用中相较于平行模型而言具有较大的灵活性. 然而, 不可否认的是, 为了保证变体平行模型在实际应用中的可操作性, 必须要求所考虑的二分类敏感变量的一个分类为非敏感的. 因此, 当二分类敏感变量的两个分类均为敏感子类时, 变体平行模型并不适用. 在这一点上, 变体平行模型不如平行模型. 也是同样的原因, 在使用变体平行模型时, 可能会导致非依从的问题. 但是, 本节针对变体平行模型中的受访者可能出现的非依从现象提供了可行的解决思路, 给出了该情形下对敏感参数 π、非敏感参数 θ 以及依从率 ω 同时进行估计的有效方法. 此外, 对于二分类的敏感变量且该变量有一个类别为非敏感时, 当 $\pi \in (0, 1)$, $p \in \left(\dfrac{\sqrt{5} - 1}{2}, 1 \right)$ 且

$\theta > q > (1 - \pi)p^2/(1 - p)$ 时, 变体平行模型保护受访者隐私的能力较十字交叉模型、三角模型和平行模型最优. 在此条件之下, 从估计的有效性来看, 当 $\pi < 0.5$ 时, 平行模型最优; 当 $\pi \geqslant 0.5$ 时, 变体平行模型最优.

2.3　多分类平行模型的设计与分析

2.3.1　多分类平行模型

Liu 和 Tian (2013a) 将平行模型从二分类敏感变量推广到多分类的情形. 考虑具有 m 个可能答案的敏感性问题 Q_Y(例如, 你在过去一个月内有过几次乘车逃票? 可能的答案包括: 0~3、4~6 或 $\geqslant 7$), m 个可能的答案将目标总体划分成 m 个互不相交的类别并且每一个类别都具有一定的敏感性. 令 Y 表示与敏感问题 Q_Y 相对应的具有 m 个取值的敏感变量, $\{Y = i\}$ 表示目标群体中受访者属于第 i 个类别. 该设计的目的是估计敏感特征的概率 $\pi_i = \Pr(Y = i)$, $i = 1, \cdots, m$ 且 $\boldsymbol{\pi} \in \mathbb{T}_m$, 其中 $\mathbb{T}_m$ 的定义同 (1.5) 式.

为了协助调查获取敏感信息, 我们需要引入一个二分类的敏感变量 W 和另外一个与敏感变量 Y 具有相同个数分类的非敏感变量 U, 使得 W, U 和 Y 相互独立且 $p = \Pr\{W = 1\}$ 和

$$q_i = \Pr\{U = i\}, \quad i = 1, \cdots, m$$

已知. 例如, 若 $m = 4$, 我们可以定义 $W = 0$ 表示受访者母亲的生日在一个月的前半个月, 否则, $W = 1$; 另一方面, 定义 $U = i(i = 1, \cdots, 4)$ 表示受访者的生日在一年的第 i 个季度. 因此, 假定 $p \approx 0.5$ 且 $q_i \approx 0.25, i = 1, 2, 3, 4$ 是合理的.

调查者可以根据表 2.14 的左半部分来设计调查问卷, 并要求受访者根据其自身的情况真实作答: 如果属于集合 $\{U = 1, W = 0\} \cup \{Y = 1, W = 1\}$, 请用实线连接两个○; 如果属于集合 $\{U - 2, W = 0\} \cup \{Y = 2, W = 1\}$, 请用实线连接两个□; $\cdots$; 如果属于集合 $\{U = m, W = 0\} \cup \{Y = m, W = 1\}$, 请用实线连接两个△. 注意到集合 $\{W = 0\}$, $\{W = 1\}$ 和 $\{U = i\}$ 均为非敏感集合, 故

$$\{U = i, W = 0\} \cup \{Y = i, W = 1\}, \quad i = 1, \cdots, m$$

也可看作非敏感子类. 由于调查者无法从受访者的答案中判断其是否具有敏感特征, 因此, 受访者的隐私得到较好的保护. 我们称该设计为多分类平行模型. 表 2.14 的右半部分给出相应的元概率. 由于三个随机变量 W, U 和 Y 相互独立, 因此, 其联合密度等于两个边际密度的乘积.

对于那些对由表 2.14 给出的问卷设计存在理解困难的受访者, 我们也可以以另外一种形式来展现多分类平行模型的调查设计. 例如, 令 $m = 4$ 并依据受访者上个月乘车逃票的次数为 0~1, 2, 3 或 $\geqslant 4$ 定义 $Y = 1, 2, 3$ 或 4, 则四分类平行模型设计可用如下形式进行表述:

　　• 如果你的生日在一个月中的上半个月 (即, $W = 0$), 请回答问题: 你的生日在一年中的第几个季度? 请在答案 "1" (即, $U = 1$) 或 "2" (即, $U = 2$) 或 "3" (即, $U = 3$) 或 "4" (即, $U = 4$) 中作出选择;

● 如果你的生日在一个月中的下半个月 (即, $W = 1$), 请回答问题: 你在上个月吸毒的次数? 请在答案 "1" (即, $Y = 1$) 或 "2" (即, $Y = 2$) 或 "3" (即, $Y = 3$) 或 "4" (即, $Y = 4$) 中作出选择.

在表 2.14 中如何选择合适的非敏感变量 W 和 U 也是在实际问题中应用多分类平行模型时需要考虑的一个重要问题. 此处, 我们给出挑选两个非敏感变量 W 和 U 的一些实用的指导. 一方面, 由于 W 是二分类的, 我们可以定义 $W = 0$ 表示受访者的生日在 1~6 月**或**受访者的出生日期为奇数月份**或**受访者的生日在上半个月**或**受访者的年龄是奇数**或**受访者的门牌号或电话号码是偶数等. 另一方面, 由于 U 与 Y 同样具有 m 个分类, 例如, 当 $m = 3$ 时, 我们可以定义

$$U = 1 \text{ 如果受访者的母亲的生日在 1~4 月;}$$

$$U = 2 \text{ 如果受访者的母亲的生日在 5~8 月;}$$

$$U = 3 \text{ 如果受访者的母亲的生日在 9~12 月.}$$

此时, 假设每一个 $p_i = \Pr(U = i)$ 近似等于 1/3 是合理的. 类似地, 当 $m = 5$ 时, 我们可以定义

$$U = 1 \text{ 如果受访者的身份证号或手机号尾号为 1 或 2;}$$

$$U = 2 \text{ 如果受访者的身份证号或手机号尾号为 3 或 4;}$$

$$U = 3 \text{ 如果受访者的身份证号或手机号尾号为 5 或 6;}$$

$$U = 4 \text{ 如果受访者的身份证号或手机号尾号为 7 或 8;}$$

$$U = 5 \text{ 如果受访者的身份证号或手机号尾号为 9 或 0.}$$

当 $m = 7$ 时, 我们可以定义

$$U = 1 \text{ 如果受访者的母亲的生日在星期一;}$$

$$U = 2 \text{ 如果受访者的母亲的生日在星期二;}$$

$$U = 3 \text{ 如果受访者的母亲的生日在星期三;}$$

$$U = 4 \text{ 如果受访者的母亲的生日在星期四;}$$

$$U = 5 \text{ 如果受访者的母亲的生日在星期五;}$$

$$U = 6 \text{ 如果受访者的母亲的生日在星期六;}$$

$$U = 7 \text{ 如果受访者的母亲的生日在星期天.}$$

表 2.14 多分类平行模型及相应类别的概率

分类	$W=0$	$W=1$	分类	$W=0$	$W=1$	边际
$U=1$	○		$U=1$	$q_1(1-p)$		q_1
$U=2$	□		$U=2$	$q_2(1-p)$		q_2
$\vdots$	$\vdots$	$\vdots$	$\vdots$	$\vdots$		$\vdots$
$U=m$	△		$U=4$	$q_m(1-p)$		q_m
$Y=1$		○	$Y=1$		$\pi_1 p$	π_1
$Y=2$		□	$Y=2$		$\pi_2 p$	π_2
$\vdots$		$\vdots$	$\vdots$		$\vdots$	$\vdots$
$Y=m$		△	$Y=m$		$\pi_m p$	π_m
			边际	$1-p$	p	1

注: 如果你属于集合 $\{U=1, W=0\} \cup \{Y=1, W=1\}$, 请用实线连接两个○; 如果你属于集合 $\{U=2, W=0\} \cup \{Y=2, W=1\}$, 请用实线连接两个□; $\cdots$; 如果你属于集合 $\{U=m, W=0\} \cup \{Y=m, W=1\}$, 请用实线连接两个△.

2.3.2 基于极大似然的统计分析

1. 基于最大期望值算法的参数的极大似然估计

假设我们采用多分类平行模型进行敏感数据抽样调查共获得 n 份有效问卷, 其中, n_1 名受访者连接两个○, n_2 名受访者连接两个□, $\cdots$, n_m 名受访者连接两个△(表 2.14). 令 $Y_{\mathrm{obs}} = \{n; n_1, \cdots, n_m\}$ 表示观测数据, 其中, $n = \sum_{i=1}^m n_i$. 因此, $\boldsymbol{\pi} = (\pi_1, \cdots, \pi_m)^\top$ 的观测数据似然函数为

$$L_{\mathrm{MP}}(\boldsymbol{\pi}|Y_{\mathrm{obs}}) = \binom{n}{n_1, \cdots, n_m} \prod_{i=1}^m [q_i(1-p) + \pi_i p]^{n_i}, \tag{2.57}$$

其中, 脚标 "MP" 代表多分类平行模型. 通过引入潜在向量 $\boldsymbol{z}_{\mathrm{r}} = (Z_1, \cdots, Z_m)^\top (Z_i$ 表示 n 名受访者中实际属于敏感子集 $\{Y=i, W=1\}$ 的真实受访者人数), 我们可以利用 EM 算法 (Dempster et al., 1977) 来得到 $\{\pi_i\}_{i=1}^m$ 的极大似然估计. 记 $\boldsymbol{z} = (z_1, \cdots, z_m)^\top$ 表示 $\boldsymbol{z}_{\mathrm{r}}$ 的观测向量, 则完全观测数据为 $Y_{\mathrm{com}} = \{Y_{\mathrm{obs}}, \boldsymbol{z}\}$, 由于 $\{q_i\}_{i=1}^m$ 和 p 已知, $\boldsymbol{\pi}$ 的完全数据似然函数由下式给出:

$$L_{\mathrm{MP}}(\boldsymbol{\pi}|Y_{\mathrm{obs}}, \boldsymbol{z}) \propto \prod_{i=1}^m [q_i(1-p)]^{n_i-z_i} (\pi_i p)^{z_i} \propto \prod_{i=1}^m \pi_i^{z_i}. \tag{2.58}$$

因此, M 步计算 $\{\pi_i\}_{i=1}^m$ 的完全数据极大似然估计:

$$\hat{\pi}_i = \frac{z_i}{z_1 + \cdots + z_m}, \quad i = 1, \cdots, m. \tag{2.59}$$

根据表 2.14 易知, $\boldsymbol{z}$ 的条件预测分布为

$$f(\boldsymbol{z}|Y_{\mathrm{obs}}, \boldsymbol{\pi}) = \prod_{i=1}^m f(z_i|Y_{\mathrm{obs}}, \pi_i) = \prod_{i=1}^m \mathrm{Binomial}\left(z_i \Big| n_i, \frac{\pi_i p}{q_i(1-p) + \pi_i p}\right), \tag{2.60}$$

因此, E 步将 (2.59) 式中的 z_i 用其条件期望进行替代:

$$E(Z_i|Y_{\text{obs}}, \pi_i) = \frac{n_i \pi_i p}{q_i(1-p) + \pi_i p}, \quad i = 1, \cdots, m.$$ (2.61)

2. 自助抽样置信区间

本节, 我们将利用自助抽样法导出 $\{\pi_i\}_{i=1}^m$ 的自助抽样法置信区间. 基于已经得到的 $\boldsymbol{\pi}$ 的极大似然估计 $\hat{\boldsymbol{\pi}}_{\text{MP}} = (\hat{\pi}_{\text{MP},1}, \cdots, \hat{\pi}_{\text{MP},m})^\top$, 我们可以通过下述方式产生样本:

$$(n_1^*, \cdots, n_m^*)^\top \sim \text{Multinomial}\left(n; q_1(1-p) + p\hat{\pi}_{\text{MP},1}, \cdots, q_m(1-p) + p\hat{\pi}_{\text{MP},m}\right).$$

由所产生的自助抽样样本 $\{n_1^*, \cdots, n_m^*\}$, 利用公式 (2.59) 和 (2.61) 定义的 EM 算法计算自助抽样估计 $\hat{\pi}_{\text{MP},i}^*$, 其中, $\{n_1, \cdots, n_m\}$ 用 $\{n_1^*, \cdots, n_m^*\}$ 替代即可. 将此过程重复 G 次, 得到 G 个自助抽样估计: $\{\hat{\pi}_{\text{MP},i}^*(g)\}_{g=1}^G$. 因此, $\hat{\pi}_{\text{MP},i}$ 的标准误差 $\text{se}(\hat{\pi}_{\text{MP},i})$ 可由这 G 个自助抽样法估计的样本标准差来估计, 即

$$\widehat{\text{se}}(\hat{\pi}_{\text{MP},i}) = \left\{ \frac{1}{G-1} \sum_{g=1}^G \left[\hat{\pi}_{\text{MP},i}^*(g) - \frac{\hat{\pi}_{\text{MP},i}^*(1) + \cdots + \hat{\pi}_{\text{MP},i}^*(G)}{G} \right]^2 \right\}^{\frac{1}{2}}.$$ (2.62)

如果 $\{\hat{\pi}_{\text{MP},i}^*(g)\}_{g=1}^G$ 近似服从正态分布, 则 π_i 的一个置信水平为 $(1-\alpha)100\%$ 的自助抽样置信区间为

$$\left[\hat{\pi}_{\text{MP},i} - z_{\alpha/2}\widehat{\text{se}}(\hat{\pi}_{\text{MP},i}), \ \hat{\pi}_{\text{MP},i} + z_{\alpha/2}\widehat{\text{se}}(\hat{\pi}_{\text{MP},i}) \right].$$ (2.63)

或者, 如果 $\{\hat{\pi}_{\text{MP},i}^*(g)\}_{g=1}^G$ 并非近似服从正态分布或由 (2.63) 式定义的自助抽样置信区间超过 $(0,1)$ 范围, 则 π_i 的一个置信水平为 $(1-\alpha)100\%$ 的自助抽样置信区间可通过下述方式求得

$$[\hat{\pi}_{\text{MP},i,\text{BL}}, \ \hat{\pi}_{\text{MP},i,\text{BU}}],$$ (2.64)

其中, $\hat{\pi}_{\text{MP},i,\text{BL}}$ 和 $\hat{\pi}_{\text{MP},i,\text{BU}}$ 分别为 $\{\hat{\pi}_{\text{MP},i}^*(g)\}_{g=1}^G$ 的 $100(\alpha/2)\%$ 和 $100(1-\alpha/2)\%$ 分位点.

3. 有效估计的精确表达

尽管由公式 (2.59) 和 (2.61) 定义的 EM 算法计算得到的极大似然估计 $\hat{\boldsymbol{\pi}}_{\text{MP}}$ 一定落在定义域 $\mathbb{T}_m$ 内, 但通过该方法只能得到 $\hat{\boldsymbol{\pi}}_{\text{MP}}$ 的数值计算结果, 而 $\hat{\boldsymbol{\pi}}_{\text{MP}}$ 的方差–协方差矩阵仍然缺少精确的表达形式. 然而, 在很多情况之下, 我们需要得到 $\hat{\boldsymbol{\pi}}_{\text{MP}}$ 的精确解的结构以及相应的方差–协方差矩阵.

由 (2.57) 式可知, $\boldsymbol{\pi}$ 的观测数据对数似然函数为

$$\ell_{\text{MP}}(\boldsymbol{\pi}|Y_{\text{obs}}) = c_{\text{MP}} + \sum_{i=1}^m n_i \ln[q_i(1-p) + \pi_i p],$$

其中 c_{MP} 是一个不依赖于参数向量 $\boldsymbol{\pi}$ 的常数. 令 $\partial \ell_{\text{MP}}(\boldsymbol{\pi}|Y_{\text{obs}})/\partial \pi_i = 0$, 则 $\boldsymbol{\pi}$ 的一个替代的估计为

$$\hat{\boldsymbol{\pi}}_v = (\hat{\pi}_{v1}, \cdots, \hat{\pi}_{vm})^\top = \left(\frac{n_1/n - q_1(1-p)}{p}, \cdots, \frac{n_m/n - q_m(1-p)}{p} \right)^\top.$$ (2.65)

尽管 $\hat{\pi}_{vi}$ 为其真实的概率 π_i 的无偏估计, 但 $\hat{\pi}_v$ 可能并不属于集合 $\mathbb{T}_m$. 例如, 令 $m = 4$, $q_1 = \cdots = q_4 = 0.25$, $p = 1/3$ 以及 $(n_1, \cdots, n_4)^\top = (15, 19, 7, 9)^\top$, 则

$$\hat{\pi}_v = (0.40, 0.64, -0.08, 0.04)^\top \notin \mathbb{T}_4.$$

此时所得到的极大似然估计并不是一个有效的估计. 因此, 在本书中, 由 (2.65) 式所定义的估计 $\hat{\pi}_v$ 只有在满足 $\hat{\pi}_v \in \mathbb{T}_m$ 的条件之下才称为有效的估计. 显然, 如果由 (2.65) 式所定义的估计 $\hat{\pi}_v$ 是有效的, 则有 $\hat{\pi}_v = \hat{\pi}_{\mathrm{MP}}$. 因此, 在接下来的部分, 我们只考虑 π 的有效估计.

注意到 $(n_1, \cdots, n_m)^\top \sim \mathrm{Multinomial}(n, \lambda)$, 其中, $\lambda = (\lambda_1, \cdots, \lambda_m)^\top \in \mathbb{T}_m$,

$$\lambda_i = q_i(1 - p) + \pi_i p, \quad i = 1, \cdots, m. \tag{2.66}$$

令 $\hat{\lambda} = (\hat{\lambda}_1, \cdots, \hat{\lambda}_m)^\top = (n_1/n, \cdots, n_m/n)^\top$ 表示 λ 的极大似然估计. 则, (2.65) 式可以改写为如下的向量形式:

$$\hat{\pi}_{\mathrm{MP}} = (\hat{\pi}_{\mathrm{MP},1}, \cdots, \hat{\pi}_{\mathrm{MP},m})^\top = \frac{\hat{\lambda} - (1 - p)q}{p}, \tag{2.67}$$

其中, $q = (q_1, \cdots, q_m)^\top$. 因此, $\hat{\pi}_{\mathrm{MP}}$ 的方差–协方差矩阵可以表示为

$$
\begin{aligned}
\mathrm{Var}(\hat{\pi}_{\mathrm{MP}}) &= \frac{1}{p^2}\mathrm{Var}(\hat{\lambda}) \\
&= \frac{1}{np^2}
\begin{pmatrix}
\lambda_1(1 - \lambda_1) & -\lambda_1\lambda_2 & \cdots & -\lambda_1\lambda_m \\
-\lambda_2\lambda_1 & \lambda_2(1 - \lambda_2) & \cdots & -\lambda_2\lambda_m \\
\vdots & \vdots & & \vdots \\
-\lambda_m\lambda_1 & -\lambda_m\lambda_2 & \cdots & \lambda_m(1 - \lambda_m)
\end{pmatrix}.
\end{aligned}
\tag{2.68}
$$

4. 大样本情况下 π 的三种置信区间

由 (2.68) 式出发, 不难得到如下结论.

定理 2.7 令

$$\widehat{\mathrm{Var}}(\hat{\pi}_{\mathrm{MP},i}) = \frac{\hat{\lambda}_i(1 - \hat{\lambda}_i)}{(n - 1)p^2}, \quad i = 1, \cdots, m. \tag{2.69}$$

则有

$$\widehat{\mathrm{Var}}(\hat{\pi}_{\mathrm{MP},i}) = \frac{\hat{\pi}_{\mathrm{MP},i}(1 - \hat{\pi}_{\mathrm{MP},i})}{n - 1} + \frac{(1 - q)f(\hat{\pi}_{\mathrm{MP},i}, q_i, p)}{(n - 1)p^2},$$

其中, $f(\pi_i, q_i, p) \hat{=} p(1 - 2q_i)\pi_i + q_i(1 - q_i + pq_i)$, 且 $\widehat{\mathrm{Var}}(\hat{\pi}_{\mathrm{MP},i})$ 为 $\mathrm{Var}(\hat{\pi}_{\mathrm{MP},i}) = \lambda_i(1 - \lambda_i)/(np^2)(i = 1, \cdots, m)$ 的一个无偏估计.

根据极大似然估计的大样本性质, 可以得到

$$(\hat{\pi}_{\mathrm{MP},i} - \pi_i) \Big/ \sqrt{\widehat{\mathrm{Var}}(\hat{\pi}_{\mathrm{MP},i})} \sim N(0, 1), \quad n \to \infty, i = 1, \cdots, m.$$

因此, π_i 的一个渐近的置信水平为 $100(1-\alpha)\%$ 的沃尔德置信区间为

$$\left[\hat{\pi}_{\mathrm{MP},i} - z_{\alpha/2}\sqrt{\widehat{\mathrm{Var}}(\hat{\pi}_{\mathrm{MP},i})}, \quad \hat{\pi}_{\mathrm{MP},i} + z_{\alpha/2}\sqrt{\widehat{\mathrm{Var}}(\hat{\pi}_{\mathrm{MP},i})}\right]. \tag{2.70}$$

如果由 (2.70) 式给出的沃尔德置信区间的下界小于 0 或者上界大于 1, 则该沃尔德置信区间是无效的. 此时, 根据中心极限定理, 我们可以通过下面的方法建立 π_i 的一个置信水平为 $(1-\alpha)100\%$ 的威尔逊置信区间:

$$
\begin{aligned}
1-\alpha &\\
&= \Pr\left\{\left|\frac{\hat{\pi}_{\mathrm{MP},i} - \pi_i}{\sqrt{\mathrm{Var}(\hat{\pi}_{\mathrm{MP},i})}}\right| \leqslant z_{\alpha/2}\right\} \\
&= \Pr\{(\hat{\pi}_{\mathrm{MP},i} - \pi_i)^2 \leqslant z_{\alpha/2}^2 \mathrm{Var}(\hat{\pi}_{\mathrm{MP},i})\} \\
&\stackrel{(2.68)}{=\!=\!=} \Pr\left\{(\hat{\pi}_{\mathrm{MP},i} - \pi_i)^2 \leqslant \frac{z_{\alpha/2}^2}{n}\left[\pi_i(1-\pi_i) + \frac{(1-p)f(\pi_i,q_i,p)}{p^2}\right]\right\} \\
&= \Pr\left\{\hat{\pi}_{\mathrm{MP},i}^2 - 2\hat{\pi}_{\mathrm{MP},i}\pi_i + \pi_i^2 \leqslant \frac{z_{\alpha/2}^2(-\pi_i^2 + \rho_1\pi_i + \rho_2)}{n}\right\} \\
&= \Pr\{(1+z_*)\pi_i^2 - (2\hat{\pi}_{\mathrm{MP},i} + z_*\rho_1)\pi_i + \hat{\pi}_{\mathrm{MP},i}^2 - z_*\rho_2 \leqslant 0\}, \tag{2.71}
\end{aligned}
$$

其中, $z_* \hat{=} z_{\alpha/2}^2/n$, $\rho_1 \hat{=} [1 - 2q_i(1-p)]/p$ 和 $\rho_2 \hat{=} q_i(1-p)(1-q_i+pq_i)/p^2$. 通过求解 (2.71) 式所定义的概率函数中的二次不等式, 可以得到下述威尔逊置信区间:

$$\frac{2\hat{\pi}_{\mathrm{MP},i} + z_*\rho_1 \pm \sqrt{(2\hat{\pi}_{\mathrm{MP},i} + z_*\rho_1)^2 - 4(1+z_*)(\hat{\pi}_{\mathrm{MP},i}^2 - z_*\rho_2)}}{2(1+z_*)}, \tag{2.72}$$

上式所定义的区间一般来说落在区间 $[0,1]$ 内.

对于敏感变量而言, $\{\pi_i\}$ 中某些参数的真实值实际上可能非常小, 此时, 基于似然比检验得到的置信区间较其他置信区间而言往往具有更好的表现. 为了构造 $\pi_i(i=1,\cdots,m)$ 的似然比置信区间, 我们考虑如下检验:

$$H_0: \pi_i = \pi_{i0} \quad \text{V.S.} \quad H_1: \pi_i \neq \pi_{i0}.$$

令 $\hat{\boldsymbol{\pi}}^{\mathrm{R}} = (\hat{\pi}_1^{\mathrm{R}}, \cdots, \hat{\pi}_m^{\mathrm{R}})^{\top}$ 表示在原假设 H_0 成立的情况下 $\boldsymbol{\pi}$ 的极大似然估计, 即, 带约束的极大似然估计. 容易验证,

$$
\begin{cases}
\hat{\pi}_i^{\mathrm{R}} = \pi_{i0}, \\
\hat{\pi}_j^{\mathrm{R}} = \dfrac{[1 - q_i(1-p) - \pi_{i0}p]n_j/(n-n_i) - q_j(1-p)}{p}, \quad j = 1, \cdots, m, \ j \neq i.
\end{cases}
$$

当 $n \to \infty$ 时, 有

$$\Lambda(\pi_{i0}) = -2\{\ell_{\mathrm{MP}}(\hat{\boldsymbol{\pi}}^{\mathrm{R}}|Y_{\mathrm{obs}}) - \ell_{\mathrm{MP}}(\hat{\boldsymbol{\pi}}_v|Y_{\mathrm{obs}})\} \overset{\cdot}{\sim} \chi^2(1),$$

其中, $\hat{\boldsymbol{\pi}}_v$ 表示由 (2.65) 式定义的 $\boldsymbol{\pi}$ 的不受约束的极大似然估计. 因此, 基于对数似然的检验统计量为

$$
\begin{aligned}
\Lambda(\pi_{i0}) = -2\bigg\{ & n_i \ln[q_i(1-p) + \pi_{i0}p] + \sum_{j=1, j\neq i}^{m} n_j \ln[q_j(1-p) + \hat{\pi}_j^{\mathrm{R}}p] \\
& - \sum_{k=1}^{m} n_k \ln[q_k(1-p) + \hat{\pi}_{vk}p] \bigg\}.
\end{aligned}
\tag{2.73}
$$

容易验证, 当 $\pi_{i0} \in \left[0, \dfrac{n_i/n - q_i(1-p)}{p}\right]$ 时, $\Lambda(\pi_{i0})$ 为 π_{i0} 的减函数; 当 $\pi_{i0} \in \left[\dfrac{n_i/n - q_i(1-p)}{p}, 1\right]$ 时, $\Lambda(\pi_{i0})$ 为 π_{i0} 的增函数. 因此, 对于给定的显著性水平 α, π_i 的一个置信水平为 $100(1-\alpha)\%$ 的似然比置信区间为

$$
[\hat{\pi}_{\mathrm{MP},i,\mathrm{LRL}}, \ \hat{\pi}_{\mathrm{MP},i,\mathrm{LRU}}],
\tag{2.74}
$$

其中, $\hat{\pi}_{\mathrm{MP},i,\mathrm{LRL}}$ 和 $\hat{\pi}_{\mathrm{MP},i,\mathrm{LRU}}$ 为下述关于 π_{i0} 的方程的两个根:

$$
\Lambda(\pi_{i0}) = \chi^2(\alpha, 1),
\tag{2.75}
$$

其中, $\chi^2(\alpha, 1)$ 表示自由度为 1 的 χ^2 分布的 α 上分位点.

由公式 (2.70)、(2.72) 和 (2.74) 定义的三种渐近置信区间在大样本情况下适用. 当样本容量 n 较小时, 我们可以考虑利用由公式 (2.63) 和/或公式 (2.64) 所定义的自助抽样方法构造相应的置信区间.

2.3.3　贝叶斯分析方法

在实际应用中, 有时候我们在搜集数据之前就已经获得关于参数 $\{\pi_i\}_{i=1}^{m}$ 的一些先验信息. 例如, Kim 等 (2006) 指出美国男同性恋倾向在 1% 到 10% 之间. 因此, 在估计相应的 $\boldsymbol{\pi}$ 时, 为了得到更准确的估计结果, 我们应当将该先验信息考虑进去. 本节, 我们首先利用贝叶斯方法得到 $\boldsymbol{\pi}$ 的精确的后验分布及其混合后验矩; 当 $\boldsymbol{\pi}$ 的后验分布高度偏斜时, 我们给出估计 $\boldsymbol{\pi}$ 的后验众数的 EM 算法; 最后, 通过 DA 算法 (Tanner & Wong, 1987) 产生 $\boldsymbol{\pi}$ 的后验样本.

1. 后验矩

注意到 $\boldsymbol{\pi}$ 的观测数据似然函数由 (2.57) 式给出. 如果采用狄利克雷 (Dirichlet) 分布 $\mathrm{Dirichlet}_m(\boldsymbol{a})$ (其中, $\boldsymbol{a} = (a_1, \cdots, a_m)^{\top}$) 作为 $\boldsymbol{\pi}$ 的先验分布, 则 $\boldsymbol{\pi}$ 的后验分布由下式给出:

$$
\begin{aligned}
f(\boldsymbol{\pi}|Y_{\mathrm{obs}}) &= \frac{l_{\mathrm{MP}}(\boldsymbol{\pi}|Y_{\mathrm{obs}}) \cdot \mathrm{Dirichlet}_m(\boldsymbol{\pi}|\boldsymbol{a})}{\displaystyle\int_{\mathbb{T}_m} l_{\mathrm{MP}}(\boldsymbol{\pi}|Y_{\mathrm{obs}}) \cdot \mathrm{Dirichlet}_m(\boldsymbol{\pi}|\boldsymbol{a}) \, \mathrm{d}\boldsymbol{\pi}} \\
&= \frac{l_{\mathrm{MP}}(\boldsymbol{\pi}|Y_{\mathrm{obs}}) \cdot \displaystyle\prod_{i=1}^{m} \pi_i^{a_i - 1}}{c_{\mathrm{MP}}(\boldsymbol{a}; \boldsymbol{n})},
\end{aligned}
\tag{2.76}
$$

其中, $l_{\mathrm{MP}}(\boldsymbol{\pi}|Y_{\mathrm{obs}}) \hat{=} \prod_{i=1}^{m}[p_j(1-q)+\pi_i q]^{n_i}$ 且 $\boldsymbol{n}=(n_1,\cdots,n_m)^{\top}$. 一方面

$$
l_{\mathrm{MP}}(\boldsymbol{\pi}|Y_{\mathrm{obs}}) \cdot \prod_{i=1}^{m} \pi_i^{a_i-1}
$$

$$
=\prod_{i=1}^{m}\sum_{k_i=0}^{n_i}\binom{n_i}{k_i}[q_i(1-p)]^{k_i}(\pi_i p)^{n_i-k_i} \cdot \prod_{i=1}^{m}\pi_i^{a_i-1}
$$

$$
=\prod_{i=1}^{m}\sum_{k_i=0}^{n_i}\binom{n_i}{k_i}p^{n_i}q_i^{k_i}\left(\frac{1-p}{p}\right)^{k_i}\pi_i^{a_i+n_i-k_i-1}
$$

$$
=p^n\sum_{k_1=0}^{n_1}\cdots\sum_{k_m=0}^{n_m}\left(\frac{1-p}{p}\right)^{k_+}\left[\prod_{i=1}^{m}\binom{n_i}{k_i}q_i^{k_i}\right]\prod_{i=1}^{m}\pi_i^{a_i+n_i-k_i-1},
$$

其中, $k_+ = \sum_{i=1}^{m} k_i$; 另一方面,

$$
c_{\mathrm{MP}}(\boldsymbol{a};\boldsymbol{n})
$$

$$
=\int_{\mathbb{T}_m} l_{\mathrm{MP}}(\boldsymbol{\pi}|Y_{\mathrm{obs}}) \cdot \prod_{i=1}^{m}\pi_i^{a_i-1}\,\mathrm{d}\boldsymbol{\pi}
$$

$$
=p^n\sum_{k_1=0}^{n_1}\cdots\sum_{k_m=0}^{n_m}\left(\frac{1-p}{p}\right)^{k_+}\left[\prod_{i=1}^{m}\binom{n_i}{k_i}q_i^{k_i}\right]\int_{\mathbb{T}_m}\prod_{i=1}^{m}\pi_i^{a_i+n_i-k_i-1}\,\mathrm{d}\boldsymbol{\pi}
$$

$$
=p^n\sum_{k_1=0}^{n_1}\cdots\sum_{k_m=0}^{n_m}\left(\frac{1-p}{p}\right)^{k_+}\frac{\prod_{i=1}^{m}\binom{n_i}{k_i}q_i^{k_i}\Gamma(a_i+n_i-k_i)}{\Gamma(a_++n-k_+)}, \tag{2.77}
$$

其中, $a_+ = \sum_{i=1}^{m} a_i$. 因此, 对任意的 $r_1,\cdots,r_m \geqslant 0$, $\boldsymbol{\pi}$ 的混合后验矩为

$$
E\left(\prod_{i=1}^{m}\pi_i^{r_i}\bigg|Y_{\mathrm{obs}}\right)=\frac{c_{\mathrm{MP}}(\boldsymbol{a}+\boldsymbol{r};\boldsymbol{n})}{c_{\mathrm{MP}}(\boldsymbol{a};\boldsymbol{n})},
$$

其中, $\boldsymbol{r}=(r_1,\cdots,r_m)^{\top}$.

2. 基于 EM 算法的后验众数估计

注意到, $\boldsymbol{\pi}$ 的完全数据似然函数由 (2.58) 式给出. 如果再次采用狄利克雷分布 $\mathrm{Dirichlet}_m(\boldsymbol{a})$ 作为 $\boldsymbol{\pi}$ 的先验分布, 则 $\boldsymbol{\pi}$ 的完全数据后验分布由下式给出:

$$
f(\boldsymbol{\pi}|Y_{\mathrm{obs}},\boldsymbol{z})=\mathrm{Dirichlet}(\boldsymbol{\pi}|a_1+z_1,\cdots,a_m+z_m) \tag{2.78}
$$

此处, $\boldsymbol{z}$ 的条件预测分布由 (2.60) 式给出. 令 $\boldsymbol{\pi}^{(t)}$ 表示观测数据后验密度 $f(\boldsymbol{\pi}|Y_{\mathrm{obs}})$ 的众数

$\tilde{\pi}$ 的第 t 次逼近结果, EM 算法的 E 步在于计算下述 Q 函数:

$$Q(\boldsymbol{\pi}|\boldsymbol{\pi}^{(t)}) = E\left\{ \ln f(\boldsymbol{\pi}|Y_{\text{obs}}, \boldsymbol{z}) \Big| Y_{\text{obs}}, \boldsymbol{\pi}^{(t)} \right\}$$

$$= \int_{\mathcal{Z}} \ln f(\boldsymbol{\pi}|Y_{\text{obs}}, \boldsymbol{z}) \times f(\boldsymbol{z}|Y_{\text{obs}}, \boldsymbol{\pi}^{(t)}) \, d\boldsymbol{z}$$

$$= \int_{\mathcal{Z}} \left\{ c(\boldsymbol{z}) + \sum_{i=1}^{m}(a_i + z_i - 1)\ln \pi_i \right\} \times f(\boldsymbol{z}|Y_{\text{obs}}, \boldsymbol{\pi}^{(t)}) \, d\boldsymbol{z}$$

$$= E\left[c(\boldsymbol{z})|Y_{\text{obs}}, \boldsymbol{\pi}^{(t)} \right] + \sum_{i=1}^{m} \left[a_i + E(z_i|Y_{\text{obs}}, \boldsymbol{\pi}^{(t)}) - 1 \right] \ln \pi_i,$$

其中, $c(\boldsymbol{z}) = -\ln B(a_1 + z_1, \cdots, a_m + z_m)$; 而 M 步在于寻找完全数据极大似然估计

$$\boldsymbol{\pi}^{(t+1)} = \arg\max_{\boldsymbol{\pi} \in \mathbb{T}_m} Q(\boldsymbol{\pi}|\boldsymbol{\pi}^{(t)}).$$

综上所述, $\boldsymbol{\pi}$ 的 EM 算法迭代式为

$$\pi_i^{(t+1)} = \frac{a_i + E(Z_i|Y_{\text{obs}}, \boldsymbol{\pi}^{(t)}) - 1}{a_+ + E(Z_+|Y_{\text{obs}}, \boldsymbol{\pi}^{(t)}) - m}, \quad i = 1, \cdots, m, \tag{2.79}$$

其中, $Z_+ = \sum_{i=1}^{m} Z_i$ 且

$$E(Z_i|Y_{\text{obs}}, \boldsymbol{\pi}^{(t)}) = \frac{n_i \pi_i^{(t)} p}{q_i(1-p) + \pi_i^{(t)} p}, \quad i = 1, \cdots, m. \tag{2.80}$$

3. 基于数据扩充算法产生后验样本

为了对参数向量 $\boldsymbol{\pi}$ 进行后验推断, 我们需要利用 DA 算法 (Tanner & Wong, 1987) 从观测后验分布 $f(\boldsymbol{\pi}|Y_{\text{obs}})$ 中产生 $\boldsymbol{\pi}$ 的后验样本. DA 算法的第 I 步在给定 Y_{obs} 和 $\boldsymbol{\pi}$ 的情况下从 (2.60) 式定义的 $\boldsymbol{z}$ 的条件预测分布中抽取缺失数据 $\boldsymbol{z}$, 而 P 步则是在给定 Y_{obs} 和 I 步所抽得的 $\boldsymbol{z}$ 的情况下从 (2.78) 式定义的 $\boldsymbol{\pi}$ 的完全数据后验分布中抽取 $\boldsymbol{\pi}$.

2.3.4 四分类平行模型

本节, 我们将利用多分类平行模型的一个特例——四分类平行模型来研究两个二分类敏感变量之间的相关性. 同时, 我们还通过模拟的方法将似然比检验和 χ^2 检验分别从经验显著性水平和检验功效两个角度进行比较.

令 X 和 Y 分别为两个敏感问题所对应的两个二分类随机变量. 例如, X 表示受访者是否有过婚前性行为, Y 表示受访者是否为艾滋病患者. 令 $X = 1$ 和 $Y = 1$ 分别表示受访者具有该敏感特征 (例如, $X = 1$ 表示受访者有过婚前性行为, $Y = 1$ 表示受访者为艾滋病患者), 而 $X = 0$ 和 $Y = 0$ 表示受访者不具有该敏感特征 (例如, $X = 0$ 表示受访者没有过婚前性行为, $Y = 0$ 表示受访者不是艾滋病患者). 定义

$$\pi_1 = \Pr\{X = 0,\ Y = 0\},$$
$$\pi_2 = \Pr\{X = 0,\ Y = 1\},$$
$$\pi_3 = \Pr\{X = 1,\ Y = 0\},$$
$$\pi_4 = \Pr\{X = 1,\ Y = 1\}.$$

显然, $\boldsymbol{\pi} = (\pi_1, \cdots, \pi_4)^\top \in \mathbb{T}_4$. 由表 2.14 可以立即得到四分类平行模型设计及相应类别的概率 (表 2.15). 设计该表的主要目的有两个: 一是收集敏感数据, 二是检验两个二分类敏感变量 X 和 Y 是否存在联系.

表 2.15   四分类平行模型及相应类别的概率

分类	$W = 0$	$W = 1$	分类	$W = 0$	$W = 1$	边际
$U = 1$	○		$U = 1$	$q_1(1 - p)$		q_1
$U = 2$	△		$U = 2$	$q_2(1 - p)$		q_2
$U = 3$	□		$U = 3$	$q_3(1 - p)$		q_3
$U = 4$	●		$U = 4$	$q_4(1 - p)$		q_4
$X = 0, Y = 0$		○	$X = 0, Y = 0$		$\pi_1 p$	π_1
$X = 0, Y = 1$		△	$X = 0, Y = 1$		$\pi_2 p$	π_2
$X = 1, Y = 0$		□	$X = 1, Y = 0$		$\pi_3 p$	π_3
$X = 1, Y = 1$		●	$X = 1, Y = 1$		$\pi_4 p$	π_4
			边际	$1 - p$	p	1

1. 相关性检验

优势比常用来检验两个二分类变量相关性. 在四分类平行模型下, 优势比定义为 $\psi = \pi_1 \pi_4 / (\pi_2 \pi_3)$. 假设我们想检验

$$H_0: \psi = 1 \quad \text{V.S.} \quad H_1: \psi \neq 1.$$

则, 似然比检验统计量为

$$\Lambda_1 = -2\{\ell_{\mathrm{MP}}(\hat{\boldsymbol{\pi}}^{\mathrm{R}} | Y_{\mathrm{obs}}) - \ell_{\mathrm{MP}}(\hat{\boldsymbol{\pi}}_{\mathrm{MP}} | Y_{\mathrm{obs}})\} \overset{\cdot}{\sim} \chi^2(1), \quad n \to \infty, \tag{2.81}$$

其中, $\hat{\boldsymbol{\pi}}^{\mathrm{R}}$ 表示 $\boldsymbol{\pi}$ 在原假设 H_0 成立下的带约束的极大似然估计而 $\hat{\boldsymbol{\pi}}_{\mathrm{MP}}$ 表示由公式 (2.67) 所定义的 $\boldsymbol{\pi}$ 的极大似然估计. 为了计算 $\hat{\boldsymbol{\pi}}^{\mathrm{R}}$, 令 $\pi_x \hat{=} \mathrm{Pr}(X = 1) = \pi_3 + \pi_4$ 以及 $\pi_y \hat{=} \mathrm{Pr}(Y = 1) = \pi_2 + \pi_4$. 如果原假设 H_0 成立 (即, X 和 Y 相互独立), 则有

$$\begin{cases} \pi_1 = (1 - \pi_x)(1 - \pi_y), \\ \pi_2 = (1 - \pi_x)\pi_y, \\ \pi_3 = \pi_x(1 - \pi_y), \\ \pi_4 = \pi_x \pi_y. \end{cases} \tag{2.82}$$

如果我们可以得到 π_x 和 π_y 在原假设 H_0 成立时的带约束的极大似然估计 $\hat{\pi}_x^{\mathrm{R}}$ 和 $\hat{\pi}_y^{\mathrm{R}}$, 根据 (2.82) 式, $\boldsymbol{\pi}$ 的带约束的极大似然估计 $\hat{\boldsymbol{\pi}}^{\mathrm{R}} = (\hat{\pi}_1^{\mathrm{R}}, \cdots, \hat{\pi}_4^{\mathrm{R}})^\top$ 可由下式给出:

$$\begin{cases} \hat{\pi}_1^{\mathrm{R}} = \left(1 - \hat{\pi}_x^{\mathrm{R}}\right)\left(1 - \hat{\pi}_y^{\mathrm{R}}\right), \\ \hat{\pi}_2^{\mathrm{R}} = \left(1 - \hat{\pi}_x^{\mathrm{R}}\right)\hat{\pi}_y^{\mathrm{R}}, \\ \hat{\pi}_3^{\mathrm{R}} = \hat{\pi}_x^{\mathrm{R}}\left(1 - \hat{\pi}_y^{\mathrm{R}}\right), \\ \hat{\pi}_4^{\mathrm{R}} = \hat{\pi}_x^{\mathrm{R}}\hat{\pi}_y^{\mathrm{R}}. \end{cases} \tag{2.83}$$

回忆之前我们将受访者中实际属于集合 $\{Y = i,\ W = 1\}$ 的人数用 $\{z_i\}$ 表示, 而 $\{z_i\}$ 无法直接观测得到. 根据 (2.58) 式, 原假设 H_0 成立情况下 $\boldsymbol{\pi}$ 的完全数据似然函数可以写为

$$L_{\mathrm{MP}}(\pi_x, \pi_y | Y_{\mathrm{obs}}, \boldsymbol{z}, H_0)$$

$$\propto [(1-\pi_x)(1-\pi_y)]^{z_1}[(1-\pi_x)\pi_y]^{z_2}[\pi_x(1-\pi_y)]^{z_3}(\pi_x\pi_y)^{z_4}$$

$$= \pi_x^{z_3+z_4}(1-\pi_x)^{z_1+z_2} \times \pi_y^{z_2+z_4}(1-\pi_y)^{z_1+z_3}.$$

因此, M 步通过下式分别求得 π_x 和 π_y 的完全数据极大似然估计:

$$\hat{\pi}_x^{\mathrm{R}} = \frac{z_3 + z_4}{z_+} \ \text{和} \ \hat{\pi}_y^{\mathrm{R}} = \frac{z_2 + z_4}{z_+}, \tag{2.84}$$

根据 (2.60) 式, E 步计算 $\{z_i\}$ 的条件期望:

$$E\left(z_i | Y_{\mathrm{obs}}, \hat{\boldsymbol{\pi}}^{\mathrm{R}}\right) = \frac{n_i \hat{\pi}_i^{\mathrm{R}} p}{q_i(1-p) + \hat{\pi}_i^{\mathrm{R}} p}, \quad i = 1, \cdots, m, \tag{2.85}$$

其中, $\{\hat{\pi}_i^{\mathrm{R}}\}_{i=1}^4$ 由 (2.83) 式定义.

　除似然比检验外, χ^2 检验也可以用来检验上述 H_0 是否成立. 令 $\boldsymbol{q} = (q_1, \cdots, q_4)^\top$ 和 $\boldsymbol{\lambda} = (\lambda_1, \cdots, \lambda_4)^\top$, 其中, $\lambda_i = (1-p)q_i + p\pi_i (i = 1, \cdots, 4)$, 即, $\boldsymbol{\lambda} = (1-p)\boldsymbol{p} + q\boldsymbol{\pi}$. 注意到 $\boldsymbol{\pi}$ 在原假设 H_0 成立时的带约束的极大似然估计由 (2.83) 式给出, 则 $\boldsymbol{\lambda}$ 在原假设 H_0 成立时的带约束的极大似然估计为 $\hat{\boldsymbol{\lambda}}_0 = \left(\hat{\lambda}_1^{\mathrm{R}}, \cdots, \hat{\lambda}_4^{\mathrm{R}}\right)^\top = (1-p)\boldsymbol{q} + p\hat{\boldsymbol{\pi}}^{\mathrm{R}}$. 因此, 在原假设 H_0 成立时, χ^2 统计量为

$$\Lambda_2 = \sum_{i=1}^4 \frac{\left(n_i - n\hat{\lambda}_i^{\mathrm{R}}\right)^2}{n\hat{\lambda}_i^{\mathrm{R}}} \overset{\cdot}{\sim} \chi^2(1), \quad n \to \infty. \tag{2.86}$$

2. 似然比检验与 χ^2 检验的比较

对给定的 π_1, 我们考虑 π_2, π_3 和 π_4 的下述三种满足 $\sum_{i=1}^4 \pi_i = 1$ 的组合:

情形 1:　$(\pi_2, \pi_3, \pi_4) = (3, 4, 1)\dfrac{1-\pi_1}{8}, \quad \psi = \dfrac{2\pi_1}{3(1-\pi_1)};$

情形 2:　$(\pi_2, \pi_3, \pi_4) = (4, 10, 1)\dfrac{1-\pi_1}{15}, \quad \psi = \dfrac{3\pi_1}{8(1-\pi_1)};$ 　(2.87)

情形 3:　$(\pi_2, \pi_3, \pi_4) = (6, 13, 1)\dfrac{1-\pi_1}{20}, \quad \psi = \dfrac{10\pi_1}{39(1-\pi_1)}.$

令模拟研究中的样本容量为 $n = 50, 100, 150, \cdots 500$. 为了比较两种检验犯第一类错误的概率 (即, H_0: $\pi_1\pi_4/(\pi_2\pi_3) = \psi = 1$), 我们在情形 1 中取 $\pi_1 = \dfrac{3}{5}$, 在情形 2 中取 $\pi_1 = \dfrac{8}{11}$, 在情形 3 中取 $\pi_1 = \dfrac{39}{49}$. 同时, 为了比较两种检验的检验功效 (即, H_1: $\psi \neq 1$), 我们如表 2.16 所示选择 π_1 及相应的 ψ.

表 2.16   公式 (2.87) 定义的三种情形下 π_1 和 ψ 的取值

	π_1					
	0.200	0.300	0.500	0.700	0.800	0.900
情形 1: ψ	0.167	0.286	0.667	1.556	2.667	6.000
情形 2: ψ	0.094	0.161	0.375	0.875	1.500	3.375
情形 3: ψ	0.064	0.110	0.256	0.598	1.026	2.308

对于给定的组合 (n, π_1) 以及 $l = 1, \cdots, L$ $(L = 1000)$, 我们可以依据下式独立地产生随机样本:

$$(n_1^{(l)}, \cdots, n_4^{(l)})$$
$$\sim \text{Multinomial}\left(n; \ \frac{1}{8} + \frac{1}{2}\pi_1, \ \frac{1}{8} + \frac{1}{2}\pi_2, \ \frac{1}{8} + \frac{1}{2}\pi_3, \ \frac{1}{8} + \frac{1}{2}\pi_4\right), \tag{2.88}$$

此处, 只考虑 $p_i = \dfrac{1}{4}$ $(i = 1, \cdots, 4)$ 和 $q = \dfrac{1}{2}$ 的情形. 所有的假设检验在 0.05 的显著性水平下进行. 令 r_j 表示在 L 次试验中根据检验结果作出拒绝原假设 (即, $H_0: \psi = 1$) 的结论的个数. 因此, 真实的显著性水平可以在 $\psi = 1$ 时由 r_j/L 估计而检验统计量 Λ_j $(j = 1, 2)$ 的检验功效可以在 $\psi \neq 1$ 时由 r_j/L 估计.

图 2.6 展示了似然比检验和 χ^2 检验在三种情形下关于犯第一类错误的比较. 从整体上说, 在给定显著性水平的条件下, χ^2 检验在控制犯第一类错误的概率的表现上要优于似然比检验.

图 2.7 展示了似然比检验和 χ^2 检验在 $\psi \neq 1$ 的不同组合下检验功效的比较. 不难看出, 当 ψ 较小 (即, $\psi < 0.30$) 时, 两种检验的检验功效并没有显著差异. 但是, 当 $\psi > 0.6$ 时, 无论样本容量多大, χ^2 检验的检验功效总是略优于似然比检验.

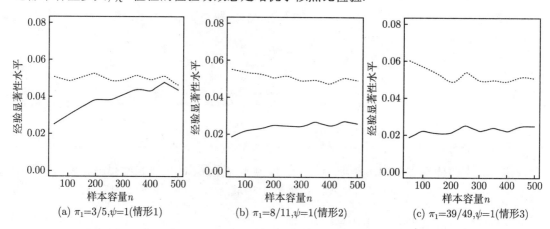

图 2.6   似然比检验 (实线) 与 χ^2 检验 (虚线) 的犯第一类错误的比较

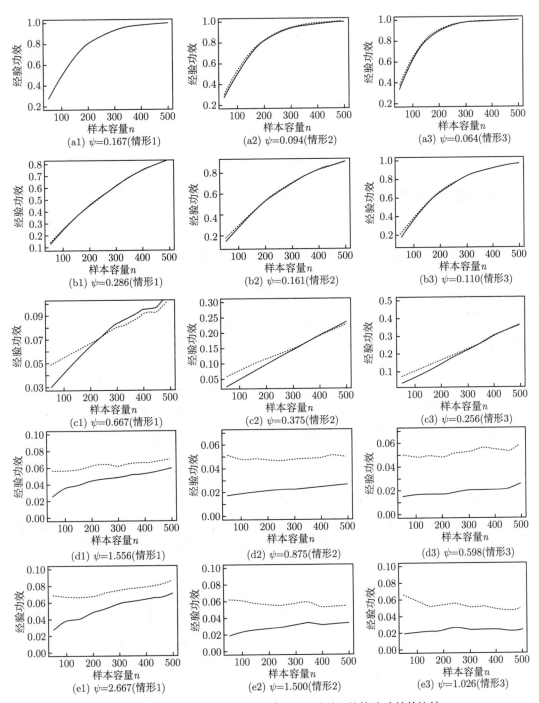

图 2.7 似然比检验 (实线) 与 χ^2 检验 (虚线) 的检验功效的比较

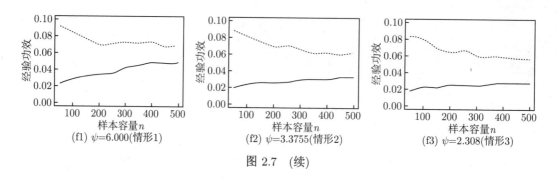

图 2.7 (续)

2.3.5 多分类平行模型与多分类三角模型的比较

1. $\hat{\pi}_{\mathrm{MT}}$ 的方差–协方差矩阵

表 1.3 给出多分类三角模型的调查设计及相应的概率. 令 $\boldsymbol{\theta} = (\theta_1, \cdots, \theta_m)^\top$, 其中, $\theta_1 = q_1\pi_1$ 和 $\theta_i = q_i\pi_1 + \pi_i (i = 2, \cdots, m)$ 分别代表受访者属于 Block i 的概率. 用矩阵的形式进行表述, 则有

$$\boldsymbol{\theta} = \boldsymbol{Q}\boldsymbol{\pi} = \begin{pmatrix} q_1 & \mathbf{0}_{m-1}^\top \\ \boldsymbol{q}_{-1} & \boldsymbol{I}_{m-1} \end{pmatrix} \begin{pmatrix} \pi_1 \\ \vdots \\ \pi_m \end{pmatrix}, \tag{2.89}$$

其中, $\boldsymbol{q}_{-1} = (q_2, \cdots, q_m)^\top$, $\mathbf{0}_{m-1}$ 是 $(m-1) \times 1$ 维零向量且 $\boldsymbol{I}_{m-1}$ 表示 $(m-1)$ 阶单位矩阵. 由于 $(n_1, \cdots, n_m)^\top \sim \mathrm{Multinomial}(n; \theta_1, \cdots, \theta_m)$, 因此 θ_i 的极大似然估计为 $\hat{\theta}_j = n_j/n$. 故, $\hat{\boldsymbol{\theta}} = (\hat{\theta}_1, \cdots, \hat{\theta}_m)^\top$ 的方差–协方差矩阵为

$$\mathrm{Var}(\hat{\boldsymbol{\theta}}) = \frac{1}{n}\Big[\mathrm{diag}(\boldsymbol{\theta}) - \boldsymbol{\theta}\boldsymbol{\theta}^\top\Big]. \tag{2.90}$$

一般来说, 在多分类三角模型中, $\boldsymbol{\pi}$ 的极大似然估计 $\hat{\boldsymbol{\pi}}_{\mathrm{MT}}$ 可以由 EM 算法求得 (Tang et al., 2009). 但是, 在某些情况下, 我们可以得到 $\hat{\boldsymbol{\pi}}_{\mathrm{MT}}$ 的精确表示形式. 事实上, 由 (2.89) 式可得 $\boldsymbol{\pi} = \boldsymbol{Q}^{-1}\boldsymbol{\theta}$. 由于 $\boldsymbol{\theta}$ 的极大似然估计为 $\hat{\boldsymbol{\theta}} = (n_1/n, \cdots, n_m/n)^\top$, 多分类三角模型中 $\boldsymbol{\pi}$ 的另一种估计可以表示为

$$\hat{\boldsymbol{\pi}}_v = \boldsymbol{Q}^{-1}\hat{\boldsymbol{\theta}} = \begin{pmatrix} 1/q_1 & \mathbf{0}_{m-1}^\top \\ -\boldsymbol{q}_{-1}/q_1 & \boldsymbol{I}_{m-1} \end{pmatrix} \begin{pmatrix} n_1/n \\ \vdots \\ n_m/n \end{pmatrix}. \tag{2.91}$$

必须注意的是 $\hat{\boldsymbol{\pi}}_v$ 可能超出其定义域范围, 即, $\hat{\boldsymbol{\pi}}_v \notin \mathbb{T}_m$. 例如, 令 $m = 4$, $p_1 = \cdots = p_4 = 0.25$ 和 $(n_1, \cdots, n_4)^\top = (12, 8, 6, 19)^\top$, 则有

$$\hat{\boldsymbol{\pi}}_v = (1.066667, -0.088889, -0.133333, 0.155556)^\top \notin \mathbb{T}_4.$$

如前所述, 在本书中, 如果 $\hat{\boldsymbol{\pi}}_v \in \mathbb{T}_m$, 则由 (2.91) 式定义的估计被称作是有效的. 显然, 如果由 (2.91) 式定义的 $\boldsymbol{\pi}$ 的估计 $\hat{\boldsymbol{\pi}}_v$ 是有效的, 则 $\hat{\boldsymbol{\pi}}_v = \hat{\boldsymbol{\pi}}_{\mathrm{MT}}$. 在本节后面的讨论中, 我们同样仅考虑有效估计的情形.

由公式 (2.89)~(2.90) 可知, $\hat{\boldsymbol{\pi}}_{\mathrm{MT}}$ 的方差-协方差矩阵为

$$
\begin{aligned}
\mathrm{Var}(\hat{\boldsymbol{\pi}}_{\mathrm{MT}}) &= \mathrm{Var}(\hat{\boldsymbol{\pi}}_v) \\
&= \boldsymbol{Q}^{-1}\mathrm{Var}(\hat{\boldsymbol{\theta}})(\boldsymbol{Q}^{-1})^{\top} \\
&= \frac{1}{n}\left[\boldsymbol{Q}^{-1}\mathrm{diag}(\boldsymbol{Q}\boldsymbol{\pi})(\boldsymbol{Q}^{-1})^{\top} - \boldsymbol{\pi}\boldsymbol{\pi}^{\top}\right],
\end{aligned}
\tag{2.92}
$$

或者等价地,

$$
\begin{aligned}
\mathrm{Var}(\hat{\pi}_{\mathrm{MT},1}) &= \frac{1}{n}\left(\frac{\pi_1}{q_1} - \pi_1^2\right), \\
\mathrm{Var}(\hat{\pi}_{\mathrm{MT},j}) &= \frac{1}{n}\left(\frac{q_j^2}{q_1}\pi_1 + q_j\pi_1 + \pi_j - \pi_j^2\right), \quad j = 2,\cdots,m, \\
\mathrm{Cov}(\hat{\pi}_{\mathrm{MT},1}, \hat{\pi}_{\mathrm{MT},j}) &= \frac{1}{n}\left(-\frac{q_j}{q_1}\pi_1 - \pi_1\pi_j\right), \quad j = 2,\cdots,m, \\
\mathrm{Cov}(\hat{\pi}_{\mathrm{MT},i}, \hat{\pi}_{\mathrm{MT},j}) &= \frac{1}{n}\left(\frac{q_iq_j}{q_1}\pi_1 - \pi_i\pi_j\right), \quad i \neq j,\ i,\,j = 2,\cdots,m.
\end{aligned}
\tag{2.93}
$$

2. $\mathrm{Var}(\hat{\boldsymbol{\pi}}_{\mathrm{MT}})$ 与 $\mathrm{Var}(\hat{\boldsymbol{\pi}}_{\mathrm{MP}})$ 的比较

在多分类三角模型中, 仅有两个参数向量 (即, $\boldsymbol{\pi}$ 和 $\boldsymbol{q}$); 而在多分类平行模型中, 除 $\boldsymbol{\pi}$ 和 $\boldsymbol{q}$ 外, 还有一个额外的参数 p. 通过将 p 控制在单位区间的一个特定的子区间中, 我们总有 $\mathrm{Var}(\hat{\boldsymbol{\pi}}_{\mathrm{MP}})$ 小于 $\mathrm{Var}(\hat{\boldsymbol{\pi}}_{\mathrm{MT}})$. 接下来, 我们将应用迹准则来对 $\mathrm{Var}(\hat{\boldsymbol{\pi}}_{\mathrm{MT}})$ 和 $\mathrm{Var}(\hat{\boldsymbol{\pi}}_{\mathrm{MP}})$ 进行比较.

首先, 根据公式 (2.92) 和 (2.93), 有

$$
\begin{aligned}
&\mathrm{tr}\left[\mathrm{Var}(\hat{\boldsymbol{\pi}}_{\mathrm{MT}})\right] \\
&= \frac{1}{n}\left[\frac{\pi_1}{q_1} - \pi_1 + \pi_1(1-\pi_1) + \sum_{j=2}^{m}\left(\frac{q_j^2}{q_1}\pi_1 + q_j\pi_1 + \pi_j(1-\pi_j)\right)\right] \\
&= \frac{\pi_1}{n}\left(\frac{1}{q_1} - q_1 + \sum_{j=2}^{m}\frac{q_j^2}{q_1}\right) + \frac{1}{n}\sum_{j=1}^{m}\pi_j(1-\pi_j).
\end{aligned}
$$

其次, 根据公式 (2.66) 和 (2.68), 可以得到

$$
\begin{aligned}
\mathrm{tr}\left[\mathrm{Var}(\hat{\boldsymbol{\pi}}_{\mathrm{MP}})\right] &= \frac{1}{np^2}\sum_{i=1}^{m}\lambda_i(1-\lambda_i) \\
&= \frac{1}{np^2}\sum_{i=1}^{m}[q_i(1-p) + \pi_ip][1 - q_i(1-p) - \pi_ip] \\
&= \frac{1-p}{np^2}\left(1 + p - 2p\sum_{i=1}^{m}\pi_iq_i - (1-p)\sum_{i=1}^{m}q_i^2\right) + \frac{1}{n}\sum_{i=1}^{m}\pi_i(1-\pi_i).
\end{aligned}
$$

因此, $\mathrm{tr}\,[\mathrm{Var}(\hat{\boldsymbol{\pi}}_{\mathrm{MT}})]$ 和 $\mathrm{tr}\,[\mathrm{Var}(\hat{\boldsymbol{\pi}}_{\mathrm{MP}})]$ 之间的差异为

$$\mathrm{tr}\,[\mathrm{Var}(\hat{\boldsymbol{\pi}}_{\mathrm{MT}})] - \mathrm{tr}\,[\mathrm{Var}(\hat{\boldsymbol{\pi}}_{\mathrm{MP}})]$$

$$= \frac{\pi_1}{n}\left(\frac{1}{q_1} - q_1 + \sum_{i=2}^{m}\frac{q_i^2}{q_1}\right) - \frac{1-p}{np^2}\left(1 + p - 2p\sum_{i=1}^{m}\pi_i q_i - (1-p)\sum_{i=1}^{m}q_i^2\right)$$

$$= \frac{1}{np^2}h(p|\boldsymbol{\pi},\boldsymbol{q}),$$

其中,

$$h(p|\boldsymbol{\pi},\boldsymbol{q}) = \left[\pi_1\left(\frac{1}{q_1} - q_1 + \sum_{i=2}^{m}\frac{q_i^2}{q_1}\right) + \left(1 - 2\sum_{i=1}^{m}\pi_i q_i + \sum_{i=1}^{m}q_i^2\right)\right]p^2$$

$$+ 2\left(\sum_{i=1}^{m}\pi_i q_i - \sum_{i=1}^{m}q_i^2\right)p - 1 + \sum_{i=1}^{m}q_i^2$$

$$\hat{=} ap^2 + bp + c, \tag{2.94}$$

且

$$a = \pi_1\left(\frac{1}{q_1} - q_1 + \sum_{i=2}^{m}\frac{q_i^2}{q_1}\right) + \left(1 - 2\sum_{i=1}^{m}\pi_i q_i + \sum_{i=1}^{m}q_i^2\right),$$

$$b = 2\left(\sum_{i=1}^{m}\pi_i q_i - \sum_{i=1}^{m}q_i^2\right),$$

$$c = \sum_{i=1}^{m}q_i^2 - 1.$$

在给定 $\boldsymbol{\pi}$ 和 $\boldsymbol{q}$ 的情况下 $h(p|\boldsymbol{\pi},\boldsymbol{q})$ 为 p 的二次函数. 在两个非随机化的多分类模型中 (表 1.3 和表 2.14), 我们要求 $q_1 \in (0,1)$ 使得 $1 - q_1^2 > 0$. 此外, 我们还要求 $0 \leqslant \sum_{i=1}^{m}\pi_i^2 \leqslant \sum_{i=1}^{m}\pi_i = 1$ 成立. 因此,

$$a = \frac{\pi_1}{p_1}\left(1 - q_1^2 + \sum_{i=2}^{m}q_i^2\right) + 1 - \sum_{i=1}^{m}\pi_i^2 + \sum_{i=1}^{m}(\pi_i - q_i)^2 > 0.$$

故, 二次函数 $h(q|\boldsymbol{\pi},\boldsymbol{p})$ 的判别式

$$D(h) = b^2 - 4ac$$

$$= 4\left(\sum_{i=1}^{m}\pi_i q_i - \sum_{i=1}^{m}q_i^2\right)^2 + 4\pi_1\left(\frac{1}{q_1} - q_1 + \sum_{i=2}^{m}\frac{q_i^2}{q_1}\right)\left(1 - \sum_{i=1}^{m}q_i^2\right)$$

$$+ 4\left(1 - 2\sum_{i=1}^{m}\pi_i q_i + \sum_{i=1}^{m}q_i^2\right)\left(1 - \sum_{i=1}^{m}q_i^2\right)$$

$$= 4\left(1 - \sum_{i=1}^{m}\pi_i q_i\right)^2 + \frac{4\pi_1}{q_1}\left(1 - q_1^2 + \sum_{i=2}^{m}q_i^2\right)\left(1 - \sum_{i=1}^{m}q_i^2\right) > 0.$$

利用引理 1.1 的结论 (3), 立即可以得到下述定理.

定理 2.8　令 $\boldsymbol{\pi} \in \mathbb{T}_m$ 以及 $\boldsymbol{p} \in \mathbb{T}_m$, 对任意的 $p \in (0, p_{\mathrm{L}}) \cup (p_{\mathrm{U}}, 1)$, 总有 $\mathrm{tr}\,[\mathrm{Var}(\hat{\boldsymbol{\pi}}_{\mathrm{MT}})] > \mathrm{tr}\,[\mathrm{Var}(\hat{\boldsymbol{\pi}}_{\mathrm{MP}})]$, 其中

$$p_{\mathrm{L}} = \max\left\{0, \frac{-b - \sqrt{b^2 - 4ac}}{2a}\right\}, \quad p_{\mathrm{U}} = \min\left\{1, \frac{-b + \sqrt{b^2 - 4ac}}{2a}\right\},$$

a, b 和 c 由 (2.94) 式定义. ¶

3. DPP 的比较

对于多分类平行模型 (表 2.14), 定义该模型的 DPP 为

$$\mathrm{DPP}_{\mathrm{MP}}(\pi_1, q_1, p) = \mathrm{Pr}(Y = 1|连接两个 \bigcirc),$$
$$\mathrm{DPP}_{\mathrm{MP}}(\pi_2, q_2, p) = \mathrm{Pr}(Y = 2|连接两个 \square),$$
$$\vdots$$
$$\mathrm{DPP}_{\mathrm{MP}}(\pi_m, q_m, p) = \mathrm{Pr}(Y = m|连接两个 \triangle).$$

例如, $\mathrm{DPP}_{\mathrm{MP}}(\pi_1, q_1, p)$ 表示连接两个 $\bigcirc$ 的受访者属于敏感子集 $\{Y = 1\}$ 的条件概率. 对于多分类三角模型 (表 1.3), 我们类似地定义该模型的隐私保护度为

$$\mathrm{DPP}_{\mathrm{MT}}(\pi_1, q_1) = \mathrm{Pr}(Y = 1|在 \mathrm{Block}\ 1 \ 中打钩),$$
$$\mathrm{DPP}_{\mathrm{MT}}(\pi_2, q_2) = \mathrm{Pr}(Y = 2|在 \mathrm{Block}\ 2 \ 中打钩),$$
$$\vdots$$
$$\mathrm{DPP}_{\mathrm{MT}}(\pi_m, q_m) = \mathrm{Pr}(Y = m|在 \mathrm{Block}\ m \ 中打钩).$$

首先, 对任意的 $p \in (0, 1)$, $\boldsymbol{\pi} \in \mathbb{T}_m$ 和 $\boldsymbol{q} \in \mathbb{T}_m$, 我们总有当 $\{Y = 1\}$ 为非敏感子集时,

$$\mathrm{DPP}_{\mathrm{MT}}(\pi_1, q_1) = 0 = \mathrm{DPP}_{\mathrm{MP}}(\pi_1, q_1, p), \tag{2.95}$$

否则,

$$\mathrm{DPP}_{\mathrm{MT}}(\pi_1, q_1) = 1 > \frac{\pi_1 p}{q_1(1 - p) + \pi_1 p} = \mathrm{DPP}_{\mathrm{MP}}(\pi_1, q_1, p). \tag{2.96}$$

其次, 当 $0 < p < \dfrac{1}{1 + \pi_1}$ 时, 我们有

$$\mathrm{DPP}_{\mathrm{MT}}(\pi_i, q_i) = \frac{\pi_i}{q_i \pi_1 + \pi_i}$$
$$> \frac{\pi_i p}{q_i(1 - p) + \pi_i p}$$
$$= \mathrm{DPP}_{\mathrm{MP}}(\pi_i, q_i, p), \quad i = 2, \cdots, m, \tag{2.97}$$

对任意的 $\pi_j \in (0, 1)$ 成立. 综上所述, 如果概率 p 落在开区间 $\left(0, \dfrac{1}{1 + \pi_1}\right)$ 中, 对任意的 $\boldsymbol{\pi} \in \mathbb{T}_m$ 和 $\boldsymbol{q} \in \mathbb{T}_m$, 多分类平行模型在保护受访者隐私方面比多分类三角模型更有效.

2.3.6 三种非随机化多分类模型的整体比较

由公式 (1.8) 定义的对角模型可知, 受访者报告的每一种可能的回答都是敏感的, 只是调查者无法获知其具体属于哪一个敏感子类. 故, 对任意的 $\boldsymbol{\pi} \in \mathbb{T}_m$ 和 $\boldsymbol{q} \in \mathbb{T}_m$, 对角模型的隐私保护度恒为 1, 也即, 对角模型的隐私保护度不及多分类三角模型以及多分类平行模型. 因此, 本节主要利用蒙特卡罗模拟的方法, 重点从估计的准确性和精确性两个角度来比较针对多分类敏感变量所提出的非随机化响应技术, 即对多分类三角模型、对角模型及多分类平行模型之间从估计效果上进行整体比较. 不失一般性, 令真实值为 $(0.1, 0.2, 0.3, 0.4)^\top$. 对 $\boldsymbol{q} = (q_1, q_2, q_3, q_4)^\top$ 和 p 的不同组合 (其中, $\boldsymbol{q} = (0.1, 0.2, 0.3, 0.4)^\top, (0.2, 0.3, 0.3, 0.2)^\top, (0.4, 0.3, 0.2, 0.1)^\top, p = 1/3, 1/2, 2/3$), 随机产生容量为 $n = 100$ 的样本, 分别利用公式 (1.6)、(1.7)、(1.9)、(2.59) 和 (2.61) 求得三种模型下敏感向量 $\boldsymbol{\pi}$ 的极大似然估计 $\hat{\boldsymbol{\pi}}$. 将此过程重复 $N = 1000$ 次, 分别计算

$$\text{bias}_i = \frac{1}{N} \sum_{j=1}^{N} \hat{\pi}_{ij} - \pi_i, \quad \text{std}_i = \sqrt{\frac{1}{N-1} \sum_{j=1}^{N} \left(\hat{\pi}_{ij} - \frac{1}{N} \sum_{j'=1}^{N} \hat{\pi}_{ij'} \right)^2}.$$

记"MTM"代表多分类三角模型, "DM"代表对角模型, "MPM"代表多分类平行模型. 从表 2.17(a)~(c) 的结果可以看出, 不论 p 和 q 的取值如何, 多分类三角模型和多分类平行模型估计的准确性和精确性都要显著优于对角模型. 当 q 较小接近于 0 时, 多分类三角模型估计的准确性和精确性略微优于多分类平行模型, 但两种模型估计的差异性随 q 的增加而逐渐减小.

与已有的非随机化的多分类三角模型和对角模型相比: 如果从对敏感参数估计的有效性来看, 多分类三角模型比多分类平行模型略优, 但这两种模型的估计效果均显著优于对角模型. 但在多分类三角模型中, 必须要求敏感变量 Y 的第一个分类 (即 $Y = 1$) 为非敏感的, 这一约束条件在多分类平行模型中可以去掉. 因此, 结合估计的有效性以及应用的广泛性, 多分类平行模型是这三种非随机化模型中表现最好的. 此外, 从受访者隐私受到保护的程度来

表 2.17(a)　$q = (0.1, 0.2, 0.3, 0.4)^\top$ 时三种多分类模型估计结果比较

参数		MTM		DM		MPM	
		偏差	标准差	偏差	标准差	偏差	标准差
$p = 1/3$	π_1	-0.0004	0.0970	0.0252	0.1324	0.0024	0.0815
	π_2	-0.0018	0.0471	-0.0060	0.1391	-0.0038	0.1180
	π_3	-0.0020	0.0553	-0.0014	0.1591	0.0006	0.1365
	π_4	0.0042	0.0663	-0.0179	0.1652	0.0007	0.1441
$p = 1/2$	π_1	-0.0030	0.0985	0.0368	0.1308	0.0012	0.0594
	π_2	0.0009	0.0480	-0.0077	0.1402	-0.0021	0.0756
	π_3	0.0017	0.0558	0.0010	0.1616	0.0052	0.0899
	π_4	0.0003	0.0651	-0.0302	0.1629	-0.0043	0.0949
$p = 2/3$	π_1	-0.0018	0.1027	0.0238	0.1279	0.0006	0.0449
	π_2	-0.0012	0.0474	0.0028	0.1469	-0.0023	0.0589
	π_3	-0.0013	0.0601	-0.0082	0.1548	0.0009	0.0694
	π_4	0.0043	0.0641	-0.0185	0.1602	0.0008	0.0725

表 2.17(b)　$q = (0.2, 0.3, 0.3, 0.2)^\top$ 时三种多分类模型估计结果比较

参数		MTM		DM		MPM	
		偏差	标准差	偏差	标准差	偏差	标准差
$p = 1/3$	π_1	0.0021	0.0733	0.0648	0.1938	0.0081	0.0954
	π_2	−0.0004	0.0494	−0.0303	0.1949	−0.0132	0.1227
	π_3	0.0002	0.0555	0.0325	0.2623	−0.0005	0.1341
	π_4	−0.0019	0.0534	−0.0669	0.2678	0.0056	0.1271
$p = 1/2$	π_1	0.0011	0.0701	0.0588	0.1911	−0.0003	0.0687
	π_2	0.0003	0.0464	−0.0248	0.2023	0.0035	0.0852
	π_3	0.0001	0.0536	0.0423	0.2670	0.0025	0.0910
	π_4	−0.0015	0.0523	−0.0763	0.2675	−0.0056	0.0918
$p = 2/3$	π_1	−0.0013	0.0727	0.0723	0.2019	−0.0011	0.0495
	π_2	0.0012	0.0482	−0.0242	0.1948	−0.0013	0.0661
	π_3	0.0001	0.0543	0.0290	0.2553	0.0011	0.0669
	π_4	0.0000	0.0550	−0.0772	0.2610	0.0013	0.0710

表 2.17(c)　$q = (0.4, 0.3, 0.2, 0.1)^\top$ 时三种多分类模型估计结果比较

参数		MTM		DM		MPM	
		偏差	标准差	偏差	标准差	偏差	标准差
$p = 1/3$	π_1	0.0028	0.0490	0.0256	0.1204	0.0184	0.1101
	π_2	0.0003	0.0475	−0.0076	0.1501	−0.0107	0.1224
	π_3	−0.0036	0.0468	−0.0089	0.1642	−0.0049	0.1221
	π_4	0.0005	0.0498	−0.0090	0.1569	−0.0028	0.1120
$p = 1/2$	π_1	0.0006	0.0485	0.0269	0.1283	0.0054	0.0788
	π_2	−0.0009	0.0438	−0.0066	0.1485	0.0003	0.0858
	π_3	0.0007	0.0512	−0.0025	0.1657	0.0011	0.0869
	π_4	−0.0003	0.0514	−0.0178	0.1630	−0.0067	0.0865
$p = 2/3$	π_1	−0.0010	0.0498	0.0245	0.1279	0.0000	0.0584
	π_2	0.0001	0.0460	−0.0028	0.1524	0.0003	0.0627
	π_3	0.0045	0.0504	−0.0063	0.1680	0.0028	0.0649
	π_4	−0.0030	0.0514	−0.0154	0.1563	−0.0032	0.0665

看, 对任意的 $\boldsymbol{\pi} \in \mathbb{T}_m$ 和 $\boldsymbol{q} \in \mathbb{T}_m$, 只要 $0 < p < \dfrac{1}{1 + \pi_1}$, 多分类平行模型比多分类三角模型的效果更好. 综上所述, 在实际应用中, 更推荐使用多分类平行模型来对带有多个互不相交的属性特征的敏感变量进行数据收集、研究和分析.

2.3.7　案例分析

Williamson 和 Haber (1994) 在其文中报告了一项调查, 该调查旨在探索宫颈癌的疾病状态与性伴侣个数以及收入水平之间的关系. 受访者为美国 G 州 F 县和 D 县的年龄在 20 岁至 79 岁之间的女性. 表 2.18 给出了收入 (低或高, 分别记作 $Y = 0$ 或 $Y = 1$) 与性伴侣个数 ("少"(0~3) 或"多"($\geqslant 4$), 分别记作 $X = 0$ 或 $X = 1$) 的列联表. 由于在该调查中, 四个子类 (即, 性伴侣个数与收入水平) 对受访者来说都是高度敏感的, 因此, 参与电话调查的受访者中有相当多的一部分没有或者拒绝做出回答 (该例中这一比例达到 19.9%). 此处, 我们

的主要目的是检验性伴侣个数与收入水平之间是否存在关联.

已有的多分类三角模型及相应的统计分析方法 (Tang et al., 2009) 并不适用于这个例子, 原因在于此例中的四个子集 $\{X = 0, Y = 0\}$, $\{X = 0, Y = 1\}$, $\{X = 1, Y = 0\}$ 和 $\{X = 1, Y = 1\}$ 对于受访者来说都是敏感的. 为了说明此处所提出的多分类平行模型 (表 2.14) 以及所讨论的相应的统计分析的方法, 令 $m = 4$ 并定义 $W = 0$ 表示受访者的生日在上半个月, 否则, $W = 1$. 类似地, 定义 $U = i$ 表示受访者的生日在一年中的第 i 个季度 $(i = 1, \cdots, 4)$. 因此, 假定 $p = \Pr(W = 1) = 0.5$ 且 $q_i = \Pr(U = i) = 0.25$, $i = 1, \cdots, 4$ 是合理的.

表 2.18   宫颈癌调查数据 (Williamson & Haber, 1994)

性伴侣个数	$Y = 0$ (低水平收入)	$Y = 1$ (高水平收入)	缺失
$X = 0$ (0~3)	144 (m_1, π_1)	123 (m_2, π_2)	17
$X = 1$ ($\geqslant 4$)	237 (m_3, π_3)	148 (m_4, π_4)	17
缺失	68	34	26

为了得到四分类平行模型 (表 2.15) 的观测数据 $Y_{\text{obs}} = \{n; n_1, \cdots, n_4\}$, 我们仅考虑表 2.18 中间部分被完全观测到的数据而忽略掉其他带有缺失数据的部分, 因此, $n = m_1 + \cdots + m_4 = 144 + 123 + 237 + 148 = 652$. 此处, n_1 表示表 2.15 中连接两个○的受访者的个数, n_2 表示连接两个△的受访者的个数, n_3 表示连接两个□的受访者的个数以及 n_4 表示连接两个●的受访者的个数. 令 z_1, z_2, z_3 和 z_4 分别表示受访者中分别属于子集 $\{X = 0, Y = 0\} \cap \{W = 1\}$, $\{X = 0, Y = 1\} \cap \{W = 1\}$, $\{X = 1, Y = 0\} \cap \{W = 1\}$ 和 $\{X = 1, Y = 1\} \cap \{W = 1\}$ 的人数. 由于 $q = 1/2$, 则理想状况下有 $z_i = m_i/2$, 即, $(z_1, z_2, z_3, z_4)^\top \approx (72, 62, 118, 74)^\top$. 此外, 令 n_i' 表示受访者中属于集合 $\{U = i\} \cap \{W = 0\}$, $i = 1, \cdots, 4$ 的人数. 为了得到这些 $\{n_i'\}_{i=1}^4$ 并考虑到抽样存在误差, 我们首先从下式中产生 50 组独立同分布的样本:

$$\text{Multinomial}\left(n - \sum_{i=1}^4 z_i; q_1, q_2, q_3, q_4\right) = \text{Multinomial}(326; 0.25 \times \mathbf{1}_4), \quad \mathbf{1}_4 = (1,1,1,1)^\top,$$

并对每一个分量求平均, 得到 $(n_1', n_2', n_3', n_4')^\top = (81, 82, 81, 82)^\top$. 因此, 我们得到下面的观测数据:

$$(n_1, n_2, n_3, n_4)^\top = (z_1 + n_1', z_2 + n_2', z_3 + n_3', z_4 + n_4')^\top = (153, 144, 199, 156)^\top.$$

采用 $\boldsymbol{\pi}^{(0)} = 0.25 \times \mathbf{1}_4$ 作为 $\boldsymbol{\pi}$ 的初始值, 由公式 (2.59) 和 (2.61) 定义的 EM 算法经过 25 次迭代收敛. $\boldsymbol{\pi}$ 和优势比 ψ 的极大似然估计见表 2.19 的第 2 列. 基于 (2.62) 式, 产生 $G = 10000$ 组自助抽样法样本来估计 $\{\hat{\pi}_{\text{MP},i}\}_{i=1}^4$ 和 $\hat{\psi}$ 的标准差 (表 2.19 第 3 列), 相应的置信水平为 95% 的两组自助抽样置信区间分别由表 2.19 的第 4 列和第 5 列给出. 由于两种自助抽样置信区间都包含 1, 因此, 我们没有足够的理由相信性伴侣个数与收入水平之间存在联系.

表 2.19　基于观测数据 $(n_1, n_2, n_3, n_4)^\top = (153, 144, 199, 156)^\top$ 的参数的极大似然估计及自助抽样置信区间

参数	极大似然估计	标准差	95% 自助抽样置信区间 [dagger]	95% 自助抽样置信区间 [double dagger]
π_1	0.2193	0.0328	[0.1553, 0.2839]	[0.1549, 0.2837]
π_2	0.1917	0.0327	[0.1277, 0.2561]	[0.1273, 0.2561]
π_3	0.3604	0.0359	[0.2900, 0.4308]	[0.2929, 0.4310]
π_4	0.2285	0.0338	[0.1619, 0.2943]	[0.1641, 0.2960]
ψ	0.7253	0.2712	[0.2344, 1.2977]	[0.3690, 1.4099]

置信区间 [dagger]：基于正态分布的自助抽样置信区间, 见公式 (2.63).

置信区间 [double dagger]：基于非正态分布的自助抽样置信区间, 见公式 (2.64).

根据 (2.65) 式, 我们可以得到 $\hat{\boldsymbol{\pi}}_v = (0.2193252, 0.1917178, 0.3604294, 0.2285276)^\top$. 注意到 $\hat{\boldsymbol{\pi}}_v \in \mathbb{T}_4$, 因此, $\hat{\boldsymbol{\pi}}_v$ 为 $\boldsymbol{\pi}$ 的一个有效估计且 $\hat{\boldsymbol{\pi}}_v = \hat{\boldsymbol{\pi}}_{\mathrm{MP}}$. 根据 (2.68) 式, $\hat{\boldsymbol{\pi}}_{\mathrm{MP}}$ 的方差–协方差矩阵为

$$\widehat{\mathrm{Var}}(\hat{\boldsymbol{\pi}}_{\mathrm{MP}}) = \begin{pmatrix} 0.00110 & -0.00032 & -0.00044 & -0.00034 \\ -0.00032 & 0.00106 & -0.00041 & -0.00032 \\ -0.00044 & -0.00041 & 0.00130 & -0.00045 \\ -0.00034 & -0.00032 & -0.00045 & 0.00112 \end{pmatrix}.$$

因此, 由 (2.69) 式可知, $\{\mathrm{Var}(\hat{\pi}_{\mathrm{MP},i})\}_{i=1}^4$ 的无偏估计为

$$\left(\widehat{\mathrm{Var}}(\hat{\pi}_{\mathrm{MP},1}), \cdots, \widehat{\mathrm{Var}}(\hat{\pi}_{\mathrm{MP},4})\right)^\top = (0.00110, 0.00106, 0.00130, 0.00112)^\top.$$

进一步, 根据公式 (2.70), (2.72) 和 (2.74), 可得 $\boldsymbol{\pi}$ 的置信水平为 95% 的沃尔德置信区间、威尔逊置信区间和似然比置信区间 (分别见表 2.20 的第 2、4 和 6 列). 可以看到, π_i 的 95% 的威尔逊置信区间的宽度比其 95% 的沃尔德置信区间和似然比置信区间的宽度略短, 也即, 威尔逊置信区间相较于其他两种置信区间而言更加精确.

表 2.20　大样本情形下置信水平为 95% 的三种渐近区间

参数	沃尔德置信区间	宽度	威尔逊置信区间	宽度	似然比置信区间	宽度
π_1	[0.1542, 0.2844]	0.1302	[0.1575, 0.2874]	0.1299	[0.1564, 0.2864]	0.1300
π_2	[0.1280, 0.2554]	0.1274	[0.1314, 0.2586]	0.1272	[0.1303, 0.2575]	0.1272
π_3	[0.2897, 0.4312]	0.1415	[0.2922, 0.4332]	0.1410	[0.2914, 0.4326]	0.1412
π_4	[0.1630, 0.2941]	0.1311	[0.1662, 0.2970]	0.1308	[0.1652, 0.2960]	0.1308

如果采用 Dirichlet($\mathbf{1}_4$) 作为 $\boldsymbol{\pi}$ 的先验分布, 则公式 (2.79) 和 (2.80) 定义的 EM 算法与公式 (2.59) 和 (2.61) 定义的 EM 算法等价. 换言之, $\{\pi_i\}_{i=1}^4$ 的后验众数的估计等于其极大似然估计, 表 2.21 的第 2 列给出了 $\{\pi_i\}_{i=1}^4$ 的后验众数的估计.

表 2.21　宫颈癌数据中参数的后验估计

参数	后验众数	后验均值	后验标准差	95% 的贝叶斯可靠区间
π_1	0.2193	0.2194	0.0201	[0.1788, 0.2587]
π_2	0.1917	0.1907	0.0193	[0.1529, 0.2280]
π_3	0.3604	0.3616	0.0204	[0.3217, 0.4024]
π_4	0.2285	0.2283	0.0197	[0.1894, 0.2668]
ψ	0.7253	0.7402	0.1484	[0.4910, 1.0739]

　　基于公式 (2.60) 和 (2.78), 我们利用 DA 算法产生 20000 个 π 的后验样本. 去掉前一半样本, 我们利用后一半样本可以得到 π 的后验均值、后验标准差以及 95% 的贝叶斯可靠区间, 这些结果分别列在表 2.21 的第 3~5 列. 图 2.8 和图 2.9 通过核密度平滑器给出了相应

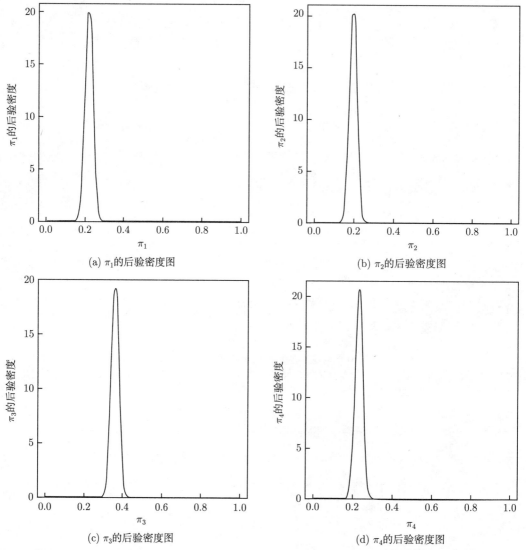

(a) π_1的后验密度图

(b) π_2的后验密度图

(c) π_3的后验密度图

(d) π_4的后验密度图

图 2.8　给定 Dirichlet($\mathbf{1}_4$) 作为 π 的先验分布, 基于公式 (2.60) 和 (2.78) 定义的 DA 算法产生的后验样本并利用核密度平滑器得到的 $\{\pi_i\}_{i=1}^4$ 的后验密度曲线

的 $\{\pi_i\}_{i=1}^4$ 的后验密度曲线和优势比 ψ 的后验密度曲线. 由于 ψ 的贝叶斯可靠区间包含 1, 我们没有足够的理由相信性伴侣个数与收入水平之间存在相关性. 因此, 根据本节所提出的分析方法, 我们可以作出如下结论: 对于目标群体而言, 人们所拥有的性伴侣个数并不会受到收入水平高低的影响.

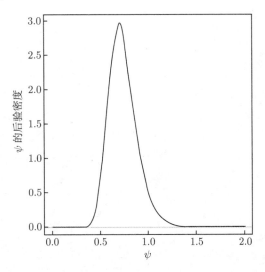

图 2.9　给定 Dirichlet($\mathbf{1}_4$) 作为 $\boldsymbol{\pi}$ 的先验分布, 基于公式 (2.60) 和 (2.78) 定义的 DA 算法产生的后验样本并利用核密度平滑器得到的 ψ 的后验密度曲线

2.4　本章算法简介

2.4.1　EM 算法

EM 算法是用来寻找极大似然估计或后验众数的一种迭代确定的方法, 并且, 在处理不完全数据方面具有显著的概念简单和操作容易的特征 (Dempster et al., 1977). 最大期望值法的基本原理在于通过使用潜在数据补充观测数据来实现一系列简单的优化而非复杂的优化过程.

令 $\boldsymbol{\pi} = (\pi_1, \cdots, \pi_m)^\top$ 表示感兴趣的未知参数向量, $\ell(\boldsymbol{\pi}|Y_{\mathrm{obs}})$ 表示观测数据对数似然函数. 通常, 直接通过 $\ell(\boldsymbol{\pi}|Y_{\mathrm{obs}})$ 得到 $\boldsymbol{\pi}$ 的极大似然估计是非常困难的. 通过向观测数据 Y_{obs} 中补充缺失数据 Y_{mis} (或潜在变量 Z 或潜在向量 $\boldsymbol{z}_{\mathrm{r}} = (Z_1, \cdots, Z_p)^\top$) 使得完全数据对数似然函数 $\ell(\boldsymbol{\pi}|Y_{\mathrm{obs}}, \boldsymbol{z})$ 以及条件预测分布 $f(\boldsymbol{z}|Y_{\mathrm{obs}}, \boldsymbol{\pi})$ 都是可获得的, 其中, $\boldsymbol{z}$ 表示 $\boldsymbol{z}_{\mathrm{r}}$ 的实现. EM 算法的每一次迭代由一个期望 (expectation, E) 步和一个最大化 (maximization, M) 步组成.

特别地, 令 $\boldsymbol{\pi}^{(t)}$ 表示第 t 步对极大似然估计 $\hat{\boldsymbol{\pi}}$ 的猜测. E 步计算由下式所定义的 Q 函数:

$$Q(\boldsymbol{\pi}|\boldsymbol{\pi}^{(t)}) = E\left[\ell(\boldsymbol{\pi}|Y_{\mathrm{obs}}, \boldsymbol{z})\middle|\boldsymbol{\pi}^{(t)}, Y_{\mathrm{obs}}\right]$$
$$= \int \ell(\boldsymbol{\pi}|Y_{\mathrm{obs}}, \boldsymbol{z}) \times f(\boldsymbol{z}|Y_{\mathrm{obs}}, \boldsymbol{\pi}^{(t)})\mathrm{d}\boldsymbol{z},$$

M 步由最大化 Q 函数来得到

$$\boldsymbol{\pi}^{(t+1)} = \arg\max_{\Theta} Q(\boldsymbol{\pi}|\boldsymbol{\pi}^{(t)}).$$

重复上述过程直至收敛为止.

2.4.2 IBF 算法

令 Y_{obs} 表示观测数据, z_{r} 表示缺失或潜在向量, $\boldsymbol{\pi}$ 表示感兴趣的参数向量. 基于可获得的完全数据后验分布 $f(\boldsymbol{\pi}|Y_{\text{obs}}, z)$ 和条件预测分布 $f(z|Y_{\text{obs}}, \boldsymbol{\pi})$ 并借助于 Tanner 和 Wong 提出的数据填充结构 (Tanner & Wong, 1987) 来构造 IBF 算法, 其中, z 表示 z_{r} 的实现. 现在的目标是从观测数据后验分布 $f(\boldsymbol{\pi}|Y_{\text{obs}})$ 中抽取 $\boldsymbol{\pi}$ 的独立同分布的样本.

基础条件抽样原则认为: 如果可以从 $f(z|Y_{\text{obs}})$ 中获得独立的样本 $\{z^{(l)}\}_{l=1}^{L}$, 并从 $f(\boldsymbol{\pi}|Y_{\text{obs}}, z^{(l)})$ 中产生 $\boldsymbol{\pi}^{(l)}$, $l = 1, \cdots, L$, 那么 $\boldsymbol{\pi}^{(l)}$ 可以看作来自观测数据后验分布 $f(\boldsymbol{\pi}|Y_{\text{obs}})$ 的独立同分布的样本. 换句话说, 关键在于从 $f(z|Y_{\text{obs}})$ 中产生独立的样本.

令 $\mathcal{S}_{(\boldsymbol{\pi}|Y_{\text{obs}})}$ 和 $\mathcal{S}_{(z_{\text{r}}|Y_{\text{obs}})}$ 分别表示 $\boldsymbol{\pi}|Y_{\text{obs}}$ 和 $z_{\text{r}}|Y_{\text{obs}}$ 的条件支撑. IBF 算法的思想指出

$$f(z|Y_{\text{obs}}) \propto \frac{f(z|Y_{\text{obs}}, \boldsymbol{\pi}_0)}{f(\boldsymbol{\pi}_0|Y_{\text{obs}}, z)} \tag{2.98}$$

对任意的 $\boldsymbol{\pi}_0 \in \mathcal{S}_{(\boldsymbol{\pi}|Y_{\text{obs}})}$ 和所有的 $z_{\text{r}} \in \mathcal{S}_{(z_{\text{r}}|Y_{\text{obs}})}$ 成立. 若 z_{r} 为定义域上的取值有限的离散随机变量/向量, 定义 $z_{\text{r}}|(Y_{\text{obs}}, \boldsymbol{\pi})$ 的条件支撑为 $\mathcal{S}_{(z_{\text{r}}|Y_{\text{obs}}, \boldsymbol{\pi})} = \{z_1, \cdots, z_K\}$. 由于 $f(z|Y_{\text{obs}}, \boldsymbol{\pi})$ 是可获得的, 我们首先依据模型确定 $\{z_k\}_{k=1}^{K}$ 并且它们是已知的. 注意到 $\{z_k\}_{k=1}^{K}$ 通常不依赖于 $\boldsymbol{\pi}$, 因此有 $\mathcal{S}_{(z_{\text{r}}|Y_{\text{obs}})} = \mathcal{S}_{(z_{\text{r}}|Y_{\text{obs}}, \boldsymbol{\pi})} = \{z_1, \cdots, z_K\}$. 由于 z_{r} 是离散的随机变量/向量, $f(z_k|Y_{\text{obs}})$ 可以用来表示概率质量函数, 即, $f(z_k|Y_{\text{obs}}) = \Pr\{z_{\text{r}} = z_k|Y_{\text{obs}}\}$. 因此, 它足够用来确定权重 $\omega_k = f(z_k|Y_{\text{obs}})$, $k = 1, \cdots, K$. 对任意的 $\boldsymbol{\pi}_0 \in \mathcal{S}_{(\boldsymbol{\pi}|Y_{\text{obs}})}$, 令

$$q_k(\boldsymbol{\pi}_0) = \frac{\Pr\{z_{\text{r}} = z_k|Y_{\text{obs}}, \boldsymbol{\pi}_0\}}{f(\boldsymbol{\pi}_0|Y_{\text{obs}}, z_k)}, \quad k = 1, \cdots, K. \tag{2.99}$$

根据 (2.98) 式所体现的 IBF 抽样思想, 可以立即得到

$$\omega_k = \frac{q_k(\boldsymbol{\pi}_0)}{\sum\limits_{k'=1}^{K} q_{k'}(\boldsymbol{\pi}_0)}, \quad k = 1, \cdots, K. \tag{2.100}$$

同时, $\{\omega_k\}_{k=1}^{K}$ 与 $\boldsymbol{\pi}_0$ 独立. 因此, 由于 $f(z|Y_{\text{obs}})$ 是一个在 z_k, $k = 1, \cdots, K$ 处概率为 ω_k 的离散分布, 从中进行抽样变得非常简单. 精确的 IBF 算法主要包括以下几个步骤.

IBF 算法:

步骤 1: 从 $f(z|Y_{\text{obs}}, \boldsymbol{\pi})$ 中确定 $\mathcal{S}_{(z_{\text{r}}|Y_{\text{obs}})} = \mathcal{S}_{(z_{\text{r}}|Y_{\text{obs}}, \boldsymbol{\pi})} = \{z_1, \cdots, z_K\}$ 并根据公式 (2.99) 和 (2.100) 计算 $\{\omega_k\}_{k=1}^{K}$;

步骤 2: 从概率密度函数 $f(z|Y_{\text{obs}})$ (z_k, $k = 1, \cdots, K$ 处概率为 ω_k) 中抽取 z_{r} 的独立同分布的样本 $\{z^{(l)}\}_{l=1}^{L}$;

步骤 3: 从 $f(\boldsymbol{\pi}|Y_{\text{obs}}, z^{(l)})$ 中产生 $\boldsymbol{\pi}^{(l)}$, $l = 1, \cdots, L$, 则 $\{\boldsymbol{\pi}^{(l)}\}_{l=1}^{L}$ 为来自于观测数据后验分布 $f(\boldsymbol{\pi}|Y_{\text{obs}})$ 的独立同分布的样本.

2.4.3　DA 算法

假设现在想要基于观测数据后验分布 $f(\pi|Y_{\mathrm{obs}})$ 得到感兴趣的参数 π 的贝叶斯推断. DA 算法可以用来从 $f(\pi|Y_{\mathrm{obs}})$ 进行模拟抽样. DA 算法的原理在于通过使用潜在数据对观测数据进行填充而非复杂的模拟来获得一系列模拟的样本.

作为最大期望值法的一个随机化版本, DA 算法最早是由 Tanner 和 Wong (1987) 提出的. 其基本思想在于引入观测值为 z 的潜在向量 z_r 使得完全数据后验分布 $f(\pi|Y_{\mathrm{obs}}, z)$ 和条件预测分布 $f(z|Y_{\mathrm{obs}}, \pi)$ 都是可获得的, 这里 "可获得的" 指的是从两个条件分布以及两个条件密度的估计中抽样是可操作的. DA 算法主要包括以下几个步骤.

DA 算法:

I 步:　从 $f(z|Y_{\mathrm{obs}}, \pi^t)$ 中产生 $z^{(t+1)}$;

P 步:　从 $f(\pi|Y_{\mathrm{obs}}, z^{(t+1)})$ 中产生 $\pi^{(t+1)}$.

重复上述过程直至达到指定的迭代步数停止.

第 3 章 样本容量设计

3.1 引 言

一直以来, 样本容量的确定是抽样设计中一个永恒的话题. 对于任何一种抽样方法, 样本容量越大, 抽样所带来的误差就越小, 而有关未知参数的估计量的精度就越高; 但另一方面, 抽取的样本容量越大, 会造成抽样成本的增加和不必要的浪费. 同时, 样本容量的大小对于研究结果的可信度也会产生重要影响. 例如, 试验结果表明某种治疗措施无效, 可能是因为该措施真的无效也有可能是因为样本太少而产生的一种假无效的现象. 因此, 对于敏感数据抽样调查设计, 如何确定合适的样本容量以保证研究结果的有效性是一个不容回避与忽视的问题.

确定样本容量的方法主要有两种: 指定估计精度要求的情况下通过估计量的方差公式来计算调查所需样本容量, 以及通过控制检验功效 (即, 避免出现前述治疗措施被认为是假无效的现象) 来计算调查所需样本容量. 3.2 节和 3.3 节将分别利用检验功效法对 Tian (2015) 所提出的非随机化平行模型以及 Liu 和 Tian (2013b) 所提出的推广的平行模型 —— 变体平行模型的调查设计所需样本容量问题进行深入的讨论, 包括基于大样本、正态假定条件下单边检验和双边检验的渐近功效函数及相应的样本量计算公式, 并给出该调查设计在达到相同检验功效的条件之下优于其他非随机化调查设计方法的条件; 同时, 对于单样本和两样本情况下分别适用于平行模型 (Tian, 2015) 和变体平行模型 (Liu & Tian, 2013b) 进行敏感信息收集时所需的有效样本量的确定方法也将在本章中进行讨论; 然后, 通过案例分析来对本章所提出的样本容量设计的理论进行补充和说明. 3.4 节则给出十字交叉模型在两样本情况下的样本容量计算公式.

3.2 基于平行模型调查设计的样本容量确定

3.2.1 基于功效分析的样本计算公式

根据表 1.6, 我们可以定义一个伯努利 (Bernoulli) 随机变量 $Y_{\mathrm{P}}^{\mathrm{R}}$ 如下所示:

$$Y_{\mathrm{P}}^{\mathrm{R}} = \begin{cases} 1, & \text{如果两个 } \square \text{ 被连接,} \\ 0, & \text{如果两个 } \bigcirc \text{ 被连接,} \end{cases}$$

其中, 脚标 "P" 表示平行模型. 因此, $Y_{\mathrm{P}}^{\mathrm{R}} = 1$ 和 $Y_{\mathrm{P}}^{\mathrm{R}} = 0$ 的概率分别为

$$\Pr\{Y_{\mathrm{P}}^{\mathrm{R}} = 1\} = q(1-p) + \pi p$$

和

$$\Pr\{Y_{\mathrm{P}}^{\mathrm{R}} = 0\} = (1-q)(1-p) + (1-\pi)p.$$

令 $Y_{\text{obs}} = \{y_{\text{P},i}^{\text{R}}: i = 1, \cdots, n\}$ 表示由 n 个受访者的答案所构成的观测数据, 则由 (1.13) 式定义的 π 的极大似然估计可以改写为

$$\hat{\pi}_{\text{P}} = \frac{\bar{y}_{\text{P}}^{\text{R}} - q(1-p)}{p}, \tag{3.1}$$

其中, $\bar{y}_{\text{P}}^{\text{R}} = (1/n)\sum_{i=1}^{n} y_{\text{P},i}^{\text{R}}$. 容易验证, $\hat{\pi}_{\text{P}}$ 为 π 的一个无偏估计并且 $\hat{\pi}_{\text{P}}$ 的方差可以表示为

$$\text{Var}(\hat{\pi}_{\text{P}}) = \frac{\lambda(1-\lambda)}{np^2},$$

其中, $\lambda \doteq q(1-p) + \pi p$. 由中心极限定理可知, 当 $n \to \infty$ 时, $\hat{\pi}_{\text{P}}$ 近似服从正态分布, 即

$$\frac{\hat{\pi}_{\text{P}} - \pi}{\sqrt{\text{Var}(\hat{\pi}_{\text{P}})}} = \frac{n\hat{\pi}_{\text{P}} - n\pi}{\sqrt{n\lambda(1-\lambda)}/p} \overset{\cdot}{\sim} N(0,1). \tag{3.2}$$

1. 单边检验

为了检验敏感特征的总体比例 (π) 是否等于某一预设值 (π_0), 通常考虑下述单边检验:

$$H_0: \pi = \pi_0 \quad \text{V.S.} \quad H_1: \pi < \pi_0. \tag{3.3}$$

如果原假设 H_0 为真, 则根据 (3.2) 式有

$$\frac{n\hat{\pi}_{\text{P}} - n\pi_0}{\sqrt{n\lambda_0(1-\lambda_0)}/p} \overset{\cdot}{\sim} N(0,1), \quad \text{当 } n \to \infty,$$

其中, $\lambda_0 \doteq q(1-p) + \pi_0 p$. 令 z_α 表示标准正态分布的 α 上分位点, 当观测到下述事件发生时:

$$\mathbb{E}_{\text{P}} = \left\{ n\hat{\pi}_{\text{P}} \leqslant n\pi_0 - z_\alpha \sqrt{n\lambda_0(1-\lambda_0)}\Big/p \right\}, \tag{3.4}$$

我们应当在显著性水平 α 下拒绝原假设 H_0. 如果备择假设 H_1 为真, 不失一般性, 我们可以假定 $\pi = \pi_1$, 其中 $\pi_1 < \pi_0$. 因此, 给定 π_1 时单边检验的功效 (Power) 可以由下式近似计算:

$$\begin{aligned}
\text{Power}(\pi_1) &= \Pr\{\text{拒绝} H_0 | \pi = \pi_1\} \\
&= \Pr\left\{ \frac{n\hat{\pi}_{\text{P}} - E_{H_1}(n\hat{\pi}_{\text{P}})}{\sqrt{\text{Var}_{H_1}(n\hat{\pi}_{\text{P}})}} \leqslant \frac{n\pi_0 - z_\alpha\sqrt{n\lambda_0(1-\lambda_0)}/p - n\pi_1}{\sqrt{n\lambda_1(1-\lambda_1)}/p} \right\} \\
&\approx \Phi\left(\frac{\sqrt{n}(\pi_0 - \pi_1)p - z_\alpha\sqrt{\lambda_0(1-\lambda_0)}}{\sqrt{\lambda_1(1-\lambda_1)}} \right),
\end{aligned} \tag{3.5}$$

其中, $\lambda_1 \doteq q(1-p) + \pi_1 p$, $\Phi(\cdot)$ 表示标准正态分布的累积分布函数. 对于给定的检验功效 $1 - \beta$, 平行模型所需样本大小 n_{P} 可通过求解下述方程得到:

$$\sqrt{n_{\text{P}}}(\pi_0 - \pi_1)p - z_\alpha\sqrt{\lambda_0(1-\lambda_0)} = z_\beta\sqrt{\lambda_1(1-\lambda_1)},$$

即

$$n_{\text{P}} = \left[\frac{z_\alpha\sqrt{\lambda_0(1-\lambda_0)} + z_\beta\sqrt{\lambda_1(1-\lambda_1)}}{(\pi_0 - \pi_1)p} \right]^2. \tag{3.6}$$

2. 双边检验

对于双边检验的情形, 其双边假设为

$$H_0: \pi = \pi_0 \quad \text{V.S.} \quad H_1: \pi \neq \pi_0.$$

给定显著性水平 α, 我们仅考虑等尾的情形. 由于检验功效、样本容量以及效应量之间的关系可由下式近似表述:

$$\text{Power}(\pi_1) \approx \Phi\left(\frac{\sqrt{n}|\pi_0 - \pi_1|p - z_{\alpha/2}\sqrt{\lambda_0(1-\lambda_0)}}{\sqrt{\lambda_1(1-\lambda_1)}}\right).$$

在双边检验中, 对于给定的检验功效 $1-\beta$, 平行模型所需样本容量 $n_{\text{P},2}$ 可由下式计算得到:

$$n_{\text{P},2} = \left[\frac{z_{\alpha/2}\sqrt{\lambda_0(1-\lambda_0)} + z_\beta\sqrt{\lambda_1(1-\lambda_1)}}{(\pi_0 - \pi_1)p}\right]^2. \tag{3.7}$$

3.2.2 性能评估

1. 精确的检验功效与近似的检验功效的比较

单边检验的近似功效函数由 (3.5) 式定义. 为了得到单边检验的精确检验功效 (Exact Power) 的计算公式, 我们定义一个新的随机变量 X_{P} 为 $X_{\text{P}} = n\bar{y}^{\text{P}} = \sum_{i=1}^n y_i^{\text{P}}$. 已知, $X_{\text{P}} \sim$ Binomial(n, λ). 因此, 由 (3.4) 式定义的拒绝域可以改写为

$$\mathbb{E}_{\text{P}} = \left\{X_{\text{P}}: X_{\text{P}} \leqslant n\lambda_0 - z_\alpha\sqrt{n\lambda_0(1-\lambda_0)}\right\}.$$

对于任意给定的样本容量 n_{P}, 在 $\pi = \pi_1$ 处的精确检验功效由下式定义:

$$\text{Exact Power }(\pi_1) = \sum_{x \in \mathbb{E}_{\text{P}}} \text{Binomial}\left(x|n, q(1-p) + \pi_1 p\right)$$

$$= \sum_{x \in \mathbb{E}_{\text{P}}} \binom{n}{x} \lambda_1^x (1-\lambda_1)^{n-x}. \tag{3.8}$$

为了比较由 (3.5) 式定义的近似检验功效的准确性, 在给定 $p = q = 0.5$ 以及 $\alpha = 0.05$ 的情形下, 我们分别作出精确的检验功效 (由 (3.8) 式定义) 与近似的检验功效 (由 (3.5) 式定义) 在不同样本容量 n_{P} 以及 (π_0, π_1) 不同组合下的比较图. 图 3.1 显示, 由 (3.5) 式定义的近似检验功效一般来说为 (3.8) 式定义的精确检验功效的平稳近似. 特别是在大样本情况下, 近似检验功效与精确检验功效几乎相等 (图 3.1(d)).

2. 平行模型与直接问题模型的所需样本容量的比较

对于给定的组合 (π_0, π_1), 注意到 n_{P} 为 p 的减函数并且为 q 的凹函数. 显然, 当 $p = 1$ 时, 平行模型退化为直接问题模型. 令 n_{D} 表示直接问题模型所需的样本容量. 在 (3.6) 式中令 $p = 1$, 则有

$$n_{\text{D}} = \left[\frac{z_\alpha\sqrt{\pi_0(1-\pi_0)} + z_\beta\sqrt{\pi_1(1-\pi_1)}}{\pi_0 - \pi_1}\right]^2. \tag{3.9}$$

　　给定 5% 的显著性水平以及 80% 的检验功效, 表 3.1 给出了 (π_0, π_1, q, p) 不同组合下由 (3.6) 式计算得到的平行模型所需样本容量 n_P 以及相应的平行模型与直接问题模型所需样本容量之比, 即, n_P/n_D. 例如, 当 $(\pi_0, \pi_1, q, p) = (0.40, 0.25, 1/3, 0.50)$ 时, 我们有 $n_P/n_D = 4.03$, 意味着在单边检验中, 为了达到相同的检验功效, 平行模型所需样本容量约为直接问题模型所需样本容量的 4 倍.

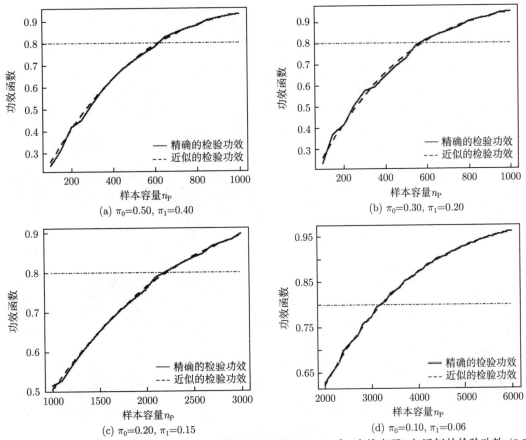

图 3.1　给定 $p = q = 0.5$ 以及 $\alpha = 0.05$, 精确的检验功效 (3.8) 式 (实线表示) 与近似的检验功效 (3.5) 式 (虚线表示) 在不同样本容量 n_P 以及 (π_0, π_1) 不同组合下的比较

　　注 3.1　在表 3.1 的结果中, 我们将受访者的生日作为非敏感的二分类变量 W 而受访者母亲的生日作为另一个非敏感的二分类变量 U. 则, $p = 0.42$ (即, 5/12), 0.50(即, 6/12) 和 0.58 (即, 7/12) 分别代表受访者的生日在 1～5 月, 1～6 月和 1～7 月时 $W = 1$. 类似地, $q = 1/3, 1/2$ 和 2/3 分别代表受访者的母亲出生于每月的 1～10 日, 1～15 日以及 1～20 日时 $U = 1$.

表 3.1　显著性水平为 5% 且检验功效为 80% 时检验 H_0: $\pi = \pi_0$ V.S. H_1: $\pi = \pi_1 < \pi_0$ 的样本容量 n_P 以及样本比 n_P/n_D

π_0	π_1	q	$p = 1.00$	$p = 0.42$		$p = 0.50$		$p = 0.58$	
			n_D	n_P	n_P/n_D	n_P	n_P/n_D	n_P	n_P/n_D
	0.40		153	832	5.44	592	3.87	444	2.90
0.50	0.35	1/3	67	367	5.48	261	3.90	195	2.91
	0.30		37	204	5.51	145	3.92	108	2.92
	0.35		583	3206	5.50	2273	3.90	1697	2.91
0.40	0.30	1/3	142	793	5.58	561	3.95	418	2.94
	0.25		61	348	5.70	246	4.03	183	3.00
	0.25		501	3009	6.01	2108	4.21	1555	3.10
0.30	0.20	1/3	119	742	6.24	518	4.35	381	3.20
	0.18		81	512	6.32	357	4.41	262	3.23
	0.16		584	4333	7.42	2972	5.09	2142	3.67
0.20	0.13	1/3	181	1400	7.73	957	5.29	687	3.80
	0.10		83	678	8.17	462	5.57	330	3.98
	0.08		1303	15634	12.00	10372	7.96	7185	5.51
0.10	0.06	1/3	301	3874	12.87	2562	8.51	1767	5.87
	0.04		121	1706	14.10	1124	9.29	772	6.38
	0.40		153	875	5.72	617	4.03	458	2.99
0.50	0.35	1/2	67	388	5.79	273	4.07	203	3.03
	0.30		37	217	5.86	153	4.14	113	3.05
	0.35		583	3470	5.95	2438	4.18	1803	3.09
0.40	0.30	1/2	142	864	6.08	606	4.27	447	3.15
	0.25		61	382	6.26	268	4.39	197	3.23
	0.25		501	3388	6.76	2356	4.70	1721	3.43
0.30	0.20	1/2	119	841	7.07	583	4.90	425	3.57
	0.18		81	583	7.20	404	4.99	293	3.62
	0.16		584	5095	8.72	3483	5.96	2491	4.27
0.20	0.13	1/2	181	1655	9.14	1128	6.23	804	4.44
	0.10		83	806	9.71	548	6.60	389	4.69
	0.08		1303	19347	14.85	12898	9.90	8928	6.85
0.10	0.06	1/2	301	4814	15.99	3202	10.64	2210	7.34
	0.04		121	2129	17.60	1413	11.68	972	8.03
	0.40		153	851	5.56	606	3.96	454	2.97
0.50	0.35	2/3	67	380	5.67	270	4.03	202	3.01
	0.30		37	214	5.78	152	4.11	114	3.08
	0.35		583	3472	5.96	2466	4.23	1837	3.15
0.40	0.30	2/3	142	870	6.13	617	4.35	458	3.23
	0.25		61	387	6.34	274	4.49	203	3.33
	0.25		501	3504	6.99	2466	4.92	1814	3.62
0.30	0.20	2/3	119	875	7.35	615	5.17	451	3.79
	0.18		81	608	7.51	426	5.26	312	3.85
	0.16		584	5449	9.33	3780	6.47	2727	4.67
0.20	0.13	2/3	181	1776	9.81	1230	6.80	885	4.89
	0.10		83	869	10.47	600	7.23	430	5.18
	0.08		1303	21422	16.44	14564	11.18	10221	7.84
0.10	0.06	2/3	301	5345	17.76	3628	12.05	2539	8.44
	0.04		121	2371	19.60	1606	13.27	1121	9.26

注: n_D 表示由 (3.9) 式所定义的直接问题模型的样本容量.

3.2.3 平行模型与十字交叉模型的样本容量比较

1. 十字交叉模型样本容量确定

根据表 1.1, 我们可以定义一个伯努利随机变量 $Y_{\mathrm{C}}^{\mathrm{R}}$ 如下所示:

$$Y_{\mathrm{C}}^{\mathrm{R}} = \begin{cases} 1, & \text{如果两个 } \square \text{ 被连接,} \\ 0, & \text{如果两个 } \bigcirc \text{ 被连接,} \end{cases}$$

其中, 脚标 "C" 表示十字交叉模型. 因此, $Y_{\mathrm{C}}^{\mathrm{R}} = 1$ 和 $Y_{\mathrm{C}}^{\mathrm{R}} = 0$ 的概率分别为

$$\mathrm{Pr}\{Y_{\mathrm{C}}^{\mathrm{R}} = 1\} = (1 - \pi)(1 - p) + \pi p$$

和

$$\mathrm{Pr}\{Y_{\mathrm{C}}^{\mathrm{R}} = 0\} = \pi(1 - p) + (1 - \pi)p.$$

令 $Y_{\mathrm{obs}} = \{y_{\mathrm{C},i}^{\mathrm{R}} : i = 1, \cdots, n\}$ 表示 n 个受访者的答案所构成的观测数据, 则由 (1.1) 式定义的 π 的极大似然估计及其方差可以改写为

$$\hat{\pi}_{\mathrm{C}} = \frac{\bar{y}_{\mathrm{C}}^{\mathrm{R}} - (1 - p)}{2p - 1} \quad \text{且} \quad \mathrm{Var}(\hat{\pi}_{\mathrm{C}}) = \frac{\gamma(1 - \gamma)}{n(2p - 1)^2}, \tag{3.10}$$

其中, $p \neq 0.5$,

$$\bar{y}_{\mathrm{C}}^{\mathrm{R}} = \frac{1}{n} \sum_{i=1}^{n} y_{\mathrm{C},i}^{\mathrm{R}} \quad \text{且} \quad \gamma \hat{=} (1 - \pi)(1 - p) + \pi p.$$

为了得到十字交叉模型的样本容量计算公式, 我们考虑由 (3.3) 式定义的单边检验. 类似公式 (3.5) 和 (3.6), 有

$$\mathrm{Power}(\pi_1) \approx \Phi \left(\frac{\sqrt{n}(\pi_0 - \pi_1)|2p - 1| - z_\alpha \sqrt{\gamma_0(1 - \gamma_0)}}{\sqrt{\gamma_1(1 - \gamma_1)}} \right)$$

和

$$n_{\mathrm{C}} = \left[\frac{z_\alpha \sqrt{\gamma_0(1 - \gamma_0)} + z_\beta \sqrt{\gamma_1(1 - \gamma_1)}}{(\pi_0 - \pi_1)(2p - 1)} \right]^2, \tag{3.11}$$

其中, $\gamma_i \hat{=} (1 - \pi_i)(1 - p) + \pi_i p$, $i = 0, 1$ 并且 $\pi_1 < \pi_0$.

2. 数值比较

直观来说, 当 $p = 0.5$ 时, 受访者的隐私得到最好的保护; 当 p 太小或太大时, 受访者的隐私都不能得到有效的保护. 因此, 调查者在进行问卷设计时应在一个适当范围内挑选合适的 p, 但注意避免 $p = 0.5$ 以免造成十字交叉模型中 π 的极大似然估计不存在. 在表 3.2 中, 我们在区间 $[0.42, 0.5) \cup (0.5, 0.65]$ 中选择若干 p 并报告显著性水平为 5% 且检验功效为 80% 时检验 $H_0: \pi = \pi_0$ V.S. $H_1: \pi = \pi_1 < \pi_0$ 的样本比 $n_{\mathrm{C}}/n_{\mathrm{P}}$. 从表 3.2 的结果中我们可以看到 p 越接近 0.5, 平行模型比十字交叉模型越有效. 例如, $p = 0.49$ 和 $p = 0.51$ 时, 平行模型的效率分别为十字交叉模型的 601~909 倍和 651~1003 倍.

表 3.2 显著性水平为 5% 且检验功效为 80% 时检验 $H_0: \pi = \pi_0$ V.S. $H_1: \pi = \pi_1 < \pi_0$ 的样本比 n_C/n_P

π_0	π_1	q	p							
			0.42	0.45	0.49	0.51	0.55	0.58	0.6	0.65
	0.40		7.25	21.26	627.29	677.91	31.41	13.59	6.88	4.83
0.50	0.35	1/3	7.31	21.46	633.71	684.21	31.65	13.75	6.96	4.88
	0.30		7.39	21.70	639.74	690.01	32.19	13.96	7.04	4.92
	0.35		7.52	22.08	653.53	707.05	32.80	14.21	7.19	5.04
0.40	0.30	1/3	7.60	22.32	661.64	715.55	33.21	14.42	7.28	5.10
	0.25		7.69	22.57	670.82	727.67	33.80	14.62	7.41	5.18
	0.25		7.99	23.61	703.47	763.60	35.59	15.46	7.83	5.49
0.30	0.20	1/3	8.09	23.95	715.51	777.41	36.29	15.76	8.00	5.61
	0.18		8.14	24.12	721.27	782.26	36.55	15.90	8.06	5.67
	0.16		8.62	25.76	777.42	848.45	39.93	17.44	8.89	6.25
0.20	0.13	1/3	8.71	26.07	787.67	860.76	40.58	17.42	9.06	6.37
	0.10		8.80	26.39	799.88	874.07	41.25	18.08	9.24	6.51
	0.08		9.49	28.82	887.00	976.81	46.74	20.65	10.7	7.60
0.10	0.06	1/3	9.57	29.10	897.55	989.10	47.43	20.98	10.9	7.71
	0.04		9.65	29.40	908.60	1002.9	48.17	21.33	11.1	7.88
	0.40		6.90	20.28	601.88	651.62	30.36	13.18	6.71	4.71
0.50	0.35	1/2	6.91	20.32	602.58	652.99	30.52	13.21	6.73	4.73
	0.30		6.95	20.44	607.55	657.15	30.66	13.35	6.76	4.76
	0.35		6.95	20.47	608.51	659.95	30.76	13.38	6.80	4.78
0.40	0.30	1/2	6.97	20.56	611.39	663.91	30.95	13.48	6.85	4.82
	0.25		7.01	20.67	615.52	668.21	31.19	13.58	6.89	4.88
	0.25		7.09	21.02	628.77	683.86	32.04	13.96	7.12	5.02
0.30	0.20	1/2	7.14	21.16	634.44	691.19	32.40	14.12	7.22	5.08
	0.18		7.15	21.25	637.33	693.32	32.55	14.22	7.26	5.12
	0.16		7.33	21.92	762.83	724.48	34.21	15.00	7.69	5.43
0.20	0.13	1/2	7.36	22.06	667.62	730.73	34.56	15.16	7.78	5.50
	0.10		7.40	22.20	673.07	737.29	34.89	15.34	7.87	5.57
	0.08		7.67	23.23	713.53	785.31	37.58	16.62	8.61	6.13
0.10	0.06	1/2	7.70	23.35	618.36	791.09	37.91	16.78	8.70	6.20
	0.04		7.73	23.47	623.08	797.22	38.23	16.94	8.81	6.28
	0.40		7.09	20.74	612.37	662.79	30.66	13.30	6.74	4.73
0.50	0.35	2/3	7.06	20.69	611.16	660.52	30.66	13.28	6.73	4.73
	0.30		7.05	20.66	611.40	661.65	30.66	13.23	6.76	4.76
	0.35		6.95	20.37	602.34	651.88	30.26	13.13	6.66	4.68
0.40	0.30	2/3	6.93	20.35	601.87	651.60	30.28	13.16	6.66	4.68
	0.25		6.91	20.30	602.56	652.97	30.36	13.18	6.69	4.70
	0.25		6.86	20.22	601.60	652.67	30.44	13.25	6.74	4.75
0.30	0.20	2/3	6.86	20.24	602.77	654.87	30.60	13.31	6.79	4.78
	0.18		6.85	20.24	604.31	656.02	30.68	13.36	6.81	4.80
	0.16		6.86	20.37	611.78	666.67	31.33	13.70	7.01	4.95
0.20	0.13	2/3	6.86	20.31	614.06	669.32	31.47	13.77	7.05	5.00
	0.10		6.87	20.46	616.17	671.90	31.66	13.88	7.10	5.02
	0.08		6.93	20.81	633.25	694.05	32.97	14.52	7.49	5.32
0.10	0.06	2/3	6.94	20.86	635.37	696.80	33.13	14.60	7.54	5.36
	0.04		6.95	20.91	637.59	699.97	33.30	14.69	7.59	5.40

3. 理论比较

上述观测结果并不令人感到惊奇, 因为有如下理论结果支撑. 下述定理 3.1 给出了平行模型优于十字交叉模型的条件.

定理 3.1　令 $\pi, p, q \in (0, 1)$. 对于平行模型和十字交叉模型, 则有

(1) 当 $p = 1/3$ 且下列三个条件之一满足时, 平行模型所需样本容量总是少于十字交叉模型, 即, $n_{\mathrm{P}} \leqslant n_{\mathrm{C}}$:

(1.1) $q = 1/2$ 且 $\pi \in (0, 1)$;

(1.2) $q \in (0, \min\{1/2, 1-\pi\})$ 且 $\pi \in (0, 1)$;

(1.3) $q \in (\max\{1/2, 1-\pi\}, 1)$ 且 $\pi \in (0, 1)$.

(2) 当 $1/3 < p < 1$, $p \neq 1/2$ 且下列五个条件之一满足时, 平行模型所需样本容量总是少于十字交叉模型, 即, $n_{\mathrm{P}} \leqslant n_{\mathrm{C}}$:

(2.1) $q = 1/2$ 且 $\pi \in (0, 1)$;

(2.2) $q > 1/2$, $p > 1/2$ 且 $\pi \in (0, 1-q) \cup (H(p, q), 1)$;

(2.3) $q < 1/2$, $p < 1/2$ 且 $\pi \in (0, 1-q) \cup (\min\{1, H(p, q)\}, 1)$;

(2.4) $q > 1/2$, $p < 1/2$ 且 $\pi \in (0, \max\{0, H(p, q)\}) \cup (1-q, 1)$;

(2.5) $q < 1/2$, $p > 1/2$ 且 $\pi \in (0, H(p, q)) \cup (1-q, 1)$,

其中, $H_{\mathrm{P}}(p, q)$ 由 (3.12) 式定义.

为了证明定理 3.1, 我们首先给出下述引理.

引理 3.1　令 $1/3 < p < 1$ 且 $p \neq 1/2$, $0 < q < 1$ 且 $q \neq 1/2$. 定义

$$H_{\mathrm{P}}(p, q) \doteq \frac{p - q + pq}{3p - 1}. \tag{3.12}$$

则有如下结论成立:

(1) 如果 $(2p-1)(2q-1) > 0$, 则 $1 - q < H_{\mathrm{P}}(p, q)$;

(2) 如果 $(2p-1)(2q-1) < 0$, 则 $1 - q > H_{\mathrm{P}}(p, q)$.

证明　(1) 若 $(2p-1)(2q-1) > 0$, 则有

$$2p - 1 - 2q(2p - 1) < 0$$

或

$$(1-q)(3p-1) < p - q + pq.$$

由于 $p > 1/3$, 即, $3p - 1 > 0$, 立即可得

$$1 - q < \frac{p - q + pq}{3p - 1} = H_{\mathrm{P}}(p, q).$$

情形 (2) 同理可证.   □

定理 3.1 的证明   由公式 (3.6) 和 (3.11) 可得

$$\frac{n_{\mathrm{P}}}{n_{\mathrm{C}}} = \left(\frac{2p-1}{p}\right)^2 \cdot \left[\frac{z_\alpha\sqrt{\lambda_0(1-\lambda_0)} + z_\beta\sqrt{\lambda_1(1-\lambda_1)}}{z_\alpha\sqrt{\gamma_0(1-\gamma_0)} + z_\beta\sqrt{\gamma_1(1-\gamma_1)}}\right]^2. \tag{3.13}$$

注意到当 $1/3 \leqslant p < 1$ 且 $p \neq 1/2$ 时, 总有

$$p^2 \geqslant (2p-1)^2,$$

即, (3.13) 式右边的第一个表达式总是小于或等于 1. 为了证明 $n_{\mathrm{P}} \leqslant n_{\mathrm{C}}$, 只需证明 $\lambda(1-\lambda) \leqslant \gamma(1-\gamma)$ 或其等价条件

$$\left[q(1-p) + \pi p\right]\left[(1-q)(1-p) + (1-\pi)p\right]$$
$$\leqslant \left[(1-\pi)(1-p) + \pi p\right]\left[(1-\pi)p + \pi(1-p)\right]. \tag{3.14}$$

化简可得, (3.14) 式与下式等价:

$$h_{\mathrm{C}}(\pi|p,q) \doteq (3p-1)\pi^2 + (1-4p+2pq)\pi + (1-q)(p-q+pq) \geqslant 0. \tag{3.15}$$

(1) 当 $p = 1/3$ 时, (3.15) 式可退化为

$$(2q-1)(q-1+\pi) \geqslant 0. \tag{3.16}$$

(1.1) 当 $q = 1/2$ 时, 对任意的 $\pi \in (0, 1)$, (3.16) 式总是成立;

(1.2) 当 $0 < q < 1/2$ 时, (3.16) 式等价于 $q < 1-\pi$. 因此, 对任意的 $0 < q < \min\{1/2, 1-\pi\}$ 和 $\pi \in (0,1)$, (3.16) 式总是成立;

(1.3) 当 $1/2 < q < 1$ 时, (3.16) 式等价于 $q > 1 - \pi$. 因此, 对任意的 $\max\{1/2, 1 - \pi\} < q < 1$ 和 $\pi \in (0, 1)$, (3.16) 式总是成立.

(2) 当 $1/3 < p < 1$ 且 $p \neq 1/2$ 时, 总有 $3p-1 > 0$. 由 (3.15) 式定义的二次函数 $h_{\mathrm{C}}(\pi|p,q)$ 的判别式为

$$\Delta_{\mathrm{C}} = (1-4p+2pq)^2 - 4(3p-1)(1-q)(p-q+pq)$$
$$= (2p-1)^2(2q-1)^2.$$

(2.1) 当 $q = 1/2$ 时, $\Delta_{\mathrm{C}} = 0$. 因此, $h_{\mathrm{C}}(\pi|p,q) \geqslant 0$, 即, (3.15) 式对所有的 $\pi \in (0, 1)$ 均成立.

若 $q \neq 1/2$, 则 $\Delta_{\mathrm{C}} > 0$. 因此, 对任意的 $\pi \in (0, \pi_{\mathrm{C,L}}) \cup (\pi_{\mathrm{C,U}}, 1)$, 总有 $h_{\mathrm{C}}(\pi|p,q) > 0$ 成立, 其中,

$$\pi_{\mathrm{C,L}} = \max\left\{0, \frac{-(1-4p+2pq) - |(2p-1)(2q-1)|}{2(3p-1)}\right\}, \tag{3.17}$$

$$\pi_{C,U} = \min\left\{1, \frac{-(1-4p+2pq)+|(2p-1)(2q-1)|}{2(3p-1)}\right\}. \tag{3.18}$$

(2.2) 当 $q > 1/2$ 且 $p > 1/2$ 时, 公式 (3.17) 和 (3.18) 可以分别简化为

$$\pi_{C,L} = \max\left\{0, \frac{-(1-4p+2pq)-(2p-1)(2q-1)}{2(3p-1)}\right\}$$
$$= \max\{0, 1-q\}$$
$$= 1-q$$

和

$$\pi_{C,U} = \min\left\{1, \frac{-(1-4p+2pq)+(2p-1)(2q-1)}{2(3p-1)}\right\}$$
$$= \min\left\{1, \frac{p-q+pq}{3p-1}\right\}$$
$$= \frac{p-q+pq}{3p-1}$$
$$\overset{(3.12)}{=\!=\!=} H_P(p,q), \tag{3.19}$$

其中, (3.19) 式的证明由下式给出:

$$\frac{1}{2} < p < 1 \quad \text{和} \quad q > 0$$
$$\Rightarrow q > 0 > \frac{1-2p}{1-p}$$
$$\Rightarrow q - pq > 1 - 2p$$
$$\Rightarrow 3p - 1 > p - q + pq$$
$$\Rightarrow 1 > \frac{p-q+pq}{3p-1}.$$

最后, 根据引理 3.1(1) 可得 $1-q < H_P(p,q)$, 即 $\pi_{C,L} < \pi_{C,U}$.

(2.3) 当 $q < 1/2$ 且 $p < 1/2$ 时, 公式 (3.17) 和 (3.18) 可分别表示为

$$\pi_{C,L} = 1-q \quad \text{和} \quad \pi_{C,U} = \min\{1, H_P(p,q)\},$$

但是, $\pi_{C,U}$ 不能被简化. 一方面, 根据引理 3.1(1), 有 $1-q < H_P(p,q)$. 另一方面, $1-q < 1$. 因此,

$$\pi_{C,L} = 1-q < \min\{1, H_P(p,q)\} = \pi_{C,U}.$$

(2.4) 当 $q > 1/2$ 且 $p < 1/2$ 时, 公式 (3.17) 和 (3.18) 可分别表示为

$$\pi_{C,L} = \max\{0, H_P(p,q)\} \quad \text{和} \quad \pi_{C,U} = 1-q,$$

但是, $\pi_{C,L}$ 不能被简化. 一方面, 根据引理 3.1(2), 有 $1-q > H_P(p,q)$. 另一方面, $1-q > 0$. 因此,

$$\pi_{C,L} = \max\{0, H_P(p,q)\} < 1-q = \pi_{C,U}.$$

(2.5) 当 $q < 1/2$ 且 $p > 1/2$ 时, 公式 (3.17) 和 (3.18) 可分别表示为

$$\pi_{\mathrm{C,L}} = \max\{0,\ H_{\mathrm{P}}(p,q)\} \quad \text{和} \quad \pi_{\mathrm{C,U}} = 1 - q,$$

此时, 由于

$$p > \frac{1}{2} > q > 0 \Rightarrow p - q > 0$$
$$\Rightarrow p - q + pq > 0$$
$$\Rightarrow \frac{p - q + pq}{3p - 1} > 0 \qquad (\text{当 } p > 1/3)$$
$$\Rightarrow H_{\mathrm{P}}(p,q) > 0,$$

故 $\pi_{\mathrm{C,L}} = H_{\mathrm{P}}(p,q)$ 成立. 一方面, 根据引理 3.1(2), 有 $1 - q > H_{\mathrm{P}}(p,q)$. 另一方面, $1 - q > 0$. 因此, $\pi_{\mathrm{C,L}} = \max\{0,\ H_{\mathrm{P}}(p,q)\} < 1 - q = \pi_{\mathrm{C,U}}$. $\qquad \square$

4. 小结

从理论结果与数值结果可以看出, 平行模型相对于十字交叉模型而言, 在所需样本容量上具有显著的优势. 此外, 有关样本容量的所有结果都是基于正态近似得到的. 一般而言, 模型设计所需样本容量足够大可以保证正态近似分布的成立. 另一方面, 与非随机化的十字交叉模型不同, 平行模型适用于 $p = 0.5$ 的情形, 该情形下受访者的隐私得到高度的保护. 综上所述, 平行模型不仅适用面更广, 对于受访者隐私保护更好且有效性更高、所需样本容量更少, 因此, 在实际的敏感性抽样调查中, 我们更推荐使用平行模型而非十字交叉模型.

3.2.4　平行模型与三角模型的样本容量比较

1. 三角模型样本容量确定

根据表 1.2, 我们可以定义一个伯努利随机变量 $Y_{\mathrm{T}}^{\mathrm{R}}$ 如下所示:

$$Y_{\mathrm{T}}^{\mathrm{R}} = \begin{cases} 1, & \text{如果三个 } \square \text{ 被连接,} \\ 0, & \text{如果 } \bigcirc \text{ 被选择,} \end{cases}$$

其中, 脚标 "T" 表示三角模型. 因此, $Y_{\mathrm{T}}^{\mathrm{R}} = 1$ 和 $Y_{\mathrm{T}}^{\mathrm{R}} = 0$ 的概率分别为

$$\Pr\{Y_{\mathrm{T}}^{\mathrm{R}} = 1\} = (1 - \pi)p + \pi(1 - p) + \pi p$$

和

$$\Pr\{Y_{\mathrm{T}}^{\mathrm{R}} = 0\} = (1 - \pi)(1 - p).$$

令 $Y_{\mathrm{obs}} = \{y_{\mathrm{T},i}^{\mathrm{R}} : i = 1, \cdots, n\}$ 表示 n 个受访者的答案所构成的观测数据, 则由 (1.3) 式定义的 π 的极大似然估计及其方差可以改写为

$$\hat{\pi}_{\mathrm{T}} = \frac{\bar{y}_{\mathrm{T}}^{\mathrm{R}} - p}{1 - p} \quad \text{和} \quad \mathrm{Var}(\hat{\pi}_{\mathrm{T}}) = \frac{\delta(1 - \delta)}{n(1 - p)^2}, \tag{3.20}$$

其中,

$$\bar{y}_{\mathrm{T}}^{\mathrm{R}} = \frac{1}{n} \sum_{i=1}^{n} y_{\mathrm{T},i}^{\mathrm{R}}, \quad \delta \hat{=} \pi + (1 - \pi)p.$$

为了得到三角模型的样本容量计算公式, 我们考虑由 (3.3) 式定义的单边检验. 类似公式 (3.5) 和 (3.6), 有

$$\text{Power}(\pi_1) \approx \Phi\left(\frac{\sqrt{n}(\pi_0 - \pi_1)(1-p) - z_\alpha\sqrt{\delta_0(1-\delta_0)}}{\sqrt{\delta_1(1-\delta_1)}}\right)$$

和

$$n_{\text{T}} = \left[\frac{z_\alpha\sqrt{\delta_0(1-\delta_0)} + z_\beta\sqrt{\delta_1(1-\delta_1)}}{(\pi_0 - \pi_1)(1-p)}\right]^2, \tag{3.21}$$

其中, $\delta_i \doteq \pi_i + (1-\pi_i)p$, $i = 0, 1$ 且 $\pi_1 < \pi_0$.

2. 数值比较

在表 3.3 中, 我们在区间 $[0.48, 0.72]$ 中选择若干 p 并报告显著性水平为 5% 且检验功效为 80% 时检验 H_0: $\pi = \pi_0$ V.S. H_1: $\pi = \pi_1 < \pi_0$ 的样本比 $n_{\text{T}}/n_{\text{P}}$. 根据表 3.3, 我们可以看到, 当 $p < 0.50$ 时, 平行模型与三角模型所需样本容量差异并不显著; 当 $p > 0.50$ 时, 随着 p 的增加, 平行模型与三角模型所需样本容量之间差异逐渐变大, 且平行模型更加有效. 此外, 当 $0.54 \leqslant p \leqslant 0.66$(此时, 对于两个模型而言受访者的隐私均得到较好的保护), 平行模型的效率为三角模型的 1~6 倍. 特别地, 当 $p = 0.58 \approx 7/12$ 和 0.72 时, 平行模型的效率分别为三角模型的 1~3 倍和 3~10 倍.

3. 理论比较

上述观测结果由如下理论结果支撑. 下述定理 3.2 给出了平行模型优于三角模型的条件.

定理 3.2　令 $\pi, p, q \in (0, 1)$. 对于平行模型和三角模型, 则有

(1) 当 $p = 1/2$ 时, 对任意的 $q \in (0, 1-2\pi]$ 和 $\pi \in (0, 1/2)$, 平行模型所需样本容量总是少于三角模型, 即, $n_{\text{P}} \leqslant n_{\text{T}}$.

(2) 当 $1/2 < p < 1$ 时, 对任意的 $q \in (0, 1)$ 和 $0 < \pi < (1-p)(1-q)$, 平行模型所需样本容量总是少于三角模型, 即, $n_{\text{P}} \leqslant n_{\text{T}}$.

证明　根据公式 (3.6) 和 (3.21), 有

$$\frac{n_{\text{P}}}{n_{\text{T}}} = \left(\frac{1-p}{p}\right)^2 \cdot \left(\frac{z_\alpha\sqrt{\lambda_0(1-\lambda_0)} + z_\beta\sqrt{\lambda_1(1-\lambda_1)}}{z_\alpha\sqrt{\delta_0(1-\delta_0)} + z_\beta\sqrt{\delta_1(1-\delta_1)}}\right)^2. \tag{3.22}$$

由于 $1/2 \leqslant p < 1$ 时, 总有

$$p^2 \geqslant (1-p)^2,$$

即, (3.22) 式左边的第一个表达式总是小于或等于 1. 为了证明 $n_{\text{P}} \leqslant n_{\text{T}}$, 只需证明 $\lambda(1-\lambda) \leqslant \delta(1-\delta)$ 或其等价条件:

$$\left[q(1-p) + \pi p\right]\left[(1-q)(1-p) + (1-\pi)p\right] \leqslant \left[\pi + (1-\pi)p\right](1-\pi)(1-p). \tag{3.23}$$

表 3.3 显著性水平为 5% 且检验功效为 80% 时检验 H_0: $\pi = \pi_0$ V.S. H_1: $\pi = \pi_1 < \pi_0$ 的样本比 $n_{\mathrm{T}}/n_{\mathrm{P}}$

π_0	π_1	q	p							
			0.48	0.50	0.54	0.58	0.62	0.66	0.70	0.72
	0.40		0.71	0.82	1.06	1.37	1.77	2.30	2.99	3.44
0.50	0.35	1/3	0.73	0.84	1.09	1.42	1.83	2.37	3.10	3.55
	0.30		0.75	0.86	1.12	1.46	1.89	2.46	3.21	3.69
	0.35		0.81	0.93	1.22	1.59	2.06	2.69	3.53	4.06
0.40	0.30	1/3	0.83	0.95	1.25	1.63	2.13	2.79	3.67	4.21
	0.25		0.85	0.98	1.28	1.68	2.21	2.89	3.79	4.38
	0.25		0.93	1.08	1.43	1.90	2.50	3.31	4.40	5.08
0.30	0.20	1/3	0.96	1.11	1.48	1.96	2.60	3.45	4.58	5.31
	0.18		0.96	1.12	1.50	1.99	2.63	3.51	4.68	5.42
	0.16		1.07	1.25	1.70	2.30	3.10	4.18	5.67	6.62
0.20	0.13	1/3	1.09	1.28	1.74	2.35	3.18	4.30	5.86	6.86
	0.10		1.11	1.30	1.77	2.42	3.27	4.45	6.07	7.12
	0.08		1.25	1.48	2.07	2.88	4.00	5.57	7.82	9.30
0.10	0.06	1/3	1.26	1.50	2.10	2.93	4.09	5.72	8.05	9.60
	0.04		1.28	1.52	2.13	2.99	4.19	5.87	8.31	9.93
	0.40		0.68	0.78	1.02	1.33	1.73	2.25	2.94	3.37
0.50	0.35	1/2	0.70	0.80	1.04	1.36	1.77	2.31	3.01	3.47
	0.30		0.71	0.82	1.07	1.40	1.82	2.38	3.13	3.59
	0.35		0.75	0.87	1.14	1.49	1.95	2.56	3.38	3.89
0.40	0.30	1/2	0.76	0.88	1.16	1.53	2.01	2.63	3.49	4.02
	0.25		0.78	0.90	1.19	1.56	2.05	2.72	3.59	4.17
	0.25		0.83	0.97	1.29	1.71	2.28	3.03	4.05	4.71
0.30	0.20	1/2	0.85	0.98	1.32	1.76	2.34	3.13	4.19	4.89
	0.18		0.85	0.99	1.33	1.78	2.37	3.17	4.26	4.97
	0.16		0.91	1.07	1.46	1.98	2.68	3.64	4.98	5.85
0.20	0.13	1/2	0.92	1.08	1.48	2.01	2.73	3.72	5.11	6.01
	0.10		0.93	1.09	1.50	2.05	2.79	3.81	5.25	6.18
	0.08		1.00	1.19	1.66	2.31	3.22	4.52	6.38	7.63
0.10	0.06	1/2	1.01	1.20	1.68	2.34	3.28	4.60	6.52	7.81
	0.04		1.01	1.21	1.70	2.37	3.33	4.69	6.68	8.01
	0.40		0.70	0.80	1.03	1.34	1.74	2.25	2.94	3.37
0.50	0.35	2/3	0.71	0.81	1.05	1.37	1.77	2.31	3.01	3.45
	0.30		0.72	0.82	1.07	1.39	1.82	2.35	3.09	3.54
	0.35		0.75	0.86	1.12	1.46	1.91	2.50	3.30	3.80
0.40	0.30	2/3	0.75	0.87	1.14	1.49	1.95	2.56	3.38	3.91
	0.25		0.76	0.88	1.15	1.52	1.99	2.62	3.46	4.01
	0.25		0.80	0.92	1.23	1.63	2.15	2.86	3.84	4.46
0.30	0.20	2/3	0.81	0.93	1.24	1.65	2.21	2.94	3.95	4.61
	0.18		0.81	0.94	1.25	1.67	2.22	2.97	4.00	4.66
	0.16		0.85	0.99	1.34	1.81	2.44	3.32	4.54	5.34
0.20	0.13	2/3	0.85	0.99	1.35	1.83	2.48	3.37	4.64	5.45
	0.10		0.86	1.00	1.36	1.85	2.52	3.43	4.73	5.60
	0.08		0.89	1.05	1.46	2.02	2.81	3.92	5.53	6.62
0.10	0.06	2/3	0.89	1.06	1.47	2.04	2.84	3.91	5.63	6.74
	0.04		0.90	1.06	1.48	2.06	2.87	4.03	5.73	6.87

化简可得, (3.23) 式与下式等价:

$$h_{\mathrm{T}}(\pi|p,q) \hat{=} (2p-1)\pi^2 + [1-2p-2p(1-p)(1-q)]\pi + (1-p)(1-q)(p-q+pq) \geqslant 0. \quad (3.24)$$

(1) 当 $p = 1/2$ 时, (3.24) 式可退化为

$$(1-q)(-2\pi+1-q)/4 \geqslant 0. \quad (3.25)$$

因此, 对任意的 $q \in (0, 1-2\pi]$ 和任意的 $\pi \in (0, 1/2)$, (3.25) 式总是成立.

(2) 当 $1/2 < p < 1$ 时, 总有 $2p-1 > 0$. 由 (3.24) 式定义的二次函数 $h_{\mathrm{T}}(\pi|p,q)$ 的判别式为

$$\Delta_{\mathrm{T}} = [(1-2p)-2p(1-p)(1-q)]^2 - 4(2p-1)(1-p)(1-q)(p-q+pq)$$
$$= [p^2 + (1-p)^2(1-2q)]^2.$$

由于

$$\frac{1}{2} < p < 1 \quad \text{和} \quad q < 1$$
$$\Rightarrow p^2 > (1-p)^2 \quad \text{和} \quad q < 1$$
$$\Rightarrow \frac{p^2+(1-p)^2}{2(1-p)^2} > 1 > q$$
$$\Rightarrow p^2+(1-p)^2 > 2q(1-p)^2$$
$$\Rightarrow p^2+(1-p)^2(1-2q) > 0.$$

可得 $p^2 + (1-p)^2(1-2q) > 0$. 换句话说, 对任意的 $q \in (0,1)$, 总有 $\Delta_{\mathrm{T}} > 0$. 因此, 对任意的 $q \in (0,1)$ 和 $\pi \in (0, \pi_{\mathrm{T,L}}) \cup (\pi_{\mathrm{T,U}}, 1)$, 总有 $h_{\mathrm{T}}(\pi|p,q) > 0$ 成立, 其中

$$\pi_{\mathrm{T,L}} = \max\left\{0, \frac{-[1-2p-2p(1-p)(1-q)]-p^2-(1-p)^2(1-2q)}{2(2p-1)}\right\}$$
$$= \max\{0, (1-p)(1-q)\}$$
$$= (1-p)(1-q) < 1,$$

$$\pi_{\mathrm{T,U}} = \min\left\{1, \frac{-[1-2p-2p(1-p)(1-q)]+p^2+(1-p)^2(1-2q)}{2(2p-1)}\right\}$$
$$= \min\left\{1, \frac{p-q+pq}{2p-1}\right\}.$$

下面, 我们证明 $\pi_{\mathrm{T,U}} = 1$. 由

$$\frac{1}{2} < p < 1 \quad \text{和} \quad q < 1$$
$$\Rightarrow 2p-1 > 0 \quad \text{和} \quad (1-p)(1-q) > 0$$
$$\Rightarrow 2p-1 > 0 \quad \text{和} \quad 2p-1 < p-q+pq$$
$$\Rightarrow 1 < \frac{p-q+pq}{2p-1},$$

可知: $\pi_{\mathrm{T,U}} = 1$. 综上所述, 对任意的 $q \in (0,1)$ 和 $0 < \pi < (1-p)(1-q)$, 总有 $h_{\mathrm{T}}(\pi|p,q) > 0$ 成立. $\qquad\square$

4. 小结

从理论结果与数值结果可以看出, 平行模型相对于三角模型而言, 在所需样本容量上具有一定的优势. 此外, 有关样本容量的所有结果都是基于正态近似得到的. 一般而言, 模型设计所需样本容量足够大可以保证正态近似分布的成立. 更重要的是, 平行模型在 $\{Y = 0\}$ 和 $\{Y = 1\}$ 均敏感的情形下 (见表 1.6) 仍然适用, 而三角模型则要求 $\{Y = 0\}$ 必须是非敏感类别. 因此, 在实际的敏感性抽样调查中, 在适当的条件下, 我们更推荐使用平行模型而非三角模型.

3.2.5　两样本情况下的样本容量确定

本节, 我们考虑分别在两个总体 (编号为 $k = 1, 2$) 中利用平行模型进行敏感信息收集, 目的在于确定为了比较两个总体中受访者具有敏感特征的比例 (π_k) 以及各自所需的样本容量. 对于给定的第 k 个总体, 定义 $Y_{\mathrm{P}k}^{\mathrm{R}}$ 如下所示:

$$Y_{\mathrm{P}k}^{\mathrm{R}} = \begin{cases} 1, & \text{如果第 } k \text{ 个总体中受访者连接两个 } \square, \\ 0, & \text{如果第 } k \text{ 个总体中受访者连接两个 } \bigcirc. \end{cases}$$

令 π_k 表示第 $k(k = 1, 2)$ 个总体中具有敏感特征的个体在整个调查群体中所占比例, 则有

$$\Pr\{Y_{\mathrm{P}k}^{\mathrm{R}} = 1\} = q_k(1 - p_k) + \pi_k p_k$$

和

$$\Pr\{Y_{\mathrm{P}k}^{\mathrm{R}} = 0\} = (1 - q_k)(1 - p_k) + (1 - \pi_k)p_k,$$

其中, $p_k = \Pr\{W_k = 1\}$ 且 $q_k = \Pr\{U_k = 1\}$ $(k = 1, 2)$ 已知, 但 p_1 和 p_2 及 q_1 和 q_2 并不要求相等.

假设共有 $n_1 + n_2$ 名受访者作出有效回答, 其中, n_1 表示第一个总体中作出回答的人数而 n_2 表示第二个总体中作出回答的人数. 令 $Y_{\mathrm{obs}} = \{y_{\mathrm{P}k,j}^{\mathrm{R}}: \; j = 1, \cdots, n_k; \; k = 1, 2\}$ 表示观测数据, 则 π_1 和 π_2 的观测数据似然函数为

$$\begin{aligned}
&L(\pi_1, \pi_2 | Y_{\mathrm{obs}}) \\
&= \prod_{k=1}^{2} \prod_{j=1}^{n_k} \left[q_k(1 - p_k) + \pi_k p_k \right]^{y_{\mathrm{P}k,j}^{\mathrm{R}}} \left[(1 - q_k)(1 - p_k) + (1 - \pi_k)p_k \right]^{1 - y_{\mathrm{P}k,j}^{\mathrm{R}}} \\
&= \prod_{k=1}^{2} \left[q_k(1 - p_k) + \pi_k p_k \right]^{n_k \bar{y}_{\mathrm{P}k}^{\mathrm{R}}} \left[(1 - q_k)(1 - p_k) + (1 - \pi_k)p_k \right]^{n_k(1 - \bar{y}_{\mathrm{P}k}^{\mathrm{R}})},
\end{aligned}$$

其中, $\bar{y}_{\mathrm{P}k}^{\mathrm{R}} = (1/n_k) \sum_{j=1}^{n_k} y_{\mathrm{P}k,j}^{\mathrm{R}}$ 表示第 k 个总体中连接两个 $\square$ 的受访者平均人数. 则, π_k 的极大似然估计及相应的方差分别为

$$\hat{\pi}_{\mathrm{P}k} = \frac{\bar{y}_{\mathrm{P}k}^{\mathrm{R}} - q_k(1 - p_k)}{p_k} \quad \text{和} \quad \mathrm{Var}(\hat{\pi}_{\mathrm{P}k}) = \frac{\lambda_k(1 - \lambda_k)}{n_k p_k^2},$$

其中, $\lambda_k \doteq q_k(1-p_k) + \pi_k p_k$. 因此,

$$\widehat{\mathrm{Var}}(\hat{\pi}_{\mathrm{P}k}) = \frac{\bar{y}_{\mathrm{P}k}^{\mathrm{R}}(1-\bar{y}_{\mathrm{P}k}^{\mathrm{R}})}{n_k p_k^2}$$

为方差 $\mathrm{Var}(\hat{\pi}_{\mathrm{P}k})$ 的极大似然估计.

现在, 我们考虑下式定义的双边检验:

$$H_0: \pi_1 = \pi_2 \quad \mathrm{V.S.} \quad H_1: \pi_1 \neq \pi_2.$$

令 $\mathrm{se}_+ = \left[\sum_{k=1}^2 \mathrm{Var}(\hat{\pi}_{\mathrm{P}k})\right]^{1/2}$ 且 $\widehat{\mathrm{se}}_+ = \left[\sum_{k=1}^2 \widehat{\mathrm{Var}}(\hat{\pi}_{\mathrm{P}k})\right]^{1/2}$ 表示 se_+ 的极大似然估计. 如果下式成立:

$$\left|\frac{\hat{\pi}_1 - \hat{\pi}_2}{\widehat{\mathrm{se}}_+}\right| > z_{\alpha/2},$$

我们需在显著性水平 α 下拒绝原假设 H_0. 在备择假设 H_1(即, $\pi_1 - \pi_2 \neq 0$) 成立时, 双边检验的检验功效近似为

$$\Phi\left(\frac{|\pi_1 - \pi_2| - z_{\alpha/2} \cdot \widehat{\mathrm{se}}_+}{\mathrm{se}_+}\right),$$

更进一步, 该功效函数可近似表示为 (Chow et al., 2003)

$$\Phi\left(\frac{|\pi_1 - \pi_2|}{\mathrm{se}_+} - z_{\alpha/2}\right).$$

因此, 为了达到给定的功效水平 $1-\beta$, 我们只需求解下述等式:

$$\frac{|\pi_1 - \pi_2|}{\mathrm{se}_+} - z_{\alpha/2} = z_\beta. \tag{3.26}$$

令 $\rho = n_1/n_2$ 已知, 则, 根据 (3.26) 式, 有

$$n_1 = \rho n_2 \tag{3.27}$$

和

$$n_2 = \frac{(z_{\alpha/2} + z_\beta)^2}{(\pi_1 - \pi_2)^2}\left[\frac{\lambda_1(1-\lambda_1)}{\rho p_1^2} + \frac{\lambda_2(1-\lambda_2)}{p_2^2}\right]. \tag{3.28}$$

3.2.6 案例分析

Monto (2001) 报告了一项关于性行为的调查研究, 我们选取其中的一个数据子集, 即所有受访者为三个城市 ——S 市、L 市和 P 市中逮捕的准备进行非法性交易的男性. 在这项调查中, 共有 343 名受访者的受教育水平是高中及以下, 另外 927 名受访者的受教育水平是本科及以上. 此外, 该调查数据中有 593 名受访者至多有 1 个性伴侣而其他 668 名受访者至少有 2 个性伴侣. 该研究试图了解在整个目标群体中拥有多于 1 个性伴侣的人数所占比例大小.

我们首先定义 W 表示受访者的生日, 如果该受访者的生日在 5 月~12 月, 则 $W = 1$, 否则, $W = 0$. 另一方面, 定义 U 表示受访者的受教育水平, 如果该受访者的受教育水平在大

学及以上, 则 $U = 1$, 否则, $U = 0$. 因此, $p = \Pr(W = 1) \approx 8/12 = 2/3$ 且 $q = \Pr(U = 1) = 927/(343 + 927) \approx 0.73$. 最后, 我们定义 Y 表示受访者的性伴侣个数, 如果该受访者拥有 2 个及以上的性伴侣, 则 $Y = 1$, 否则, $Y = 0$. 根据 2.2.11 节的讨论, U 和 Y 之间不存在相关性, 此处为了说明本节所提出的样本容量确定的方法, 我们仍然假定 W, U 和 Y 相互独立. 根据 $q \approx 0.73$, 修正样本观测数据如表 2.7 所示, 其中, 340 名受访者的受教育水平是高中及以下, 另外 927 名受访者的受教育水平是本科及以上; 另一方面, 593 名受访者至多有 1 个性伴侣而其他 668 名受访者至少有 2 个性伴侣.

修正观测数据如表 2.7 所示. 由于 $p = 2/3$ 且 $q = 0.73$, 如果用平行模型进行该调查, 将有 752 位受访者连接两个 □, 即

$$n\bar{y}_{\mathrm{P}}^{\mathrm{R}} = \sum_{i=1}^{n} y_{\mathrm{P},i}^{\mathrm{R}} = 921 \times (1 - p) + 668 \times p \approx 752,$$

而 509 位受访者连接两个 ○, 即

$$n - n\bar{y}_{\mathrm{P}}^{\mathrm{R}} = 340 \times (1 - p) + 593 \times p \approx 509, \quad n = 1261.$$

如果采用十字交叉模型, 将有 643 位受访者连接两个 □, 即

$$n\bar{y}_{\mathrm{C}}^{\mathrm{R}} = \sum_{i=1}^{n} y_{\mathrm{C},i}^{\mathrm{R}} = 593 \times (1 - p) + 668 \times p \approx 643,$$

而 618 位受访者连接两个 ○, 即

$$n - n\bar{y}_{\mathrm{C}}^{\mathrm{R}} = 593 \times p + 668 \times (1 - p) \approx 618, \quad n = 1261.$$

最后, 如果采用三角模型, 将有 1063 名受访者连接三个 □, 即

$$n\bar{y}_{\mathrm{T}}^{\mathrm{R}} = \sum_{i=1}^{n} y_{\mathrm{T},i}^{\mathrm{R}} = 593 \times p + 668 = 1063.$$

而 198 名受访者选择 ○, 即

$$n - n\bar{y}_{\mathrm{P}}^{\mathrm{R}} = 593 \times (1 - p) \approx 198, \quad n = 1261.$$

表 3.4 给出了由公式 (3.1)、(3.10) 和 (3.20) 定义的三种模型下针对性行为数据 π 的极大似然估计, 估计的标准误差以及 π 的 95% 的置信区间. 由表 3.4 可知, 尽管三种模型下得到的 π 的极大似然估计非常接近, 但由平行模型所得到的 π 的置信水平为 95% 的置信区间显著小于由十字交叉模型以及三角模型得到的置信区间, 也即, 由平行模型所得到的 π 的置信区间较其他两种非随机化模型而言更为精确.

表 3.4 三种模型下针对性行为数据的 π 的极大似然估计、估计的标准误差以及 π 的 95% 的置信区间

模型	$\hat{\pi}$	$\widehat{\mathrm{se}}(\hat{\pi})$	π 的 95% 置信区间	95% 置信区间的长度
平行模型	0.53024	0.020729	[0.48961, 0.57087]	0.08126
十字交叉模型	0.52974	0.042233	[0.44696, 0.61251]	0.16555
三角模型	0.52895	0.030736	[0.46870, 0.58919]	0.12049

为了说明本节所提出的样本容量确定的方法, 我们现在考虑在 5% 的显著性水平以及 80% 的检验功效下根据单边检验:

$$H_0: \pi = \pi_0 = 0.65 \quad \text{V.S.} \quad H_1: \pi = \pi_1 = 0.55 < \pi_0$$

确定平行模型、十字交叉模型以及三角模型分别所需样本容量. 根据公式 (3.6)、(3.11) 和 (3.21), 平行模型、十字交叉模型以及三角模型所需样本容量分别为 $n_{\mathrm{P}} = 314$, $n_{\mathrm{C}} = 1382$ 和 $n_{\mathrm{T}} = 618$. 可以看到, 在相同的检验功效下, 平行模型所需样本容量不超过十字交叉模型和三角模型, 特别是显著小于十字交叉模型所需样本容量.

最后, 为比较两个总体中性伴侣个数多于 1 个的人群所占比例是否相等, 我们估计在 5% 的显著性水平以及 80% 的检验功效下根据双边检验:

$$H_0: \pi_1 = \pi_2 \quad \text{V.S.} \quad H_1: \pi_1 \neq \pi_2$$

所确定的平行模型的样本容量. 假定两个总体中敏感特征的真实比例分别为 $\pi_1 = 0.35$ 和 $\pi_2 = 0.25$. 给定 $(p_1, q_1) = (0.55, 0.5)$ 和 $(p_2, q_2) = (0.6, 0.45)$, 当两个总体中所抽样本相等 (即, $\rho = 1$) 时, 由公式 (3.27) 和 (3.28) 可得平行模型所需样本大小为 $n_1 = n_2 = 2272$, 而十字交叉模型和三角模型所需样本容量分别为 $n_1 = n_2 = 49921$ (公式 (3.50) 和 (3.51)) 和 $n_1 = n_2 = 3740$ ((Tian et al., 2009) 中的公式 (5.2) 和 (5.3)). 可以看到, 为达到相同的检验效果, 平行模型所需样本容量不超过十字交叉模型和三角模型, 特别是显著小于十字交叉模型所需样本容量.

3.3 基于变体平行模型调查设计的样本容量确定

3.3.1 基于功效分析的样本计算公式

在变体平行模型中, 分类随机变量 $Y_{\mathrm{V}}^{\mathrm{R}}$ 由公式 (2.1) 定义. 因此, $Y_{\mathrm{V}}^{\mathrm{R}} = -1$, $Y_{\mathrm{V}}^{\mathrm{R}} = 0$ 和 $Y_{\mathrm{V}}^{\mathrm{R}} = 1$ 的概率分别为

$$\Pr\{Y_{\mathrm{V}}^{\mathrm{R}} = -1\} = (1 - \theta)(1 - p),$$
$$\Pr\{Y_{\mathrm{V}}^{\mathrm{R}} = 0\} = (1 - \pi)p$$

和

$$\Pr\{Y_{\mathrm{V}}^{\mathrm{R}} = 1\} = \theta(1 - p) + \pi p.$$

令 $Y_{\mathrm{obs}} = \{y_{\mathrm{V},i}^{\mathrm{R}}: i = 1, \cdots, n\}$ 表示由 n 个受访者的答案所构成的观测数据, 则由 (2.5) 式定义的 π 的极大似然估计可以改写为

$$\hat{\pi}_{\mathrm{V}} = 1 - \frac{\sum_{i=1}^{n} I\left(y_{\mathrm{V},i}^{\mathrm{R}} = 0\right)}{np}, \tag{3.29}$$

其中, $I(\cdot)$ 为示性函数. 容易验证, $\hat{\pi}_{\mathrm{V}}$ 为 π 的一个无偏估计并且 $\hat{\pi}_{\mathrm{V}}$ 的方差可以表示为

$$\mathrm{Var}(\hat{\pi}_{\mathrm{V}}) = \frac{\lambda_2(1 - \lambda_2)}{np^2},$$

其中, $\lambda_2 \hat{=} (1-\pi)p$. 由中心极限定理可知, 当 $n \to \infty$ 时, $\hat{\pi}_{\mathrm{v}}$ 近似服从正态分布, 即

$$\frac{\hat{\pi}_{\mathrm{v}} - \pi}{\sqrt{\mathrm{Var}(\hat{\pi}_{\mathrm{v}})}} = \frac{n\hat{\pi}_{\mathrm{v}} - n\pi}{\sqrt{n\lambda_2(1-\lambda_2)/p}} \overset{.}{\sim} N(0,1). \tag{3.30}$$

1. 单边检验

为了检验敏感特征的总体比例 (π) 是否等于某一预设值 (π_0), 通常考虑下述单边检验:

$$H_0: \pi = \pi_0 \quad \text{V.S.} \quad H_1: \pi < \pi_0. \tag{3.31}$$

如果原假设 H_0 为真, 则, 根据 (3.30) 式有

$$\frac{n\hat{\pi}_{\mathrm{v}} - n\pi_0}{\sqrt{n\lambda_{20}(1-\lambda_{20})/p}} \overset{.}{\sim} N(0,1), \quad \text{当 } n \to \infty,$$

其中, $\lambda_{20} \hat{=} (1-\pi_0)p$. 令 z_α 表示标准正态分布的 α 上分位点, 当观测到下述事件发生时:

$$\mathbb{E}_{\mathrm{v}} = \left\{ n\hat{\pi}_{\mathrm{P}} \leqslant n\pi_0 - \frac{z_\alpha\sqrt{n\lambda_0(1-\lambda_0)}}{p} \right\}, \tag{3.32}$$

我们应当在显著性水平 α 下拒绝原假设 H_0. 如果备择假设 H_1 为真, 不失一般性, 我们可以假定 $\pi = \pi_1$, 其中 $\pi_1 < \pi_0$. 因此, 给定 π_1 时单边检验的功效可以由下式近似计算:

$$\begin{aligned}
\mathrm{Power}(\pi_1) &= \Pr\{拒绝 H_0 | \pi = \pi_1\} \\
&= \Pr\left\{ \frac{n\hat{\pi}_{\mathrm{P}} - E_{H_1}(n\hat{\pi}_{\mathrm{P}})}{\sqrt{\mathrm{Var}_{H_1}(n\hat{\pi}_{\mathrm{P}})}} \leqslant \frac{n\pi_0 - z_\alpha\sqrt{n\lambda_{20}(1-\lambda_{20})/p} - n\pi_1}{\sqrt{n\lambda_{21}(1-\lambda_{21})/p}} \right\} \\
&\approx \Phi\left(\frac{\sqrt{n}(\pi_0 - \pi_1)p - z_\alpha\sqrt{\lambda_{20}(1-\lambda_{20})}}{\sqrt{\lambda_{21}(1-\lambda_{21})}} \right),
\end{aligned} \tag{3.33}$$

其中, $\lambda_{21} \hat{=} (1-\pi_1)p$, $\Phi(\cdot)$ 表示标准正态分布的累积分布函数. 对于给定的检验功效 $1-\beta$, 变体平行模型所需样本大小 n_{v} 可通过求解下述方程得到:

$$\sqrt{n_{\mathrm{v}}}(\pi_0 - \pi_1)p - z_\alpha\sqrt{\lambda_{20}(1-\lambda_{20})} = z_\beta\sqrt{\lambda_{21}(1-\lambda_{21})},$$

即

$$n_{\mathrm{v}} = \left[\frac{z_\alpha\sqrt{\lambda_{20}(1-\lambda_{20})} + z_\beta\sqrt{\lambda_{21}(1-\lambda_{21})}}{(\pi_0 - \pi_1)p} \right]^2. \tag{3.34}$$

由于 $\lambda_2 \hat{=} (1-\pi)p$ 与未知非敏感参数 θ 无关, 故, n_{v} 仅依赖于 π 和 p 的取值, 而不依赖于 θ.

2. 双边检验

对于双边检验的情形, 其双边假设定义如下:

$$H_0: \pi = \pi_0 \quad \text{V.S.} \quad H_1: \pi \neq \pi_0.$$

给定显著性水平 α, 类似 3.2.1 节中关于双边检验的讨论, 我们仅考虑等尾的拒绝域. 由于检验功效、样本容量以及效应量之间的关系可由下式近似表述:

$$\mathrm{Power}(\pi_1) \approx \Phi\left(\frac{\sqrt{n}|\pi_0 - \pi_1|p - z_{\alpha/2}\sqrt{\lambda_{20}(1-\lambda_{20})}}{\sqrt{\lambda_{21}(1-\lambda_{21})}} \right).$$

双边检验中, 对于给定的检验功效 $1 - \beta$, 变体平行模型所需样本容量 $n_{\mathrm{V},2}$ 可由下式计算得到:

$$n_{\mathrm{V},2} = \left[\frac{z_{\alpha/2}\sqrt{\lambda_{20}(1 - \lambda_{20})} + z_{\beta}\sqrt{\lambda_{21}(1 - \lambda_{21})}}{(\pi_0 - \pi_1)p}\right]^2. \tag{3.35}$$

3.3.2　精确的检验功效与近似的检验功效的比较

单边检验的近似功效函数由 (3.33) 式定义. 为了得到单边检验的精确功效的计算公式, 我们定义一个新的随机变量 X_{V} 形如 $X_{\mathrm{V}} = \sum_{i=1}^{n} I\left(y_{V,i}^{\mathrm{R}} = 0\right)$, 则有, $X_{\mathrm{V}} \sim \mathrm{Binomial}(n, \lambda_2)$. 因此, 由 (3.32) 式定义的拒绝域可以改写为

$$\mathbb{E}_{\mathrm{V}} = \left\{X_{\mathrm{V}}\colon\ X_{\mathrm{V}} \geqslant n\lambda_{20} + z_{\alpha}\sqrt{n\lambda_{20}(1 - \lambda_{20})}\right\}.$$

对于任意给定的样本容量 n_{V}, π_1 处的精确检验功效由下式定义:

$$\mathrm{Exact\ power}\,(\pi_1) = \sum_{x \in \mathbb{E}_{\mathrm{V}}} \mathrm{Binomial}\,(x|n, (1 - \pi_1)p)$$

$$= \sum_{x \in \mathbb{E}_{\mathrm{V}}} \binom{n}{x} \lambda_{21}^{x}(1 - \lambda_{21})^{n-x}. \tag{3.36}$$

为了比较由 (3.33) 式定义的近似检验功效的准确性, 在给定 $p = q = 0.5$ 以及 $\alpha = 0.05$ 的情形下, 我们分别作出精确的检验功效 (由 (3.36) 式定义) 与近似的检验功效 (由 (3.33) 式定义) 在不同样本容量 n_{V} 以及 (π_0, π_1) 不同组合下的比较图. 图 3.2 显示, 由 (3.33) 式定义的近似检验功效从整体上看比由 (3.36) 式定义的精确检验功效略好, 而精确检验功效相对较为保守, 但二者之间的差异随着样本量的增加逐渐减小.

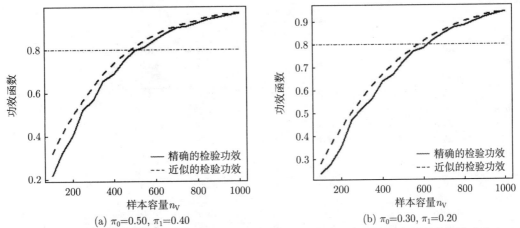

(a) $\pi_0=0.50$, $\pi_1=0.40$　　　　　　　　　(b) $\pi_0=0.30$, $\pi_1=0.20$

图 3.2　给定 $p = q = 0.5$ 以及 $\alpha = 0.05$, 精确的检验功效 (3.36) 式 (实线表示) 与近似的检验功效 (3.33) 式 (虚线表示) 在不同样本容量 n_{V} 以及 (π_0, π_1) 不同组合下的比较

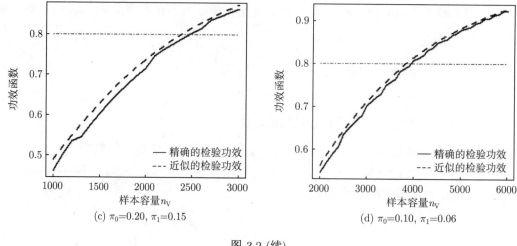

(c) $\pi_0=0.20$, $\pi_1=0.15$ (d) $\pi_0=0.10$, $\pi_1=0.06$

图 3.2 (续)

3.3.3 变体平行模型与直接问题模型所需样本容量的比较

对于给定的组合 (π_0,π_1), 注意到 n_V 为 p 的减函数. 显然, 当 $p=1$ 时, 平行模型退化为直接问题模型. 令 n_D 表示直接问题模型的所需的样本容量, 其中, n_D 由公式 (3.9) 给出. 给定 5% 的显著性水平以及 80% 的功效, 表 3.5 给出了 (π_0,π_1,p) 的不同组合下, 由 (3.34) 式计算得到的变体平行模型所需样本容量 n_V 以及相应的变体平行模型与直接问题模型所需样本容量之比, 即, n_V/n_D. 例如, 当 $(\pi_0,\pi_1,p)=(0.40,0.25,0.25)$ 时, 我们有 $n_V/n_D=5.05$, 意味着在单边检验中, 为了达到相同的检验功效, 变体平行模型所需样本容量为直接问题模型所需样本容量的 5 倍.

表 3.5 显著性水平为 5% 且检验功效为 80% 时检验 H_0: $\pi=\pi_0$ V.S. H_1: $\pi=\pi_1<\pi_0$ 的样本容量 n_V 以及样本比 n_V/n_D

π_0	π_1	$p=1.00$	$p=0.30$		$p=0.50$		$p=0.70$	
		n_D	n_V	n_V/n_D	n_V	n_V/n_D	n_V	n_V/n_D
	0.40	153	922	6.02	483	3.16	294	1.92
0.50	0.35	67	419	6.25	218	3.25	132	1.97
	0.30	37	241	6.51	125	3.38	75	2.03
	0.35	583	4143	7.11	2109	3.62	1237	2.12
0.40	0.30	142	1056	7.44	534	3.76	311	2.19
	0.25	61	478	7.84	240	3.93	138	2.26
	0.25	501	4637	9.26	2274	4.54	1261	2.52
0.30	0.20	119	1178	9.90	573	4.82	314	2.64
	0.18	81	823	10.16	399	4.93	218	2.69
	0.16	584	7920	13.56	3729	6.39	1932	3.31
0.20	0.13	181	2607	14.40	1222	6.75	628	3.47
	0.10	83	1287	15.51	600	7.23	306	3.69
	0.08	1303	34008	26.10	15321	11.76	7312	5.61
0.10	0.06	301	8541	28.38	3834	12.74	1817	6.04
	0.04	121	3813	31.51	1706	14.10	802	6.63

注: n_D 表示由 (3.9) 式所定义的直接问题模型的样本容量.

注 3.2 在表 3.5 的结果中, 我们将受访者的手机号尾号作为非敏感的二分类变量 W, 则, $p = 0.30, 0.50$ 和 0.70 分别代表受访者的手机号尾号为 $1 \sim 3, 1 \sim 5$ 和 $1 \sim 7$ 时 $W = 1$.

3.3.4 变体平行模型与十字交叉模型的样本容量比较

1. 数值比较

令 n_{c} 表示平行模型的所需的样本容量, 其中, n_{c} 由公式 (3.11) 给出. 直观来说, 当 $p = 0.5$ 时受访者的隐私达到最好的保护. 当 p 太小或太大时, 受访者的隐私都不能得到有效的保护. 因此, 调查者在进行问卷设计时应在一个适当范围内挑选合适的 p, 但注意避免在十字交叉模型中 $p = 0.5$, 以免造成 π 的极大似然估计不存在. 在表 3.6 中, 我们在区间 $[0.42, 0.5) \cup (0.5, 0.65]$ 中选择若干 p 并报告显著性水平为 5% 且检验功效为 80% 时检验 $H_0: \pi = \pi_0$ V.S. $H_1: \pi = \pi_1 < \pi_0$ 的样本比 $n_{\mathrm{c}}/n_{\mathrm{v}}$. 从表 3.6 的结果中, 我们可以看到, p 越接近 0.5, 变体平行模型比十字交叉模型越有效. 特别地, $p = 0.49$ 和 $p = 0.51$ 时, 变体平行模型的效率分别为十字交叉模型的 $606 \sim 779$ 倍和 $652 \sim 822$ 倍.

表 3.6 显著性水平为 5% 且检验功效为 80% 时检验 $H_0: \pi = \pi_0$ V.S. $H_1: \pi = \pi_1 < \pi_0$ 的样本比 $n_{\mathrm{c}}/n_{\mathrm{v}}$

π_0	π_1	p							
		0.42	0.45	0.49	0.51	0.55	0.58	0.6	0.65
	0.40	9.93	27.80	779.05	822.14	36.54	15.40	7.55	5.18
0.50	0.35	9.72	27.25	766.68	810.08	35.96	15.15	7.44	5.15
	0.30	9.54	26.83	754.70	798.36	35.44	15.08	7.35	5.10
	0.35	8.97	25.25	711.93	754.32	33.73	14.29	7.04	4.86
0.40	0.30	8.82	24.87	702.54	744.50	33.36	14.15	6.97	4.82
	0.25	8.69	24.51	692.46	737.04	32.99	14.01	6.93	4.78
	0.25	8.15	23.13	658.79	701.24	31.61	13.46	6.69	4.64
0.30	0.20	8.05	22.88	652.66	694.92	31.41	13.40	6.66	4.62
	0.18	8.00	22.78	651.25	693.32	31.31	13.36	6.66	4.61
	0.16	7.58	21.74	626.05	669.63	30.48	13.05	6.52	4.54
0.20	0.13	7.54	22.62	623.78	667.62	30.41	13.04	6.52	4.54
	0.10	7.49	21.52	622.13	666.10	30.35	13.03	6.52	4.55
	0.08	7.18	20.82	607.67	653.78	30.05	12.95	6.52	4.56
0.10	0.06	7.16	20.77	606.94	653.25	30.05	12.96	6.53	4.57
	0.04	7.13	20.72	606.25	652.71	30.06	12.97	6.54	4.58

注: n_{c} 表示由 (3.11) 式所定义的十字交叉模型的样本容量.

2. 理论比较

上述观测结果并不令人感到惊奇, 因为有如下理论结果支撑. 下述定理 3.3 给出了变体平行模型优于十字交叉模型的条件.

定理 3.3 令 $\pi, p, \theta \in (0, 1)$. 对于变体平行模型和十字交叉模型, 则有

(1) 当 $p = 1/3$ 时, 对任意的 $\pi, \theta \in (0, 1)$, 变体平行模型所需样本容量总是少于十字交叉模型, 即, $n_{\mathrm{v}} \leqslant n_{\mathrm{c}}$;

(2) 当 $1/3 < p < 1, p \neq 1/2, \theta \in (0, 1)$ 且下列条件之一满足时, 变体平行模型所需样本容量总是少于十字交叉模型, 即, $n_{\mathrm{v}} \leqslant n_{\mathrm{c}}$, 其中,

(2.1) $1/3 < p < 1/2$ 且 $\pi \in (0, 1)$;

(2.2) $p > 1/2$ 且 $\pi \in \left[\dfrac{2p-1}{3p-1}, 1\right)$.

证明　由公式 (3.34) 和 (3.11) 可得

$$\frac{n_{\mathrm{v}}}{n_{\mathrm{c}}} = \left(\frac{2p-1}{p}\right)^2 \cdot \left[\frac{z_\alpha \sqrt{\lambda_{20}(1-\lambda_{20})} + z_\beta \sqrt{\lambda_1(1-\lambda_1)}}{z_\alpha \sqrt{\gamma_0(1-\gamma_0)} + z_\beta \sqrt{\gamma_1(1-\gamma_1)}}\right]^2. \tag{3.37}$$

注意到当 $1/3 \leqslant p < 1$ 且 $p \neq 1/2$ 时, 总有

$$p^2 \geqslant (2p-1)^2,$$

即, (3.37) 式右边的第一个表达式总是小于或等于 1. 为了证明 $n_{\mathrm{v}} \leqslant n_{\mathrm{c}}$, 只需证明 $\lambda_2(1-\lambda_2) \leqslant \gamma(1-\gamma)$ 或其等价条件

$$\big[(1-\pi)p\big]\big[1-(1-\pi)p\big] \leqslant \big[(1-\pi)(1-p)+\pi p\big]\big[(1-\pi)p+\pi(1-p)\big]. \tag{3.38}$$

化简可得, (3.38) 式与下式等价:

$$g_{\mathrm{c}}(\pi|p) \hat{=} -(3p-1)(p-1)\pi^2 + (2p-1)(p-1)\pi \geqslant 0. \tag{3.39}$$

(1) 当 $p = 1/3$ 时, (3.39) 式退化为

$$\pi(2p-1)(p-1) \geqslant 0. \tag{3.40}$$

对任意的 $\pi \in (0, 1)$, (3.40) 式总是成立. 因此, 对任意的 $\pi \in (0, 1)$, (3.39) 式总是成立.

(2) 当 $1/3 < p < 1$ 且 $p \neq 1/2$ 时, 总有 $3p - 1 > 0$. 由 (3.39) 式定义的二次函数 $g_{\mathrm{c}}(\pi|p)$ 的两个根分别为 0 和 $(2p-1)/(3p-1)$.

(2.1) 当 $1/3 < p < 1/2$ 时, $(2p-1)/(3p-1) < 0$. 因此, 对任意的 $\pi, \theta \in (0, 1)$, (3.39) 式总是成立.

(2.2) 当 $1/2 < p < 1$ 时, $(2p-1)/(3p-1) > 0$. 因此, 对任意的 $\pi \in \left[\dfrac{2p-1}{3p-1}, 1\right)$, $\theta \in (0, 1)$, (3.39) 式总是成立. □

3. 小结

从理论结果与数值结果可以看出, 变体平行模型相对于十字交叉模型而言, 在所需样本容量上具有显著的优势, 且 p 越靠近 0.5(此时, 受访者的隐私得到最好的保护, 但十字交叉模型在该点处失效), 该优势越显著. 因此, 在实际的敏感性抽样调查中, 我们更推荐使用变体平行模型.

3.3.5　变体平行模型与三角模型的样本容量比较

1. 数值比较

令 n_T 表示三角模型的所需的样本容量, 其中, n_T 由公式 (3.21) 给出. 在表 3.7 中, 我们在区间 $[0.50, 0.78]$ 中选择若干 p 并报告显著性水平为 5% 且检验功效为 80% 时检验 $H_0: \pi = \pi_0$ V.S. $H_1: \pi = \pi_1 < \pi_0$ 的样本比 $n_\mathrm{T}/n_\mathrm{V}$. 根据表 3.7 中结果所示, 我们可以看到, 随着 π 的减小, 三角模型所需样本容量与变体平行模型所需样本容量的比值逐渐增加; 当 $p = 0.50$(受访者隐私得到最好的保护) 时, 两个模型所需样本容量相同, 而随着 p 的增加, 三角模型所需样本容量与变体平行模型所需样本容量的比值逐渐增加. 另一方面, 当 $0.54 \leqslant p \leqslant 0.66$(此时, 对于两个模型而言受访者的隐私均得到较好的保护) 时, 变体平行模型的效率分别为三角模型的 1~4 倍. 特别地, 当 $p = 0.58$ 和 0.78 时, 变体平行模型的效率分别为三角模型的 1~2 倍和 5~10 倍.

表 3.7　显著性水平为 5% 且检验功效为 80% 时检验 $H_0: \pi = \pi_0$　V.S.　$H_1: \pi = \pi_1 < \pi_0$ 的样本比 $n_\mathrm{T}/n_\mathrm{V}$

π_0	π_1	p							
		0.50	0.54	0.58	0.62	0.66	0.70	0.74	0.78
	0.40	1	1.24	1.55	1.95	2.46	3.14	4.06	5.37
0.50	0.35	1	1.24	1.56	1.96	2.48	3.17	4.13	5.47
	0.30	1	1.25	1.58	1.98	2.52	3.21	4.21	5.58
	0.35	1	1.26	1.59	2.02	2.59	3.35	4.40	5.91
0.40	0.30	1	1.26	1.60	2.04	2.63	3.40	4.49	6.05
	0.25	1	1.26	1.61	2.06	2.65	3.46	4.59	6.20
	0.25	1	1.28	1.65	2.14	2.79	3.68	4.93	6.78
0.30	0.20	1	1.29	1.67	2.16	2.82	3.75	5.05	6.96
	0.18	1	1.29	1.67	2.17	2.85	3.78	5.11	7.06
	0.16	1	1.31	1.72	2.27	3.03	4.10	5.64	7.97
0.20	0.13	1	1.31	1.73	2.29	3.06	4.15	5.74	8.14
	0.10	1	1.32	1.74	2.31	3.10	4.21	5.83	8.31
	0.08	1	1.34	1.80	2.44	3.34	4.65	6.61	9.70
0.10	0.06	1	1.34	1.81	2.46	3.37	4.70	6.70	9.86
	0.04	1	1.35	1.82	2.47	3.40	4.75	6.80	10.03

注: n_T 表示由 (3.21) 式所定义的三角模型的样本容量.

2. 理论比较

上述观测结果由如下理论结果支撑. 下述定理 3.4 给出了变体平行模型优于平行模型的条件.

定理 3.4　令 $\pi, p, \theta \in (0, 1)$. 对于变体平行模型和三角模型, 则, 对任意的 $\pi, \theta \in (0, 1)$, 当 $p \geqslant 1/2$ 时, 变体平行模型所需样本容量总是少于三角模型.

证明　由公式 (3.34) 和 (3.21) 可得

$$\frac{n_{\mathrm{V}}}{n_{\mathrm{T}}} = \left(\frac{1-p}{p}\right)^2 \cdot \left[\frac{z_\alpha \sqrt{\lambda_{20}(1-\lambda_{20})} + z_\beta \sqrt{\lambda_1(1-\lambda_1)}}{z_\alpha \sqrt{\delta_0(1-\delta_0)} + z_\beta \sqrt{\delta_1(1-\delta_1)}}\right]^2. \tag{3.41}$$

注意到当 $p \geqslant 1/2$ 时, 总有

$$p^2 \geqslant (1-p)^2,$$

即, (3.41) 式右边的第一个表达式总是小于或等于 1. 为了证明 $n_{\mathrm{V}} \leqslant n_{\mathrm{T}}$, 只需证明 $\lambda_2(1-\lambda_2) \leqslant \delta(1-\delta)$ 或其等价条件

$$\left[(1-\pi)p\right]\left[1-(1-\pi)p\right] \leqslant \left[\pi+(1-\pi)p\right](1-\pi)(1-p). \tag{3.42}$$

化简可得, (3.42) 式与下式等价:

$$(2p-1)\pi(1-\pi) \geqslant 0. \tag{3.43}$$

对任意的 $\pi, \theta \in (0, 1)$, 当 $p \geqslant 1/2$ 时, (3.43) 式总是成立. □

3. 小结

从理论结果与数值结果可以看出, 变体平行模型相对于三角模型而言, 当非敏感参数 $p > 0.5$ 时, 在所需样本容量上具有的优势随 p 的增加而逐渐显著. 除此以外, 变体平行模型的调查设计较三角模型在保护受访者隐私方面的表现更加优秀. 因此, 在实际的敏感性抽样调查中, 在一定条件下我们更推荐使用变体平行模型.

3.3.6 变体平行模型与平行模型的样本容量比较

1. 数值比较

令 n_{P} 表示平行模型的所需的样本容量, 其中, n_{P} 由公式 (3.6) 给出. 直观来说, 当 $p = 0.5$ 时受访者的隐私达到最好的保护. 当 p 太小或太大时, 受访者的隐私都不能得到有效的保护. 因此, 调查者在进行问卷设计时应在一个适当范围内挑选合适的 p. 在表 3.8 中, 我们在区间 $[0.30, 0.70]$ 中选择若干 p, 同时将受访者母亲的生日作为使用平行模型下的另一个非敏感的二分类变量 U, $q = 1/3$, $1/2$ 和 $2/3$ 分别代表受访者的母亲出生于每月的 1~10 日、1~15 日以及 1~20 日时 $U = 1$. 报告显著性水平为 5% 且检验功效为 80% 时检验 H_0: $\pi = \pi_0$ V.S. H_1: $\pi = \pi_1 < \pi_0$ 的样本比 $n_{\mathrm{C}}/n_{\mathrm{V}}$. 从表 3.8 中所示结果, 我们可以看到变体平行模型与平行模型所需样本容量的差异并不是特别显著. 当 $\pi_0 = 0.90$, $\pi_1 = 0.80$, $p = 0.45$, $q = 1/3$ 时, 平行模型所需样本容量约为变体平行模型所需样本容量的 5 倍; 当 $\pi_0 = 0.30$, $\pi_1 = 0.15$, $p = q = 1/2$ 时, 平行模型所需样本容量与变体平行模型所需样本容量几乎相等; 而当 $\pi_0 = 0.10$, $\pi_1 = 0.04$, $p = 0.70$, $q = 1/3$ 时, 变体平行模型所需样本容量约为平行模型所需样本容量的 2 倍. 此外, 表 3.8 显示, 平行模型所需样本容量与变体平行模型所需样本容量之比为 p 和 π 的减函数; 当 $\pi > 0.5$ 时, 平行模型所需样本容量与变体平行模型所需样本容量之比随着 q 的增加而减小, 但是当 $\pi \leqslant 0.5$ 时, 该比值随着 q 的增加而增大.

表 3.8 显著性水平为 5% 且检验功效为 80% 时检验 $H_0: \pi = \pi_0$ V.S. $H_1: \pi = \pi_1 < \pi_0$ 的样本比 n_P/n_V

π_0	π_1	q	p								
			0.30	0.35	0.40	0.45	0.50	0.55	0.60	0.65	0.70
	0.80		6.68	5.75	5.04	4.44	3.95	3.53	3.15	2.81	2.51
0.90	0.75	1/3	6.10	5.27	4.63	4.11	3.63	3.29	2.95	2.65	2.36
	0.70		5.63	4.83	4.29	3.82	3.39	3.03	2.75	2.45	2.23
	0.65		2.86	2.52	2.26	2.05	1.88	1.73	1.61	1.51	1.41
0.70	0.60	1/3	2.74	2.41	2.16	1.96	1.80	1.67	1.56	1.46	1.37
	0.55		2.63	2.31	2.08	1.90	1.75	1.61	1.52	1.42	1.34
	0.45		1.80	1.60	1.46	1.35	1.26	1.19	1.14	1.10	1.07
0.50	0.40	1/3	1.74	1.55	1.41	1.31	1.23	1.16	1.11	1.07	1.05
	0.35		1.69	1.51	1.37	1.27	1.20	1.14	1.09	1.05	1.02
	0.25		1.29	1.15	1.05	0.98	0.93	0.89	0.86	0.84	0.84
0.30	0.20	1/3	1.25	1.12	1.03	0.96	0.90	0.87	0.84	0.82	0.82
	0.15		1.22	1.09	1.00	0.93	0.88	0.84	0.82	0.80	0.79
	0.08		0.97	0.86	0.78	0.72	0.68	0.64	0.62	0.60	0.59
0.10	0.06	1/3	0.97	0.85	0.77	0.71	0.67	0.63	0.61	0.59	0.58
	0.04		0.96	0.85	0.77	0.70	0.66	0.62	0.60	0.58	0.57
	0.80		6.36	5.38	4.64	4.04	3.56	3.16	2.80	2.50	2.22
0.90	0.75	1/2	5.83	4.96	4.29	3.77	3.29	2.95	2.64	2.37	2.10
	0.70		5.41	4.57	3.98	3.53	3.09	2.75	2.47	2.21	2.03
	0.65		2.87	2.50	2.21	1.99	1.81	1.67	1.55	1.44	1.35
0.70	0.60	1/2	2.76	2.40	2.13	1.92	1.75	1.62	1.50	1.41	1.32
	0.55		2.66	2.32	2.06	1.87	1.71	1.57	1.47	1.38	1.29
	0.45		1.91	1.69	1.52	1.40	1.30	1.23	1.17	1.12	1.08
0.50	0.40	1/2	1.86	1.65	1.49	1.37	1.28	1.20	1.15	1.10	1.07
	0.35		1.82	1.61	1.46	1.34	1.25	1.18	1.13	1.09	1.05
	0.25		1.46	1.30	1.19	1.10	1.04	0.99	0.95	0.92	0.91
0.30	0.20	1/2	1.43	1.28	1.16	1.08	1.02	0.97	0.94	0.91	0.89
	0.15		1.40	1.25	1.14	1.06	1.00	0.95	0.91	0.89	0.88
	0.08		1.19	1.06	0.97	0.90	0.84	0.80	0.77	0.74	0.73
0.10	0.06	1/2	1.18	1.05	0.96	0.89	0.84	0.79	0.76	0.74	0.72
	0.04		1.17	1.05	0.95	0.88	0.83	0.79	0.75	0.73	0.71
	0.80		5.31	4.47	3.84	3.34	2.94	2.61	2.33	2.09	1.88
0.90	0.75	2/3	4.90	4.15	3.58	3.14	2.74	2.48	2.22	2.00	1.80
	0.70		4.58	3.86	3.36	2.96	2.61	2.30	2.11	1.91	1.73
	0.65		2.57	2.24	1.99	1.80	1.65	1.52	1.42	1.34	1.26
0.70	0.60	2/3	2.48	2.16	1.93	1.75	1.61	1.49	1.39	1.31	1.24
	0.55		2.40	2.10	1.88	1.71	1.57	1.46	1.37	1.29	1.22
	0.45		1.81	1.62	1.47	1.36	1.28	1.21	1.15	1.11	1.08
0.50	0.40	2/3	1.78	1.59	1.45	1.34	1.25	1.19	1.14	1.10	1.07
	0.35		1.74	1.56	1.42	1.32	1.24	1.17	1.13	1.09	1.05
	0.25		1.47	1.32	1.22	1.14	1.08	1.04	1.00	0.98	0.96
0.30	0.20	2/3	1.44	1.31	1.21	1.13	1.07	1.03	0.99	0.97	0.95
	0.15		1.43	1.29	1.19	1.12	1.06	1.02	0.98	0.95	0.94
	0.08		1.26	1.15	1.06	1.00	0.95	0.91	0.88	0.86	0.84
0.10	0.06	2/3	1.26	1.14	1.06	1.00	0.95	0.91	0.88	0.85	0.84
	0.04		1.25	1.14	1.05	0.99	0.94	0.90	0.87	0.85	0.83

2. 理论比较

上述观测结果并不令人感到惊奇, 因为有如下理论结果支撑. 下述定理 3.5 给出了变体平行模型优于平行模型的条件.

定理 3.5 令 $\pi, p, q, \theta \in (0, 1)$. 对于变体平行模型和平行模型, 则有

(1) 当 $\pi \in [1/2, 1)$ 且 $\pi, q \in (0, 1)$ 时, 变体平行模型所需样本容量总是少于平行模型, 即, $n_V \leqslant n_P$;

(2) 当 $\pi \in (0, 1/2)$, $q \in (0, 1)$ 且 $p \in (0, q/(1 - 2\pi + q))$ 时, 变体平行模型所需样本容量总是少于平行模型, 即, $n_V \leqslant n_P$.

证明 由公式 (3.34) 和 (3.6) 可得

$$\frac{n_V}{n_P} = \left[\frac{z_\alpha \sqrt{\lambda_{20}(1 - \lambda_{20})} + z_\beta \sqrt{\lambda_{21}(1 - \lambda_{21})}}{z_\alpha \sqrt{\lambda_0(1 - \lambda_0)} + z_\beta \sqrt{\lambda_1(1 - \lambda_1)}} \right]^2. \tag{3.44}$$

为了证明 $n_V \leqslant n_P$, 只需证明 (3.44) 式总是小于或等于 1 即可, 也即, 只需证明 $\lambda_2(1 - \lambda_2) \leqslant \lambda(1 - \lambda)$ 或其等价条件

$$(1 - p)q \geqslant (1 - 2\pi)p. \tag{3.45}$$

由定理 2.5 的结论立即可得: (1) 当 $\pi \in [1/2, 1)$ 且 $\pi, q \in (0, 1)$ 时, 总有 (3.45) 式成立. (2) 当 $\pi \in (0, 1/2)$, $q \in (0, 1)$ 且 $p \in (0, q/(1 - 2\pi + q))$ 时, 总有 (3.45) 式成立.   □

3. 小结

从理论结果与数值结果可以看出, 变体平行模型相对于平行模型而言, 敏感参数的真实值越接近于 1, 在所需样本容量上具有的优势越显著. 除此以外, 变体平行模型的调查设计较平行模型具有更广的应用范围. 因此, 在实际的敏感性抽样调查中, 在一定条件下我们更推荐使用变体平行模型.

3.3.7 两样本情况下的样本容量确定

本节, 我们考虑在两个总体 (编号为 $k = 1, 2$) 中分别利用变体平行模型进行敏感信息收集, 目的在于确定为了比较两个总体中受访者具有敏感特征的比例 (π_k) 而各自所需的样本容量. 对于第 k 个总体, 定义 Y_{Vk}^R 如下所示:

$$Y_{Vk}^R = \begin{cases} -1, & \text{如果第 } k \text{ 个总体中的受访者在 } \bigcirc \text{ 中打钩,} \\ 0, & \text{如果第 } k \text{ 个总体中的受访者在 } \triangle \text{ 中打钩,} \\ 1, & \text{如果第 } k \text{ 个总体中的受访者在上面的 } \square \text{ 中打钩,} \end{cases}$$

令 π_k 表示第 $k(k = 1, 2)$ 个总体中具有敏感特征的个体在整个调查群体中所占比例, 则有

$$\Pr\{Y_{Vk}^R = -1\} = (1 - \theta_k)(1 - p_k),$$

$$\Pr\{Y_{Vk}^R = 0\} = (1 - \pi_k)p_k,$$

$$\Pr\{Y_{\mathrm{V}k}^{\mathrm{R}}=1\}=\theta_k(1-p_k)+\pi_k p_k,$$

其中, $p_k=\Pr\{W_k=1\}$ 且 $\theta_k=\Pr\{U_k=1\}$ $(k=1,2)$ 已知, 但 p_1 和 p_2 及 θ_1 和 θ_2 并不要求相等.

假设共有 n_1+n_2 名受访者作出有效回答, 其中, n_1 表示第一个总体中作出回答的人数, 而 n_2 表示第二个总体中作出回答的人数. 令 $Y_{\mathrm{obs}}=\{y_{\mathrm{V}k,j}^{\mathrm{R}}:\ j=1,\cdots,n_k;\ k=1,2\}$ 表示观测数据, 则 π_1 和 π_2 的观测数据似然函数为

$$L(\pi_1,\pi_2|Y_{\mathrm{obs}})=\prod_{k=1}^{2}\prod_{j=1}^{n_k}\left[(1-\pi_k)p_k\right]^{I\left(y_{\mathrm{V}k,j}^{\mathrm{R}}=0\right)}\left[1-(1-\pi_k)p_k\right]^{I\left(y_{\mathrm{V}k,j}^{\mathrm{R}}\neq0\right)}.$$

则, π_k 的极大似然估计及相应的方差分别为

$$\hat{\pi}_{\mathrm{V}k}=1-\frac{\sum_{j=1}^{n_k}I\left(y_{\mathrm{V}k,j}^{\mathrm{R}}=0\right)}{n_k}\quad\text{和}\quad\mathrm{Var}(\hat{\pi}_{\mathrm{V}k})=\frac{\lambda_{2k}(1-\lambda_{2k})}{n_k p_k^2},$$

其中, $\lambda_{2k}\hat{=}(1-\pi_k)p_k$. 因此,

$$\widehat{\mathrm{Var}}(\hat{\pi}_{\mathrm{V}k})=\frac{\hat{\lambda}_{2k}(1-\hat{\lambda}_{2k})}{n_k p_k^2}$$

为方差 $\mathrm{Var}(\hat{\pi}_{\mathrm{V}k})$ 的极大似然估计, 其中, $\hat{\lambda}_{2k}=(1-\hat{\pi}_k)p_k$.

现在, 我们考虑由下式定义的双边检验:

$$H_0:\ \pi_1=\pi_2\quad\text{V.S.}\quad H_1:\ \pi_1\neq\pi_2.$$

令 $\mathrm{se}_+=\left[\sum_{k=1}^{2}\mathrm{Var}(\hat{\pi}_{\mathrm{V}k})\right]^{1/2}$ 且 $\widehat{\mathrm{se}}_+=\left[\sum_{k=1}^{2}\widehat{\mathrm{Var}}(\hat{\pi}_{\mathrm{V}k})\right]^{1/2}$ 表示 se_+ 的极大似然估计. 如果

$$\left|\frac{\hat{\pi}_1-\hat{\pi}_2}{\widehat{\mathrm{se}}_+}\right|>z_{\alpha/2},$$

我们需在显著性水平 α 下拒绝原假设 H_0. 在备择假设 H_1(即, $\pi_1-\pi_2\neq0$) 成立时, 双边检验的检验功效近似为

$$\Phi\left(\frac{|\pi_1-\pi_2|-z_{\alpha/2}\cdot\widehat{\mathrm{se}}_+}{\mathrm{se}_+}\right),$$

更进一步, 该功效函数可近似表示为 (Chow et al., 2003)

$$\Phi\left(\frac{|\pi_1-\pi_2|}{\mathrm{se}_+}-z_{\alpha/2}\right).$$

因此, 为了达到给定的功效水平 $1-\beta$, 我们只需求解下述等式:

$$\frac{|\pi_1-\pi_2|}{\mathrm{se}_+}-z_{\alpha/2}=z_\beta.\tag{3.46}$$

令 $\rho=n_1/n_2$ 已知, 则, 根据 (3.46) 式, 有

$$n_1=\rho n_2,\tag{3.47}$$

$$n_2=\frac{(z_{\alpha/2}+z_\beta)^2}{(\pi_1-\pi_2)^2}\left[\frac{\lambda_{21}(1-\lambda_{21})}{\rho p_1^2}+\frac{\lambda_{22}(1-\lambda_{22})}{p_2^2}\right].\tag{3.48}$$

3.3.8 案例分析

为了说明本节所提出的样本容量确定的方法, 我们现在考虑在 5% 的显著性水平以及 80% 的检验功效下根据单边检验:

$$H_0: \pi = \pi_0 = 0.35 \quad \text{V.S.} \quad H_1: \pi = \pi_1 = 0.25 < \pi_0$$

确定变体平行模型、平行模型、十字交叉模型以及三角模型分别所需样本容量. 不妨令四种非随机化模型下 $p = 0.65$, 而平行模型中 $q = 0.62$. 由于变体平行模型中样本容量与未知 θ 无关, 故此处并不对其取值进行假定. 根据公式 (3.6)、(3.11)、(3.21) 和 (3.34), 变体平行模型、平行模型、十字交叉模型以及三角模型所需样本容量分别为 $n_{\text{V}} = 360$, $n_{\text{P}} = 356$, $n_{\text{C}} = 1696$ 和 $n_{\text{T}} = 917$. 可以看到, 为达到相同的检验效果, 变体平行模型与平行模型所需样本容量近似相等, 且两个模型所需样本容量均不超过十字交叉模型和三角模型, 特别是显著小于十字交叉模型所需样本容量.

最后, 为比较两个总体中带有敏感特征的人群所占比例是否相等, 我们估计在 5% 的显著性水平以及 80% 的检验功效下根据双边检验:

$$H_0: \pi_1 = \pi_2 \quad \text{V.S.} \quad H_1: \pi_1 \neq \pi_2$$

所确定的平行模型的样本容量. 假定两个总体中敏感特征的真实比例分别为 $\pi_1 = 0.68$ 和 $\pi_2 = 0.75$. 给定 $(p_1, q_1) = (0.55, 0.5)$ 和 $(p_2, q_2) = (0.6, 0.4)$, 当两个总体中所抽样本相等 (即 $\rho = 1$) 时, 由公式 (3.47) 和 (3.48) 可得, 变体平行模型所需样本大小为 $n_1 = n_2 = 1336$, 而平行模型、十字交叉模型和三角模型所需样本容量分别为 $n_1 = n_2 = 2331$ (公式 (3.27) 和 (3.28)), $n_1 = n_2 = 49905$ (公式 (3.50) 和 (3.51)) 和 $n_1 = n_2 = 1877$ ((Tian et al., 2009) 中的公式 (5.2) 和 (5.3)). 可以看到, 为达到相同的检验效果, 变体平行模型所需样本容量不超过平行模型、十字交叉模型和三角模型, 特别是显著小于十字交叉模型所需样本容量.

3.4 十字交叉模型中两样本情况下的样本容量确定

本节, 我们考虑在两个总体 (编号为 $k = 1, 2$) 中分别利用十字交叉模型进行敏感信息收集, 目的在于确定为了比较两个总体中受访者具有敏感特征的比例 (π_k) 而各自所需的样本容量. 对于第 k 个总体, 定义 $Y_{\text{C}k}^{\text{R}}$ 如下所示:

$$Y_{\text{C}k}^{\text{R}} = \begin{cases} 0, & \text{如果第 } k \text{ 个总体中的受访者连接两个 } \bigcirc, \\ 1, & \text{如果第 } k \text{ 个总体中的受访者连接两个 } \square, \end{cases}$$

令 π_k 表示第 $k(k = 1, 2)$ 个总体中具有敏感特征的个体在整个调查群体中所占比例, 则有

$$\Pr\{Y_{\text{C}k}^{\text{R}} = 0\} = (1 - \pi_k)p_k + \pi_k(1 - p_k),$$

$$\Pr\{Y_{\text{C}k}^{\text{R}} = 1\} = (1 - \pi_k)(1 - p_k) + \pi_k p_k,$$

其中, $p_k = \Pr\{W_k = 1\}(k = 1, 2)$ 已知, 但 p_1 和 p_2 并不要求相等.

假设共有 $n_1 + n_2$ 名受访者作出有效回答, 其中, n_1 表示第一个总体中作出回答的人数, 而 n_2 表示第二个总体中作出回答的人数. 令 $Y_{\mathrm{obs}} = \{y^{\mathrm{R}}_{\mathrm{C}k,j}: \ j = 1, \cdots, n_k; \ k = 1, 2\}$ 表示观测数据, 则 π_1 和 π_2 的观测数据似然函数为

$$L(\pi_1, \pi_2 | Y_{\mathrm{obs}})$$

$$= \prod_{k=1}^{2} \prod_{j=1}^{n_k} \left[(1 - \pi_k) p_k + \pi_k (1 - p_k) \right]^{1 - y^{\mathrm{R}}_{\mathrm{C}k,j}} \left[(1 - \pi_k)(1 - p_k) + \pi_k p_k \right]^{y^{\mathrm{R}}_{\mathrm{C}k,j}}$$

$$= \prod_{k=1}^{2} \left[(1 - \pi_k)(1 - p_k) + \pi_k p_k \right]^{n_k \bar{y}^{\mathrm{R}}_{\mathrm{C}k}} \left[(1 - \pi_k) p_k + \pi_k (1 - p_k) \right]^{n_k (1 - \bar{y}^{\mathrm{R}}_{\mathrm{C}k})},$$

其中, $\bar{y}^{\mathrm{R}}_{\mathrm{C}k} = (1/n_k) \sum_{j=1}^{n_k} y^{\mathrm{R}}_{\mathrm{C}k,j}$ 表示第 k 个总体中连接两个 □ 的受访者平均人数. 则, π_k 的极大似然估计及相应的方差分别为

$$\hat{\pi}_{\mathrm{C}k} = \frac{\bar{y}^{\mathrm{C}}_k - (1 - p_k)}{2 p_k - 1} \quad \text{和} \quad \mathrm{Var}(\hat{\pi}_{\mathrm{C}k}) = \frac{\gamma_k (1 - \gamma_k)}{n_k (2 p_k - 1)^2},$$

其中, $\gamma_k \hat{=} (1 - \pi_k)(1 - p_k) + \pi_k p_k$. 因此,

$$\widehat{\mathrm{Var}}(\hat{\pi}_{\mathrm{C}k}) = \frac{\bar{y}^{\mathrm{C}}_k (1 - \bar{y}^{\mathrm{C}}_k)}{n_k (2 p_k - 1)^2}$$

为方差 $\mathrm{Var}(\hat{\pi}_{\mathrm{C}k})$ 的极大似然估计.

现在, 我们考虑下式定义的双边检验:

$$H_0: \pi_1 = \pi_2 \quad \text{V.S.} \quad H_1: \pi_1 \neq \pi_2.$$

令 $\mathrm{se}_+ = [\sum_{k=1}^{2} \mathrm{Var}(\hat{\pi}_{\mathrm{C}k})]^{1/2}$ 且 $\widehat{\mathrm{se}}_+ = [\sum_{k=1}^{2} \widehat{\mathrm{Var}}(\hat{\pi}_{\mathrm{C}k})]^{1/2}$ 表示 se_+ 的极大似然估计. 如果下式成立:

$$\left| \frac{\hat{\pi}_1 - \hat{\pi}_2}{\widehat{\mathrm{se}}_+} \right| > z_{\alpha/2},$$

我们需在显著性水平 α 下拒绝原假设 H_0. 在备择假设 H_1(即, $\pi_1 - \pi_2 \neq 0$) 成立时, 双边检验的检验功效近似为

$$\Phi \left(\frac{|\pi_1 - \pi_2| - z_{\alpha/2} \cdot \widehat{\mathrm{se}}_+}{\mathrm{se}_+} \right),$$

更进一步, 该功效函数可近似表示为 (Chow et al., 2003)

$$\Phi \left(\frac{|\pi_1 - \pi_2|}{\mathrm{se}_+} - z_{\alpha/2} \right).$$

因此, 为了达到给定的功效水平 $1 - \beta$, 我们只需求解下述等式:

$$\frac{|\pi_1 - \pi_2|}{\mathrm{se}_+} - z_{\alpha/2} = z_{\beta}. \tag{3.49}$$

令 $\rho = n_1 / n_2$ 已知, 则, 根据 (3.49) 式, 有

$$n_1 = \rho n_2, \tag{3.50}$$

$$n_2 = \frac{(z_{\alpha/2} + z_{\beta})^2}{(\pi_1 - \pi_2)^2} \left[\frac{\gamma_1 (1 - \gamma_1)}{\rho (2 p_1 - 1)^2} + \frac{\gamma_2 (1 - \gamma_2)}{(2 p_2 - 1)^2} \right]. \tag{3.51}$$

第 4 章　非随机化平行模型的逻辑回归分析

4.1　引　言

在某些调查中, 因为研究的需要有时可能会询问受访者是否有过一些违背社会道德或者法律规范的行为, 例如行贿受贿、偷税漏税、非婚生子、非法移民、滥用药物等. 如果直接询问受访者这些问题, 由于这些问题涉及受访者的隐私往往会使其感到尴尬而拒绝回答甚至提供错误的信息. 因此, 为了保护受访者的隐私不受侵犯, 针对敏感性抽样调查的研究在近几十年来取得了快速发展. 到目前为止, 在敏感性抽样调查中衍生出来三个主要的分支: 随机化响应技术 (Chaudhuri, 2011; Mangat, 1994; Chaudhuri & Mukerjee, 1987; Fox & Tracy, 1986; Greenberg et al., 1969; Horvitz et al., 1967; Warner, 1965)、项目技术方法或非配对技术方法 (Liu et al., 2018; Tian et al., 2017; Petróczi et al., 2011; Imai, 2011; Janus, 2010; Tsuchiya, 2005; Labrie & Earleywine, 2000; Gilens et al., 1998; Kuklinski et al., 1997; Dalton et al., 1994; Miller, 1984)、非随机化响应技术 (Tian, 2015; Groenitz, 2014; Liu & Tian, 2013a; Liu & Tian, 2013b; Tian et al., 2011; Tang et al., 2009; Yu et al., 2008; Tian et al., 2007).

不同于绝大多数致力于为敏感数据收集和受访者隐私保护而发展新的调查设计的研究, Maddala 最早将逻辑回归分析引入敏感性抽样调查分析中, 通过使用 Warner (1965) 提出的随机化模型收集敏感数据来研究敏感响应变量与其他可以被完全观测到的非敏感协变量之间的关系 (Maddala, 1983). 随后, Scheers 和 Dayton (1988) 为 Warner 模型 (Warner, 1965) 与不相关问题 (Greenberg, 1969) 的协变量扩展分析建立了一套理论体系 (Scheers & Dayton, 1988). Corstange (2004) 提出了一个隐式对数单位回归模型并提供一套标准的估计方法来研究敏感信息搜集的问题, 为了确保所收集的信息的真实性, 必要的牺牲是不可避免的 (Corstange, 2004). 这个方法被用来对基于 Warner 模型、Mangat 模型以及项目计数随机响应模型建立的逻辑回归模型中的系数进行估计 (Hussain et al., 2011; Hussain & Shabbir, 2008; Böckenholt, 2007; Fox, 2005). 另一方面, van den Hout 等 (2007) 讨论了基于随机响应变量的一元和多元逻辑回归模型. Hsieh, Lee 和 Shen 采用基于不相关问题的逻辑回归来分析带有缺失协变量的随机响应问题 (Hsieh et al., 2010).

然而, 所有的这些逻辑回归模型都是基于随机化响应模型提出的. 在实际应用中, 随机化的模型具有成本高、缺乏重复性、缺乏受访者信任等局限性. 但是, 近十年来提出的非随机化响应技术 (Tian, 2015; Groenitz, 2014; Liu & Tian, 2013a; Liu & Tian, 2013b; Tian et al., 2011; Tang et al., 2009; Yu et al., 2008; Tian et al., 2007) 可以在很大程度上有效地克服随机化模型的这些局限性. 特别是 Tian (2015) 提出的非随机化的平行模型, 该模型在特定条件下从理论上和数值上均被证明要优于 Yu 等 (2008) 提出的十字交叉模型和三角模型.

因此, 4.2 节重点讨论基于非随机化的平行模型发展的逻辑回归模型 (Tian, Liu & Tang, 2019; Liu, 2015), 该模型可用来研究一个敏感的二分类响应变量与一系列非敏感的协变量之间的依赖关系. 这是首次将逻辑回归分析的方法引入非随机化响应技术领域. 对于平行逻辑回归模型中回归系数的参数估计, 我们将给出牛顿–拉弗森算法的求解公式. 然而在实际应用中, 由于牛顿–拉弗森算法在使用过程中存在一定的局限性, 因此, 我们还将给出一个 EM 类型的单调收敛的方法 —— 二次下界 (Quadratic Lower Bound, QLB) 算法 (Böhning & Lindsay, 1988)—— 来得到逻辑回归系数的极大似然估计. 同时, 我们还将利用该模型研究一个二分类敏感变量 Y 和一个二分类非敏感变量 X 之间是否存在联系.

另一方面, 正如前面所讨论的, Tian (2015) 所提出的平行模型要求两个辅助的二分类非敏感变量的概率已知, 这一点使得该模型的适用范围不可避免地受到限制. 然而 Liu 和 Tian (2013b) 提出的变体平行模型可以在一定程度上有效地克服这一局限, 该模型可以将平行模型的条件适当放宽, 让其中一个辅助的非敏感的二分类变量的概率未知. 因此, 4.3 节将重点讨论平行逻辑回归模型的一个推广, 即, 基于变体平行模型收集敏感信息的逻辑回归模型 (Liu, Tian & Wang, 2019). 此外, 在进行回归分析中, 往往涉及混淆变量的干扰以及如何从众多协变量中筛选出具有重要影响的变量的问题, 因此, 4.3 节还将给出基于变体平行逻辑回归模型的混淆变量的甄别以及变量选择的方法.

4.2　平行逻辑回归模型

4.2.1　基于平行模型的逻辑回归

令 Y 表示与所感兴趣的敏感问题 Q_Y (例如, 你是否曾偷税漏税?) 相应的二分类随机变量, $\pi = \Pr(Y = 1)$ 表示在该问题中作出肯定回答的概率. 令 $X_1, \cdots, X_m$ 为 m 个与非敏感问题 $Q_{X_1}, \cdots, Q_{X_m}$ 相应的协变量. 考虑下述逻辑回归模型:

$$Y|(\boldsymbol{x}_{\mathrm{r}} = \boldsymbol{x}) \sim \mathrm{Bernoulli}(\pi) \quad \text{且} \quad \pi = \frac{\exp(\boldsymbol{x}^{\top}\boldsymbol{\beta})}{1 + \exp(\boldsymbol{x}^{\top}\boldsymbol{\beta})}, \tag{4.1}$$

其中, $\boldsymbol{x} = (1, x_1, \cdots, x_m)^{\top}$ 为非敏感协变量向量 $\boldsymbol{x}_{\mathrm{r}} = (1, X_1, \cdots, X_m)^{\top}$ 的一组观测向量且 $\boldsymbol{\beta} = (\beta_0, \beta_1, \cdots, \beta_m)^{\top}$ 为未知的回归系数向量. 注意到问题 Q_Y 高度敏感, 如果通过直接问题模型来获得有关敏感问题的有效信息变得十分困难. 因此, 我们考虑使用 Tian (2015) 提出的平行模型来协助敏感信息的收集.

在平行模型中需要与敏感问题 Q_Y 无关的两个辅助的非敏感问题 Q_U(例如, 你的身份证号尾号是偶数吗?) 和 Q_W(例如, 你的生日是在下半年吗?). 令 U 表示与 Q_U 相应的二分类随机变量且 $U=1$ 表示受访者对问题 Q_U 作出了肯定的答复, 否则, $U=0$; 令 W 表示与 Q_w 相应的二分类随机变量且 $W=1$ 表示受访者对问题 Q_W 作出了肯定的答复, 否则, $W = 0$; 其中, $q=\Pr(U=1)$ 和 $p=\Pr(W=1)$ 已知. 如果受访者的回答属于下面两种情形之一:

- Q_W 和 Q_U 都作出了否定回答;
- Q_W 作出了肯定回答但 Q_Y 作出了否定回答,

则要求该受访者在图 4.1 中最上面的 ◯ 中打钩, 否则, 他需在图 4.1 中上面的 □ 中打钩. 由于 $\{W = 0, U = 0\}$ 和 $\{W = 0, U = 1\}$ 均为非敏感子集, 受访者的隐私可以得到较好的保护, 因此假设受访者将配合调查人员根据自身情况真实作答是合理的. 图 4.1 给出了平行模型的设计以及相应的概率.

令 $Y_j^{\mathrm{R}} = 0$ 表示第 j 个受访者在图 4.1 中上面的 ◯ 中打钩, $Y_j^{\mathrm{R}} = 1$ 表示第 j 个受访者在图 4.1 中上面的 □ 中打钩. 令 λ_j 表示第 j 个受访者在图 4.1 中上面的 □ 打钩的概率, 则, 平行逻辑回归模型如下式定义:

$$Y_{\mathrm{P},j}^{\mathrm{R}} \stackrel{\mathrm{ind}}{\sim} \mathrm{Bernoulli}(\lambda_j) \quad \text{且} \quad \lambda_j = \pi_j p + q(1-p), \quad j = 1, \cdots, n, \tag{4.2}$$

其中, π_j 由 (4.1) 式定义, 即

$$\pi_j = \frac{\exp(\boldsymbol{x}_j^\top \boldsymbol{\beta})}{1 + \exp(\boldsymbol{x}_j^\top \boldsymbol{\beta})}, \tag{4.3}$$

且 $\boldsymbol{x}_j = (1, x_{1j}, \cdots, x_{mj})^\top$ 表示第 j 个受访者关于非敏感协变量向量 $\boldsymbol{x}_{\mathrm{r}j} = (1, X_{1j}, \cdots, X_{mj})^\top$ 的观测向量. 显然, 由公式 (4.2) 和 (4.3) 定义的平行逻辑回归模型在 $p \to 1$ 时退化为标准的逻辑回归模型.

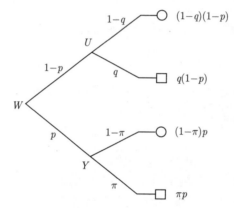

图 4.1 平行模型的设计以及相应的概率

4.2.2 基于牛顿–拉弗森算法的 $\boldsymbol{\beta}$ 的极大似然估计

假设在一次调查中共收集到 n 个有效回答. 记观测数据为 $Y_{\mathrm{obs}} = \{y_1^{\mathrm{R}}, \cdots, y_n^{\mathrm{R}}\}$. 则观测数据对数似然函数为

$$\ell(\boldsymbol{\beta}|Y_{\mathrm{obs}}) = \sum_{j=1}^n \left[y_{\mathrm{P},j}^{\mathrm{R}} \ln \lambda_j + \left(1 - y_{\mathrm{P},j}^{\mathrm{R}}\right) \ln(1 - \lambda_j) \right],$$

因此, 相应的得分向量和观测信息矩阵分别为

$$\nabla \ell(\boldsymbol{\beta}|Y_{\mathrm{obs}}) \hat{=} \frac{\partial \ell(\boldsymbol{\beta}|Y_{\mathrm{obs}})}{\partial \boldsymbol{\beta}} = \sum_{j=1}^n \frac{y_{\mathrm{P},j}^{\mathrm{R}} - \lambda_j}{\lambda_j(1 - \lambda_j)} \frac{\partial \lambda_j}{\partial \boldsymbol{\beta}}$$

$$= \sum_{j=1}^n \frac{y_{\mathrm{P},j}^{\mathrm{R}} - \lambda_j}{\lambda_j(1 - \lambda_j)} \frac{p \exp(\boldsymbol{x}_j^\top \boldsymbol{\beta})}{[1 + \exp(\boldsymbol{x}_j^\top \boldsymbol{\beta})]^2} \boldsymbol{x}_j \tag{4.4}$$

和

$$\boldsymbol{I}(\boldsymbol{\beta}|Y_{\mathrm{obs}}) = -\nabla^2 \ell(\boldsymbol{\beta}|Y_{\mathrm{obs}}) = \sum_{j=1}^n \delta_{y_{\mathrm{P},j}^{\mathrm{R}}}(\pi_j) \boldsymbol{x}_j \boldsymbol{x}_j^\top, \tag{4.5}$$

其中,

$$\delta_{y_{\mathrm{P},j}^{\mathrm{R}}}(\pi_j) = \left[\frac{y_{\mathrm{P},j}^{\mathrm{R}}}{\lambda_j^2} + \frac{1 - y_{\mathrm{P},j}^{\mathrm{R}}}{(1 - \lambda_j)^2}\right] p^2 \pi_j^2 (1 - \pi_j)^2$$
$$- \left(\frac{y_{\mathrm{P},j}^{\mathrm{R}}}{\lambda_j} - \frac{1 - y_{\mathrm{P},j}^{\mathrm{R}}}{1 - \lambda_j}\right) p\,\pi_j(1 - \pi_j)(1 - 2\pi_j), \tag{4.6}$$

λ_j 由 (4.2) 式定义. 故, $\boldsymbol{\beta}$ 的极大似然估计可由下述牛顿–拉弗森迭代式计算得到:

$$\boldsymbol{\beta}^{(t+1)} = \boldsymbol{\beta}^{(t)} + \boldsymbol{I}^{-1}(\boldsymbol{\beta}^{(t)}|Y_{\mathrm{obs}})\nabla\ell(\boldsymbol{\beta}^{(t)}|Y_{\mathrm{obs}}). \tag{4.7}$$

更进一步, $\hat{\boldsymbol{\beta}}$ 的极大似然估计的第 j 个分量的标准误差可由观测信息矩阵 $\boldsymbol{I}^{-1}(\hat{\boldsymbol{\beta}}|Y_{\mathrm{obs}})$ 主对角线上元素 $\boldsymbol{I}^{i+1,\,i+1}$ 的平方根近似得到. 因此, β_i 的一个置信水平为 $100(1-\alpha)\%$ 的渐近沃尔德置信区间为

$$\left[\hat{\beta}_j - z_{\alpha/2}\sqrt{\boldsymbol{I}^{j+1,j+1}},\ \ \hat{\beta}_j + z_{\alpha/2}\sqrt{\boldsymbol{I}^{i+1,i+1}}\right], \quad i = 0, 1, \cdots, m, \tag{4.8}$$

其中, z_α 表示标准正态分布的 α 上分位点.

4.2.3　基于二次下界算法的 $\boldsymbol{\beta}$ 的极大似然估计

尽管牛顿–拉弗森算法为二次收敛, 收敛速度较快 (如果可行的话), 但该方法在实际应用中存在一定的局限性: ① 对于初值的选取非常敏感, 不好的初值会导致 (4.7) 式定义的牛顿–拉弗森迭代式无法收敛, 但一个好的初值并不容易寻找, 特别是在参数向量维度较高的情况下; ② 由于观测信息矩阵近似奇异导致 (4.7) 式定义的牛顿–拉弗森迭代式失效; ③ 每一次迭代计算所需时间较长, 特别是在参数数量较多时. 因此, 二次下界算法 (Böhning & Lindsay, 1988)—— 作为最小最大化算法 (Minorization-Maximization, MM) 的一个特殊情形 —— 不失为一个有效的替代方法, 而构造二次下界算法的核心在于是否能够找到一个与参数向量 $\boldsymbol{\beta}$ 无关的正定矩阵 $\boldsymbol{B}(\boldsymbol{B} > 0)$, 使得下式成立:

$$\nabla^2\ell(\boldsymbol{\beta}|Y_{\mathrm{obs}}) + \boldsymbol{B} \geqslant 0, \quad \forall\,\boldsymbol{\beta} \in \boldsymbol{\Omega}. \tag{4.9}$$

一旦找到这样的正定矩阵 $\boldsymbol{B}$, 则二次下界算法由下述迭代式定义:

$$\boldsymbol{\beta}^{(t+1)} = \boldsymbol{\beta}^{(t)} + \boldsymbol{B}^{-1}\nabla\ell(\boldsymbol{\beta}^{(t)}|Y_{\mathrm{obs}}). \tag{4.10}$$

令平行逻辑回归模型由 (4.2) 式定义, 则, 定理 4.1 给出了该模型下使用二次下界算法快速寻找合适的 $\boldsymbol{B}$ 矩阵的方法.

定理 4.1　对任意给定的 $(p, q) \in (0, 1)^2$, 有

$$-\nabla^2\ell(\boldsymbol{\beta}|Y_{\mathrm{obs}}) \leqslant \Delta(p, q)\sum_{j=1}^{n} \boldsymbol{x}_j \boldsymbol{x}_j^\top \doteq \boldsymbol{B}. \tag{4.11}$$

$\boldsymbol{B}$ 与回归系数 $\boldsymbol{\beta}$ 无关, 仅依赖于 p, q 以及所有的协变量, 其中,

$$\Delta(p, q)$$
$$\hat{=} \max\left\{ |\delta_{0,\max}(p,q)|, \ |\delta_{0,\min}(p,q)|, \ |\delta_{1,\max}(p,q)|, \ |\delta_{1,\min}(p,q)| \right\}, \tag{4.12}$$

$$\delta_{y,\max}(p,q) \hat{=} \max_{\pi_i \in [0,1]} \delta_y(\pi_i | p, q) = \max_{\pi \in [0,1]} \delta_y(\pi | p, q), \quad y = 0, 1,$$

$$\delta_{y,\min}(p,q) \hat{=} \min_{\pi_i \in [0,1]} \delta_y(\pi_i | p, q) = \min_{\pi \in [0,1]} \delta_y(\pi | p, q), \quad y = 0, 1,$$

$\delta_y(\pi | p, q)$ 由公式 (4.13) 或 (4.14) 定义. 特别地, 当 $p = q = 0.5$ 时, $\Delta(p, q) = 0.1006459$. ¶

证明 根据 (4.8) 式, 我们有

$$\delta_{y_{P,j}^R}(\pi_j | p, q)$$
$$= \left\{ \frac{y_{P,j}^R}{[\pi_j p + q(1-p)]^2} + \frac{1 - y_{P,j}^R}{[(1-\pi_j)p + (1-q)(1-p)]^2} \right\} p^2 \pi_j^2 (1-\pi_j)^2$$
$$- \left[\frac{y_{P,j}^R}{\pi_j p + q(1-p)} - \frac{1 - y_{P,j}^R}{(1-\pi_j)p + (1-q)(1-p)} \right] p\,\pi_j(1-\pi_j)(1-2\pi_j),$$

其中, $\pi_j \in [0,1]$, $j = 1, \cdots, n$. 为了简单起见, 我们在下面的讨论中暂时去掉脚标 i. 由于 $y_{P,j}^R$ 取值只能为 0 或 1, 故有

$$\delta_0(\pi | p, q) \ = \ \frac{p^2 \pi^2 (1-\pi)^2}{[(1-\pi)p + (1-q)(1-p)]^2} + \frac{p\pi(1-\pi)(1-2\pi)}{(1-\pi)p + (1-q)(1-p)} \tag{4.13}$$

和

$$\delta_1(\pi | p, q) \ = \ \frac{p^2 \pi^2 (1-\pi)^2}{[\pi p + q(1-p)]^2} - \frac{p\pi(1-\pi)(1-2\pi)}{\pi p + q(1-p)}. \tag{4.14}$$

另一方面, 由 (4.7) 式可知, 对任意的 $j \in \{1, \cdots, n\}$, 有下述结论成立:

$$\min_{\pi_j \in [0,1]} \delta_{y_{P,j}^R}(\pi_i | p, q) \leqslant \delta_{y_{P,j}^R}(\pi_j | p, q) \leqslant \max_{\pi_j \in [0,1]} \delta_{y_{P,j}^R}(\pi_i | p, q),$$

或等价地,

$$\delta_{y,\min}(p,q) = \min_{\pi \in [0,1]} \delta_y(\pi | p, q) \leqslant \delta_{y_i^R}(\pi_i | p, q) \leqslant \max_{\pi \in [0,1]} \delta_y(\pi | p, q) = \delta_{y,\max}(p,q),$$

其中, $y = 0, 1$. 如果我们定义 $\Delta(p, q)$ 如 (4.12) 式所示, 则 (4.11) 式立即可得. 特别地, 当 $p = q = 0.5$ 时, 由公式 (4.13) 和 (4.14) 可得

$$\delta_0(\pi | 0.5, 0.5) = \frac{\pi(1-\pi)}{(1.5 - \pi)^2} \left[\pi(1-\pi) + (1-2\pi)(1.5 - \pi) \right], \tag{4.15}$$

$$\delta_1(\pi | 0.5, 0.5) = \frac{\pi(1-\pi)}{(0.5 + \pi)^2} \left[\pi(1-\pi) - (1-2\pi)(0.5 + \pi) \right], \tag{4.16}$$

图 4.2 分别给出了 $\delta_0(\pi | 0.5, 0.5)$ 和 $\delta_1(\pi | 0.5, 0.5)$ 与 π 的相关图. 通过一个简单的一维情形的优化过程可以得到 $\Delta(0.5, 0.5) = 0.1006459$. □

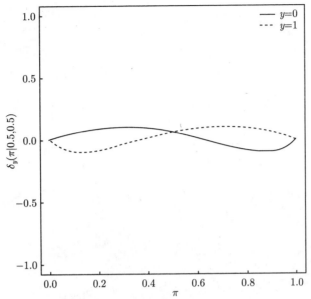

图 4.2　由 (4.15) 式定义的 $\delta_0(\pi|0.5, 0.5)$ 与 π 的相关图 (实线) 以及由 (4.16) 式定义的 $\delta_1(\pi|0.5, 0.5)$ 与 π 的相关图 (虚线)

注 4.1　根据 Tian 等 (2012) 的结论, 如果令 $\boldsymbol{B}^* = \dfrac{1}{2}\boldsymbol{B} = \sum_{j=1}^n \dfrac{1}{2}\Delta(p, q)\boldsymbol{x}_j\boldsymbol{x}_j^\top$, 我们可以通过将 (4.11) 式中的 $\boldsymbol{B}$ 由 $\boldsymbol{B}^*$ 替代而得到一个单调收敛的快速算法. 新算法的收敛速度为传统的由正定矩阵 $\boldsymbol{B}$ 定义的二次下界算法的两倍.

事实上, 对 (p, q) 任意给定的组合, 在实际中, 我们可以通过数值计算的方法得到 $\Delta(p, q)$ 的值. 出于该目的, 图 4.3 给出了由 (4.13) 式定义的 $\delta_0(\pi|p, q)$ 以及由 (4.14) 式定义的 $\delta_1(\pi|p, q)$ 与 (π, p) 的不同组合分别在 $q = 0.2, 0.4, 0.6, 0.8$ 时的相关图. 图 4.4 则可出了由 (4.13) 式定义的 $\delta_0(\pi|p, q)$ 以及由 (4.14) 式定义的 $\delta_1(\pi|p, q)$ 与 (π, q) 的不同组合分别在 $p = 0.2, 0.4, 0.6, 0.8$ 时的相关图. 由于这些图中的每一个曲面均为有界曲面, 我们可以找到它们的最大值和最小值, 这些最值由表 4.1 和表 4.2 给出.

表 4.1　固定 $q = 0.2, 0.4, 0.6, 0.8$ 时, $\delta_0(\pi|p, q)$ 和 $\delta_1(\pi|p, q)$ 在 $(\pi, p) \in (0, 1)^2$ 的不同组合下的最大值与最小值

	q			
	0.2	0.4	0.6	0.8
$\max\limits_{\pi, p} \delta_0(\pi|p, q)$	0.2223711	0.2284603	0.2348172	0.2414580
$\min\limits_{\pi, p} \delta_0(\pi|p, q)$	-0.2075504	-0.2062049	-0.2110869	-0.2112694
$\max\limits_{\pi, p} \delta_1(\pi|p, q)$	0.2420842	0.2346341	0.2279501	0.2222919
$\min\limits_{\pi, p} \delta_1(\pi|p, q)$	-0.2376000	-0.2259984	-0.1971918	-0.1924030

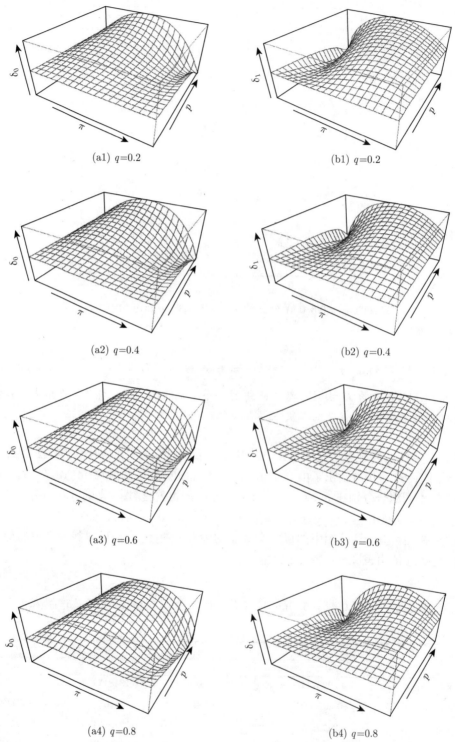

(a1) q=0.2   (b1) q=0.2

(a2) q=0.4   (b2) q=0.4

(a3) q=0.6   (b3) q=0.6

(a4) q=0.8   (b4) q=0.8

图 4.3　由 (4.13) 式定义的 $\delta_0(\pi|p,q)$ 以及由 (4.14) 式定义的 $\delta_1(\pi|p,q)$ 与 (π,p) 的不同组合分别在 $q = 0.2,\ 0.4,\ 0.6,\ 0.8$ 时的相关图

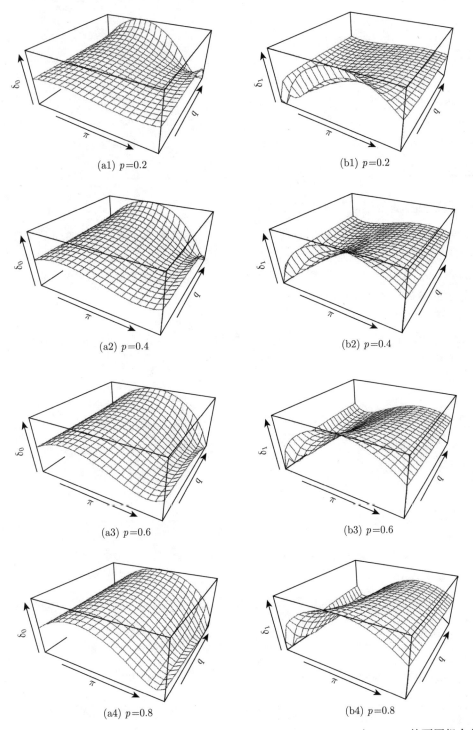

(a1) $p=0.2$　　　　　　　　　　　　　　(b1) $p=0.2$

(a2) $p=0.4$　　　　　　　　　　　　　　(b2) $p=0.4$

(a3) $p=0.6$　　　　　　　　　　　　　　(b3) $p=0.6$

(a4) $p=0.8$　　　　　　　　　　　　　　(b4) $p=0.8$

图 4.4　由 (4.13) 式定义的 $\delta_0(\pi|p,q)$ 以及由 (4.14) 式定义的 $\delta_1(\pi|p,q)$ 与 (π,q) 的不同组合分别在 $p=0.2,\ 0.4,\ 0.6,\ 0.8$ 时的相关图

表 4.2 固定 $p = 0.2,\ 0.4,\ 0.6,\ 0.8$ 时, $\delta_0(\pi|p,q)$ 和 $\delta_1(\pi|p,q)$ 在 $(\pi,q) \in (0,1)^2$ 的不同组合下的最大值与最小值

	q			
	0.2	0.4	0.6	0.8
$\max\limits_{\pi,p} \delta_0(\pi|p,q)$	0.1635840	0.2054862	0.22722150	0.2401063
$\min\limits_{\pi,p} \delta_0(\pi|p,q)$	-0.1613102	-0.2058240	-0.2058240	-0.2111530
$\max\limits_{\pi,p} \delta_1(\pi|p,q)$	0.21792710	0.2360960	0.2436174	0.2475155
$\min\limits_{\pi,p} \delta_1(\pi|p,q)$	-0.1782240	-0.231264	-0.2292840	-0.2312640

4.2.4 自助抽样置信区间与最短置信区间

自助抽样方法是用来获得有关回归系数 $\boldsymbol{\beta}$ 的任意函数 (例如, $\vartheta = h(\boldsymbol{\beta})$) 的置信区间一种简单且常用工具. 此外, 最短置信区间也是基础统计研究中的一个重要问题 (例如, Wilson 和 Langenberg (1999) 借助于逻辑回归得到优势比的最短置信区间). 因此, 本节不仅给出回归系数 $\boldsymbol{\beta}$ 的参数化的自助抽样置信区间, 我们还将给出回归系数 $\boldsymbol{\beta}$ 的最短置信区间.

令 $\hat{\boldsymbol{\beta}}$ 表示由 (4.7) 式定义的牛顿–拉弗森算法或由 (4.10) 式定义的二次下界算法得到的 $\boldsymbol{\beta}$ 的极大似然估计, 则, $\hat{\vartheta} = h(\hat{\boldsymbol{\beta}})$ 为 ϑ 的极大似然估计. 基于所得到的极大似然估计 $\hat{\boldsymbol{\beta}}$, 我们可以独立地从伯努利分布 Bernoulli$(\hat{\lambda}_j)$ 中产生样本 $Y_{\mathrm{P},j}^{\mathrm{R}*} = y_{\mathrm{P},j}^{\mathrm{R}*}$, 其中,

$$\hat{\lambda}_j = \frac{\exp(\boldsymbol{x}_j^\top \hat{\boldsymbol{\beta}})}{1 + \exp(\boldsymbol{x}_j^\top \hat{\boldsymbol{\beta}})} p + q(1 - p).$$

由所产生的自助抽样样本 $Y_{\mathrm{obs}}^* = \{y_{\mathrm{P},j}^{\mathrm{R}*}\}_{j=1}^n$, 我们首先计算极大似然估计 $\hat{\boldsymbol{\beta}}^*$ 并获得一个自助抽样估计 $\hat{\vartheta}^* = h(\hat{\boldsymbol{\beta}}^*)$. 将此过程独立地重复 G 次, 我们可以得到 G 个自助抽样样本 $\{Y_{\mathrm{obs}}^*(g)\}_{g=1}^G$ 和 G 个自助抽样估计 $\{\hat{\vartheta}_g^*\}_{g=1}^G$. 因此, $\hat{\vartheta}$ 的标准误差 $\mathrm{se}(\hat{\vartheta})$ 可以由 G 个自助抽样法估计的样本标准差进行估计, 即

$$\widehat{\mathrm{se}}(\hat{\vartheta}) = \left\{ \frac{1}{G-1} \sum_{g=1}^G [\hat{\vartheta}_g^* - (\hat{\vartheta}_1^* + \cdots + \hat{\vartheta}_G^*)/G]^2 \right\}^{1/2}. \tag{4.17}$$

如果 $\{\hat{\vartheta}_g^*\}_{g=1}^G$ 近似服从正态分布, 则 ϑ 的一个置信水平为 $100(1-\alpha)\%$ 的自助抽样置信区间为

$$\left[\hat{\vartheta} - z_{\alpha/2} \cdot \widehat{\mathrm{se}}(\hat{\vartheta}),\ \hat{\vartheta} + z_{\alpha/2} \cdot \widehat{\mathrm{se}}(\hat{\vartheta}) \right]. \tag{4.18}$$

如果 $\{\hat{\vartheta}_g^*\}_{g=1}^G$ 并非近似服从正态分布, 则 ϑ 的一个置信水平为 $100(1-\alpha)\%$ 的自助抽样置信区间为

$$[\hat{\vartheta}_\ell,\ \hat{\vartheta}_u], \tag{4.19}$$

其中, $\hat{\vartheta}_\ell$ 和 $\hat{\vartheta}_u$ 分别表示 $\{\hat{\vartheta}_g^*\}_{g=1}^G$ 的 $100(\alpha/2)\%$ 和 $100(1-\alpha/2)\%$ 分位点. 在非正态假定下, ϑ 的置信水平为 $100(1-\alpha)\%$ 的最短自助抽样置信区间可由下式定义:

$$[\hat{\vartheta}_{\mathrm{L}},\ \hat{\vartheta}_{\mathrm{U}}], \tag{4.20}$$

其中, $\hat{\vartheta}_{\mathrm{L}}$ 和 $\hat{\vartheta}_{\mathrm{U}}$ 分别为 $\{\hat{\vartheta}_g^*\}_{g=1}^G$ 的 $100(\alpha_1)\%$ 和 $100(1-\alpha+\alpha_1)\%$ 分位点, $\alpha_1 \in [0, \alpha]$ 为使得区间宽度 $\hat{\vartheta}_{\mathrm{U}} - \hat{\vartheta}_{\mathrm{L}}$ 达到最短的值.

4.2.5　2×2 列联表与平行逻辑回归模型中优势比的联系

在统计中, 特别是 2×2 列联表中, 常用优势比来衡量一个特定群体中, 属性 A(如高血压) 的出现与否和属性 B(如酒精摄入) 的出现与否的关联性大小. 优势比通常定义为具有属性 B 的个体中属性 A 出现的概率与没有出现的概率之比除以不具有属性 B 的个体中属性 A 出现的概率与没有出现的概率之比, 也即

$$\psi = \frac{\Pr(A=0, B=0) \cdot \Pr(A=1, B=1)}{\Pr(A=0, B=1) \cdot \Pr(A=1, B=0)}, \tag{4.21}$$

其中, $A = 1$ (或 $B = 1$) 意味着个体表现出属性 A (或属性 B) 的特征, 否则, $A = 0$ (或 $B = 0$).

本节通过研究基于平行逻辑回归模型的优势比来对两个二分类变量 X 和 Y 之间是否存在相关性进行诊断, 其中, X 表示一个非敏感的二分类协变量 (例如, 男性或女性), Y 表示感兴趣的敏感的二分类变量 (例如, 是否有过婚前性行为). 因此, 达到这一目的的关键在于建立 2×2 列联表中的优势比与所建立的平行逻辑回归模型中的回归系数之间的联系. 因此, 我们考虑下述特殊的仅包含一个非敏感二分类解释变量的平行逻辑回归模型:

$$Y|(X=x) \sim \text{Bernoulli}(\pi_x) \quad \text{和} \quad \pi_x = \frac{\exp(\beta_0 + \beta_1 x)}{1 + \exp(\beta_0 + \beta_1 x)}, \tag{4.22}$$

其中, $X \sim \text{Bernoulli}(\xi)$. 由于 $p, q \in (0,1)^2$ 且 p, q 已知, 故 X 和 Y 之间相关性的诊断可以等价地通过研究 X 和 Y 之间的优势比来间接判断.

注意到, (X, Y) 的联合概率质量函数为

$$\Pr(X = x, Y = y)$$
$$= \Pr(X = x) \cdot \Pr(Y = y | X = x)$$
$$= \xi^x (1-\xi)^{1-x} \cdot \pi_x^y (1-\pi_x)^{1-y},$$

其中, $x, y = 0, 1$. 在一个包含两个二分类变量 X 和 Y 的 2×2 列联表中, 由下式定义的优势比可以用来衡量 X 和 Y 之间的相关性:

$$\psi = \frac{\Pr(X=0, Y=0) \cdot \Pr(X=1, Y=1)}{\Pr(X=0, Y=1) \cdot \Pr(X=1, Y=0)}$$
$$= \frac{(1-\xi)(1-\pi_0) \cdot \xi\pi_1}{(1-\xi)\pi_0 \cdot \xi(1-\pi_1)} = \frac{(1-\pi_0)\pi_1}{\pi_0(1-\pi_1)} = \exp(\beta_1), \tag{4.23}$$

其中, 注意到二分类敏感变量 Y 无法直接观测得到, 我们只能基于平行模型间接得到有关 Y 的信息, 即, $Y_{\mathrm{P}}^{\mathrm{R}}$ ($Y_{\mathrm{P}}^{\mathrm{R}}$ 定义见 4.2.1 节), 因此, 回归系数 β_1 可由平行逻辑回归模型 (公式 (4.2) 和 (4.3)) 估计得到.

另一方面, 由 (4.23) 式可知, X 和 Y 不相关等价于满足下述三个条件之一:

(a) $\psi = 1$;

(b) $\beta_1 = 0$;

(c) $\pi_x = \mathrm{e}^{\beta_0}/(1 + \mathrm{e}^{\beta_0})$.

因此, 如果 $\psi > 1$ 或 $\beta_1 > 0$, 则, X 对 Y 产生正面影响, 即 X 的增加会导致 Y 的条件概率的增大; 如果 $\psi < 1$ 或 $\beta_1 < 0$, 则 X 对 Y 产生负面影响, 即 X 的增加会导致 Y 的条件概率的减小; 如果 $\psi = 1$ 或 $\beta_1 = 0$, 则 X 与 Y 之间不相关, 即 X 的增加或减少不会影响 Y 的条件概率有规律的变化, 此时, 下述条件概率的取值并不依赖于 x 的值:

$$\Pr(Y = y | X = x) = \frac{\exp(\beta_0)}{1 + \exp(\beta_0)}.$$

4.2.6 模拟研究

本节, 我们将通过三个模拟研究来说明前面所介绍的方法. 在第一个模拟中, 假定所有的协变量来自连续分布; 在第二个模拟中, 假定一部分协变量来自离散分布, 其他协变量来自连续分布; 在第三个模拟中, 假定唯一的协变量来自伯努利分布.

1. 模拟 1: 连续协变量情况下 β 的估计

考虑下述包含三个解释变量的模型:

$$\ln\left(\frac{\pi_j}{1 - \pi_j}\right) = \beta_0 + \beta_1 X_{1j} + \beta_2 X_{2j} + \beta_3 X_{3j}.$$

定义回归系数的真实值为 $\boldsymbol{\beta} = (\beta_0, \beta_1, \beta_2, \beta_3)^\top = (0, 1, 1, 1)^\top$. 对于给定的 (p, q), 我们产生 $N = 1000$ 组样本, 对每一组样本, 样本容量设定为 $n = 1000$. 我们通过下面的过程来产生样本观测数据:

生成过程:

步骤 1 从给定的连续分布 (例如, 均匀分布或正态分布) 中产生 $X_{ij} = x_{ij}$, $i = 1, 2, 3$.

步骤 2 从伯努利分布中产生 $Y_{\mathrm{P},j}^{\mathrm{R}}$, 即, $Y_{\mathrm{P},j}^{\mathrm{R}} \overset{\mathrm{ind}}{\sim} \mathrm{Bernoulli}(\lambda_j)$, 其中,

$$\lambda_i = \frac{\exp(\boldsymbol{x}_j^\top \boldsymbol{\beta})}{1 + \exp(\boldsymbol{x}_j^\top \boldsymbol{\beta})} p + q(1 - p),$$

且 $\boldsymbol{x}_j = (1, x_{1j}, x_{2j}, x_{3j})^\top$ 为 $\boldsymbol{x}_{\mathrm{r},j} = (1, X_{1j}, X_{2j}, X_{3j})^\top$ 的观测值.

在现有的一些文献中 (Corstange, 2004; Hussain & Shabbir, 2008; Hussain et al., 2011), 均匀分布 $U(-3, 3)$ 通常被选择作为协变量的分布. 然而, 在实际生活中, 用正态分布来作为协变量 (例如, 身高、年龄、大学考试成绩等) 的分布可能更为恰当. 因此, 我们首先比较分别选择 $U(-3, 3)$ 和 $N(0, 1)$ 作为协变量的分布对于 β 的估计的影响.

表 4.3 给出了当 $X_1, X_2, X_3 \overset{\mathrm{iid}}{\sim} U(-3, 3)$ 时 $\boldsymbol{\beta}$ 的极大似然估计和相应的标准差 (极大似然估计下括号中的数字), 而表 4.4 给出了当 $X_1, X_2, X_3 \overset{\mathrm{iid}}{\sim} N(0, 1)$ 时 $\boldsymbol{\beta}$ 的极大似然估计和相应的标准差. 表 4.3 和表 4.4 中所有的结果均是固定 $q = 0.5$ 和 $p = 0.25(0.25)1.00$ 时计算得到.

表 4.3 当 $X_1, X_2, X_3 \overset{\text{iid}}{\sim} U(-3,\ 3)$ 且 $q = 0.5$ 时, β 的极大似然估计和标准差

协变量	β_j	逻辑回归模型	平行逻辑回归模型		
		$p = 1.00$	$p = 0.25$	$p = 0.50$	$p = 0.75$
X_0	0	−0.0017	−3.0153	0.1984	−0.0092
		(0.0942)	(42.4598)	(8.0157)	(0.1472)
X_1	1	1.0051	2.6674	1.5480	1.0246
		(0.0746)	(20.0412)	(8.2535)	(0.1449)
X_2	1	1.0039	1.6211	0.9855	1.0249
		(0.0763)	(19.4223)	(4.6538)	(0.1473)
X_3	1	1.0043	1.6793	0.7579	1.0263
		(0.0745)	(23.2838)	(7.2512)	(0.1434)

注: 括号中的数字为估计的标准差.

表 4.4 当 $X_1, X_2, X_3 \overset{\text{iid}}{\sim} N(0,\ 1)$ 且 $q = 0.5$ 时, β 的极大似然估计和标准差

协变量	β_j	逻辑回归模型	平行逻辑回归模型		
		$p = 1.00$	$p = 0.25$	$p = 0.50$	$p = 0.75$
X_0	0	−0.0002	−0.2468	−0.0017	0.0014
		(0.0836)	(14.8065)	(0.1792)	(0.1149)
X_1	1	1.0083	1.5342	1.0416	1.0207
		(0.0916)	(13.2199)	(0.2524)	(0.1462)
X_2	1	1.0075	1.2970	1.0385	1.0198
		(0.0940)	(12.1904)	(0.2566)	(0.1449)
X_3	1	1.0074	0.6797	1.0415	1.0209
		(0.0894)	(15.0429)	(0.2537)	(0.1462)

表 4.3 和表 4.4 中非括号内为 β 的极大似然估计, 括号内为估计的标准差. 从表 4.3 和表 4.4 的结果可以看出, 无论是以 $U(-3,3)$ 还是 $N(0,1)$ 作为协变量的分布, 平行逻辑回归模型越接近于标准逻辑回归模型 (即, p 越接近 1), β 的极大似然估计越接近于其真实值且估计的标准差越小. 此外, 从整体上看, 以 $N(0,1)$ 作为协变量的分布时得到的 β 的极大似然估计比以 $U(-3,3)$ 作为协变量的分布时得到的 β 的极大似然估计, 无论是从估计的准确性还是精确性方面表现都要优秀, p 越接近 0 这种差异越显著, 而 p 越接近 1, 两种分布下得到的估计结果之间的差异越不显著. 因此, 在后面的讨论中, 如果不作特别说明, 我们将采用 $N(0,1)$ 作为连续型协变量的分布.

此外, 我们还将研究 β 的估计随 p 和 q 的变化而变化的规律. 图 4.5 和图 4.6 分别给出了 $q = 0.5$ 时, $(\beta_0, \beta_1, \beta_2, \beta_3)$ 的极大似然估计和标准差与 p 的相关图. 从图 4.5 中, 我们可以看到, 当 p 从 0.10 到 0.40 之间变化时, β 的极大似然估计变化较为显著, 但是当 $p \in [0.40, 1.00]$ 时, β 的极大似然估计近乎常数并且非常接近它们的真实值. 另一方面, 图 4.6 所展示的 β 的标准差在 $p \in [0.10, 0.50]$ 时具有较大的变化, 但是当 $p \in [0.50, 1.00]$ 时几乎没有波动. 导致这一现象的部分原因在于 p 越接近 0, 所收集的关于敏感参数 π 的信息越少, 因此, $\hat{\beta}$ 的准确性和精确性都会下降; 而当 p 越向 1 靠近时, 所收集的有关敏感参数 π 的信息越多. 同时, 受访者的隐私在 $p = 0.50$ 时得到最好的保护, 此时, β 的估计的准确性和精确性都能得到

保证.

图 4.7 和图 4.8 分别给出了 $p = 0.5$ 时 (受访者隐私得到最好的保护时), $(\beta_0, \beta_1, \beta_2, \beta_3)^{\mathrm{T}}$ 的极大似然估计和标准差与 q 的相关图. 从图 4.7 中可以看到, 无论 q 怎样变化, β 的极大似然估计均在其真实值的附近波动. 从图 4.8 中可以看到, 尽管 β 的标准差在 $q \in (0.1, 0.5]$ 时有一个轻微的向上变化的趋势而在 $q \in (0.5, 1]$ 时有一个轻微的下降的趋势, 其变化的幅度在 q 从 0.1 向 1 靠近时并不显著, 可以忽略不计.

2. 模拟 2: 混合协变量情况下 β 的估计

考虑下述包含两个解释变量的模型:

$$\ln\left(\frac{\pi_j}{1 - \pi_j}\right) = \beta_0 + \beta_1 X_{1j} + \beta_2 X_{2j},$$

其中, $\{X_{1j}\}_{j=1}^n$ 为二分类协变量, $\{X_{2j}\}_{j=1}^n$ 为连续型协变量. 定义回归系数的真实值为 $\beta = (\beta_0, \beta_1, \beta_2)^{\mathrm{T}} = (0, 1, 1)^{\mathrm{T}}$. 对于任意给定的 $(p, q) \in (0, 1)^2$, 我们产生 $N = 1000$ 组样本, 对每一组样本, 样本容量设定为 $n = 1000$. 我们通过下面的过程来产生样本观测数据:

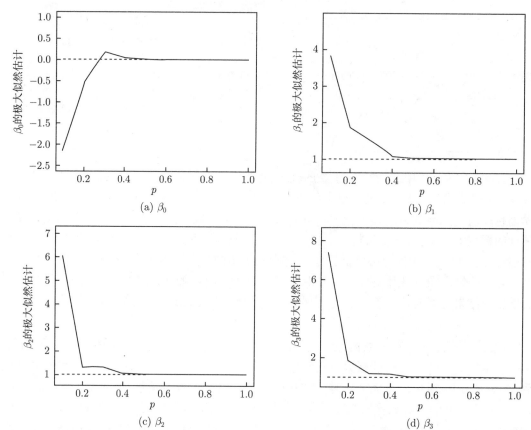

图 4.5 $\quad q = 0.5$ 时, $(\beta_0, \beta_1, \beta_2, \beta_3)$ 的极大似然估计与 p 的相关图. 实线代表 β 的极大似然估计, 虚线代表 β 的真实值

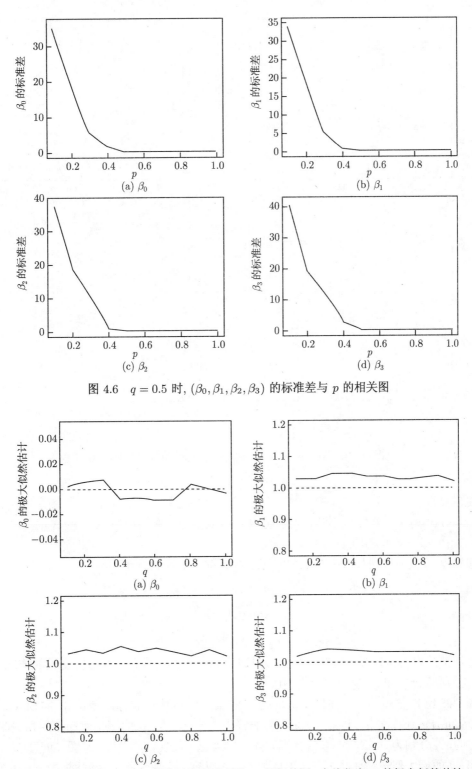

图 4.6 $q = 0.5$ 时, $(\beta_0, \beta_1, \beta_2, \beta_3)$ 的标准差与 p 的相关图

图 4.7 $p = 0.5$ 时, $(\beta_0, \beta_1, \beta_2, \beta_3)$ 的极大似然估计与 q 的相关图. 实线代表 β 的极大似然估计, 虚线代表 β 的真实值

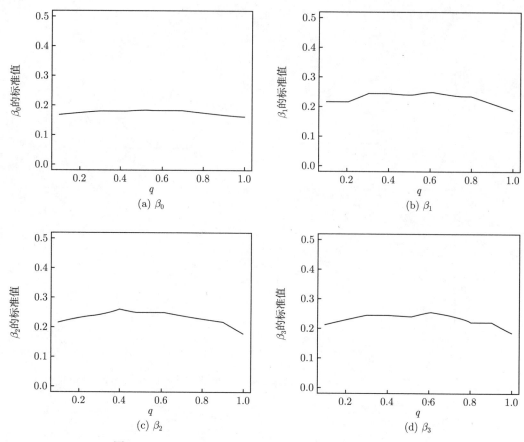

图 4.8 $p = 0.5$ 时, $(\beta_0, \beta_1, \beta_2, \beta_3)$ 的标准差与 q 的相关图

生成过程:

步骤 1 令 $\theta = 0.5$, 分别从伯努利分布和标准正态分布中产生 X_{1j} 和 X_{2j}, 即, $X_{1j} \overset{\text{iid}}{\sim}$ Bernoulli(θ) 和 $X_{2j} \overset{\text{iid}}{\sim} N(0,1)$, $j = 1, \cdots, n$.

步骤 2 从伯努利分布中产生 $Y_{\text{P},j}^{\text{R}}$, 即, $Y_{\text{P},j}^{\text{R}} \overset{\text{ind}}{\sim}$ Bernoulli(λ_j), 其中,

$$\lambda_j = \frac{\exp(\boldsymbol{x}_j^\top \boldsymbol{\beta})}{1 + \exp(\boldsymbol{x}_j^\top \boldsymbol{\beta})} p + q(1 - p),$$

且 $\boldsymbol{x}_j = (1, x_{1j}, x_{2j})^\top$ 为 $\boldsymbol{x}_{\text{r},j} = (1, X_{1j}, X_{2j})^\top$ 的观测值.

该模拟的目的是研究在解释变量中同时包含离散型协变量和连续型协变量的情况下, $\boldsymbol{\beta}$ 的估计分别随着 p 和 q 的变化如何变化.

图 4.9 给出了 $q = 0.5$ 时, $(\beta_0, \beta_1, \beta_2)$ 的极大似然估计和标准差与 p 的相关图, 其中, 图 4.9(a1)~(c1) 分别为 β_0, β_1 和 β_2 的极大似然估计随 p 的变化而变化的相关图, 图 4.9(a2)~(c2) 分别为 β_0, β_1 和 β_2 的标准差随 p 的变化而变化的相关图. 从图 4.9(a1)~(c1) 可以看出, $\boldsymbol{\beta}$ 的极大似然估计在 p 从 0.1 增加到 0.2 时有一个快速的下降过程; 当 $p \in [0.2, 0.4]$ 时, β_0 的极大似然估计表现出较为明显的上升而 β_1 和 β_2 的极大似然估计下降趋势变缓; 当 $p \in [0.4, 1]$ 时, $\boldsymbol{\beta}$ 的极大似然估计近乎常数且非常接近它们的真实值. 另一方面, 图

4.9(a2)~(c2) 所展示的 β 的标准差在 $p \in [0.10, 0.50]$ 时表现出明显的下降趋势且下降速度较快, 但是当 $p \in [0.50, 1.00]$ 时几乎没有波动. 导致这一现象的部分原因在于 p 越接近 0, 所收集的关于敏感参数 π 的信息越少, 因此, $\hat{\beta}$ 的准确性和精确性都会下降; 而 p 从 0.5 越接近 1, 所收集的有关敏感参数 π 的信息越多. 同时, 受访者的隐私在 $p = 0.50$ 时得到最好的保护, 此时, β 的估计的准确度和精确度都能得到保证.

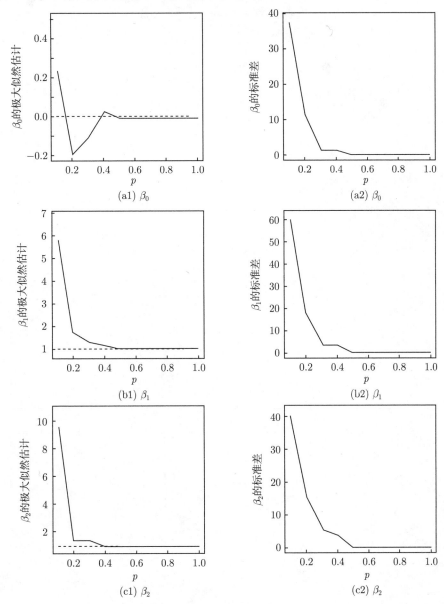

图 4.9 当 $q = 0.5$ 时, $(\beta_0, \beta_1, \beta_2)$ 的极大似然估计和标准差与 p 的相关图. (a1)~(c1)β_0, β_1 和 β_2 的极大似然估计; (a2)~(c2)β_0, β_1 和 β_2 的标准差

图 4.10 给出了 $p = 0.5$ 时 (此时, 受访者隐私得到最好的保护), $(\beta_0, \beta_1, \beta_2)$ 的极大似然估计和标准差与 q 的相关图, 其中, 图 4.10(a1)~(c1) 分别为 β_0, β_1 和 β_2 的极大似然估计随

q 的变化而变化的相关图, 图 4.10(a2)~(c2) 分别为 β_0, β_1 和 β_2 的标准差随 q 的变化而变化的相关图. 从图 4.10 中可以看到, 从整体上来说, 无论 q 怎样变化, β 的极大似然估计均在其真实值的附近波动. 同时, β 的标准差在 $q \in (0.10, 0.50]$ 时没有显著的变化. 对于截距项 β_0, 尽管 β_0 的极大似然估计在区间 $[-0.02, 0.02]$ 内波动, 但 β_0 的标准差变化不大; 对于二分类协变量 X_1, 其相应的回归系数 β_1 的极大似然估计随 q 的变化表现出轻微的波动而 β_1 的标准差在 $q \in [0.50, 1.00]$ 时有一个相对较为明显的下降趋势.

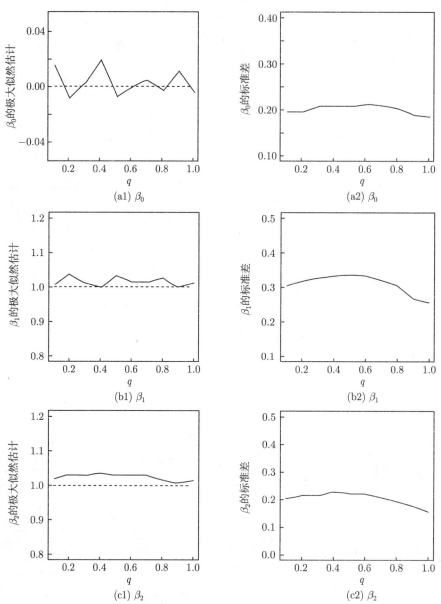

图 4.10　当 $p = 0.5$ 时, $(\beta_0, \beta_1, \beta_2)$ 的极大似然估计和标准差与 q 的相关图. (a1)~(c1)β_0, β_1 和 β_2 的极大似然估计; (a2)~(c2)β_0, β_1 和 β_2 的标准差

3. 模拟 3: 一个二分类协变量情况下 β 和优势比的估计

根据 4.2.5 节中的讨论, 我们考虑下述仅包含一个解释变量的回归模型:

$$\ln\left(\frac{\pi_j}{1-\pi_j}\right) = \beta_0 + \beta_1 X_j,$$

其中, $\{X_i\}_{i=1}^n$ 为二分类协变量. 我们固定 $(p,q) = (0.5, 0.5)$ 且 $\psi = \exp(\beta_1) = 1/3,\ 1,\ 3$. 对于给定的 $\boldsymbol{\beta} = (\beta_0, \beta_1)^\top = (-0.5\ln(\psi), \ln(\psi))^\top$, 我们产生 $N = 1000000$ 组样本, 对每一组样本, 令样本容量为 $n = 1000$. 这里, 令 $\beta_0 = -\beta_1/2$ 的原因在于使得优势比的自然对数的期望, (即, β_1) 等于 0 以避免取值为 0 或 1 的响应变量 Y 的分布产生极度的偏斜 (Wilson & Langenberg, 1999). 我们通过下面的过程来产生样本观测数据:

生成过程:

步骤 1　从伯努利分布中产生 X_j, 即, $X_j \overset{\text{iid}}{\sim} \text{Bernoulli}(\xi)$, $j = 1, \cdots, n$, 其中, $\xi = 0.5$.

步骤 2　从伯努利分布中产生 $Y_{\text{P},j}^{\text{R}}$, 即, $Y_{\text{P},j}^{\text{R}} \overset{\text{ind}}{\sim} \text{Bernoulli}(\lambda_j)$, 其中,

$$\lambda_j = \frac{\exp(\boldsymbol{x}_j^\top \boldsymbol{\beta})}{1 + \exp(\boldsymbol{x}_j^\top \boldsymbol{\beta})}p + q(1-p),$$

且 $\boldsymbol{x}_j = (1, x_j)^\top$ 为 $\boldsymbol{x}_{\text{r},j} = (1, X_j)^\top$ 的观测值.

表 4.5 给出了当 $X \sim \text{Bernoulli}(0.5)$ 且 $(p,q) = (0.5, 0.5)$ 时不同优势比下 β_0 和 β_1 的极大似然估计和标准差, 其中非括号内为 $\boldsymbol{\beta}$ 的极大似然估计, 括号内为估计的标准差. 从表 4.5 的结果可以看出, 当 ψ 的真实值为 $1/3$ 时, 其相应的估计为 $\hat{\psi} = \exp(-1.1082) = 0.3302$; 当 ψ 的真实值为 1 时, 其相应的估计为 $\hat{\psi} = \exp(3.6465 \times 10^{-4}) = 1.0004$; ψ 的真实值为 3 时, 其相应的估计为 $\hat{\psi} = \exp(1.1114) = 3.0386$. 三种情形下的估计值都非常接近于它们的真实值, 其偏差均较小且估计的精度较高.

表 4.5　给定 $X \sim \text{Bernoulli}(0.5)$ 且 $(p, q) = (0.5, 0.5)$, 不同优势比下 β_0 和 β_1 的极大似然估计和标准差

协变量	β_j	优势比		
		$\psi = 1/3$	$\psi = 1$	$\psi = 3$
X_0	β_0	0.5545	0.0003	-0.5553
		(0.1932)	(0.1803)	(0.1917)
X	β_1	-1.1082	3.6465×10^{-4}	1.1114
		(0.2729)	(0.2552)	(0.2712)

表 4.6 则分别给出优势比 ψ 的真实值分别为 $1/3$, 1, 3 时, ψ 的置信水平为 95% 的自助抽样置信区间以及最短置信区间. 表 4.6 的第 3 行、第 5 行以及第 7 行分别给出基于正态分布的等尾自助抽样置信区间、基于非正态分布的等尾自助抽样置信区间以及基于非正态分布的最短自助抽样置信区间, 而表 4.6 的第 4 行、第 6 行以及第 8 行分别给出相应的置信区间的宽度. 从表 4.6 中可以看出, 三种情形下的 ψ 的自助抽样均值都非常接近于它们的真实值. 此外, 基于非正态分布的等尾自助抽样置信区间的宽度比基于正态分布的等尾自助抽样

置信区间的宽度略小, 而基于非正态分布的最短自助抽样置信区间的宽度比其他两种自助抽样法置信区间的宽度都要显著得小.

表 4.6 优势比的真实值分别为 1/3, 1, 3 时, ψ 的置信水平为 95% 的自助抽样置信区间和最短置信区间

	优势比		
	$\psi = 1/3$	$\psi = 1$	$\psi = 3$
均值	0.3424	1.0325	3.1520
标准差	0.0939	0.2681	0.8889
自助抽样置信区间 †	[0.1583, 0.5265]	[0.5072, 1.5579]	[1.4097, 4.8942]
宽度	0.3682	1.0507	3.4845
自助抽样置信区间 ‡	[0.1906, 0.5569]	[0.6064, 1.6472]	[1.8154, 5.2535]
宽度	0.3663	1.0408	3.4381
最短自助抽样置信区间 ♯	[0.1718, 0.5270]	[0.5666, 1.5738]	[1.6154, 4.8858]
宽度	0.3552	1.0072	3.2704

置信区间 †: 基于正态分布的等尾自助抽样置信区间, 见 (4.18) 式.

置信区间 ‡: 基于非正态分布的等尾自助抽样置信区间, 见 (4.19) 式.

置信区间 ♯: 基于非正态分布的最短自助抽样置信区间, 见 (4.20) 式.

图 4.11 分别给出了非正态分布情况下, 基于所产生的自助抽样样本所得到的优势比 ψ 的最短置信区间和等尾置信区间, 其中, 虚线表示 ψ 的最短置信区间而点线表示 ψ 的等尾置信区间. 图 4.11(a1) 和 (a2) 分别展示了 ψ 的真实值为 1/3 时的最短置信区间和等尾置信区间及其相应的区间宽度的比较; 图 4.11(b1) 和 (b2) 分别展示了 ψ 的真实值为 1 时的最短置信区间和等尾置信区间及其相应的区间宽度的比较; 图 4.11(c1) 和 (c2) 分别展示了 ψ 的真实值为 3 时的最短置信区间和等尾置信区间及其相应的区间宽度的比较. 从图 4.11(a2)~(c2) 中可以看出, 最短置信区间与等尾置信区间之间存在显著的差异.

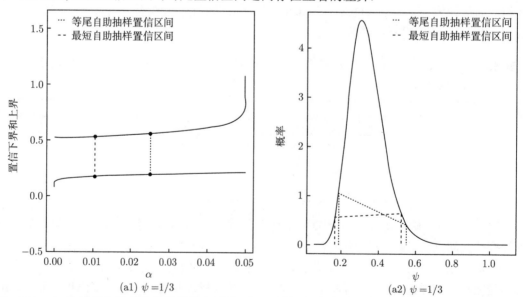

图 4.11 ψ 的基于非正态分布的置信水平为 95% 最短自助抽样置信区间和等尾自助抽样置信区间: (a1)~(a2) $\psi = 1/3$; (b1)~(b2) $\psi = 1$; (c1)~(c2) $\psi = 3$

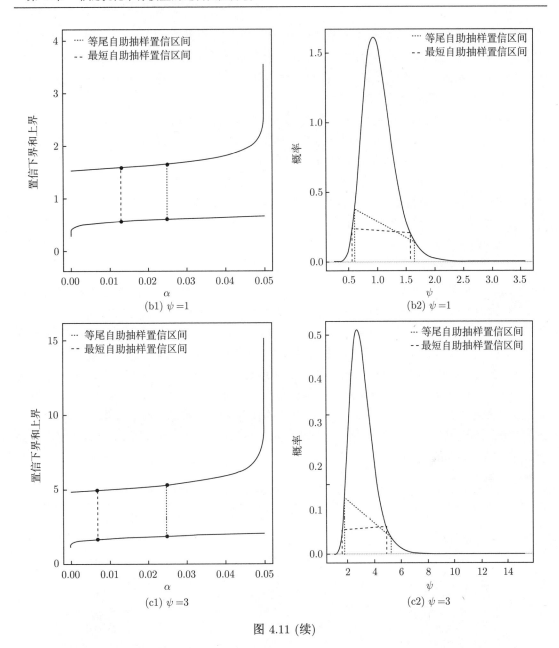

图 4.11 (续)

4.2.7　案例分析

在中国的传统文化中, "男女授受不亲", 结婚需要 "父母之命、媒妁之言", 人们 "谈性色变". 即使是在相对较为开放的西方国家, 谈论与性相关的话题也会令人感到尴尬. 然而, 有关这一敏感话题的信息可能可以帮助研究人员正确了解性行为与某些疾病 (例如宫颈癌或者艾滋病等) 之间的联系. Monto (2001) 报告了一项关于性行为的调查数据, 该数据中所有的受访者均为三个城市 ——S 市、L 市和 P 市中逮捕的准备进行非法性交易的男性. 本节, 我们从该数据中抽取一个子集来说明平行逻辑回归模型的分析方法. 在这项调查中有 593 名受访者至多有 1 个性伴侣而其他 668 名受访者至少有 2 个性伴侣. 由于 1270 位受访者中共有 343 名受访者的受教育水平是高中及以下, 我们重新改造 Monto (2001) 的调查数据如表 4.7 所示且本节分析的目的在于衡量目标群体中性伴侣个数是否与受教育水平有关. 此处, 我们定义 $Y = 1$ 表示受访者至少有两名性伴侣, 否则 $Y = 0$; $X = 1$ 表示受访者的受教育水平是本科及以上, 否则 $X = 0$.

为了说明所提出的平行逻辑回归模型, 我们首先需要引入两个二分类非敏感变量 U 和 W 来得到利用平行模型收集信息所获得的响应数据, 其中 $U = 1$ 表示受访者母亲的生日在 9~12 月, 否则 $U = 0$; $W = 1$ 表示受访者身份证号尾号为偶数, 否则 $W = 0$. 因此, 假定 $q = \Pr(U = 1) \approx 1/3$ 以及 $p = \Pr(W = 1) \approx 1/2$ 是合理的. 此时, 我们观测到有 521 名受访者在上方的 □ 中打钩而剩余 740 名受访者在上方的 ○ 中打钩.

我们考虑下述平行逻辑回归模型:

$$\ln\left(\frac{\pi_j}{1 - \pi_j}\right) = \beta_0 + \beta_1 x_j, \qquad j = 1, \cdots, n.$$

为了得到 β 的极大似然估计, 我们选择 $(\beta_0, \beta_1)^{\top} = (-1, 1)^{\top}$ 作为由 (4.7) 式定义的牛顿–拉弗森算法和由 (4.10) 式定义的二次下界算法的初始值. 如果使用牛顿–拉弗森算法, β 的极大似然估计仅需 6 次迭代收敛到 $(\hat{\beta}_0 = -0.1335, \hat{\beta}_1 = 0.1444)^{\top}$; 如果使用二次下界算法且 $\Delta(p = 1/2, q = 1/3) = 0.12349$, β 的极大似然估计需要经过 32 次迭代才能收敛到同样的结果. 并且, 对数似然函数在该极大似然估计点的值为 -897.2303. 利用自助抽样法产生 $G = 1000000$ 个样本, 表 4.7 分别列出了回归系数 β 的极大似然估计以及 4.2.4 节中讨论的自助抽样标准差、两个置信水平为 95% 的自助抽样置信区间和置信水平为 95% 的最短自助抽样置信区间. 从表 4.7 可以明显看出回归系数 β 的两个自助抽样置信区间的宽度比最短自助抽样置信区间的宽度要长.

表 4.7 Monto (2001) 调查数据中 β 的自助抽样置信区间与最短置信区间

	回归系数	
	β_0	β_1
极大似然估计	-0.1335	0.1444
标准差 B	0.1737	0.2175
95% 自助抽样置信区间 †	$[-0.4741,\ 0.2070]$	$[-0.2818,\ 0.5706]$
宽度	0.6811	0.8524
95% 自助抽样置信区间 ‡	$[-0.5720,\ 0.0785]$	$[-0.1832,\ 0.6611]$
宽度	0.6505	0.8443
95% 最短自助抽样置信区间 ♭	$[-0.4962,\ 0.0785]$	$[-0.2007,\ 0.6376]$
宽度	0.5747	0.8383

尽管从估计结果表面看来, 受教育水平会对目标群体中受访者性伴侣个数多于 1 个的概率带来正面影响, 但这种影响可以忽略不计, 原因在于 $0.1444/0.2175 = 0.6639 < z_{0.025} = 1.96$, 即, 回归系数 β_1 并非显著异于 0. 换言之, 受教育水平并非造成目标群体中受访者性伴侣个数多于 1 个的主要原因. 更进一步, 由于优势比 $\psi = \exp(\beta_1) = 1.1553$ 并非显著异于 1, 根据 4.2.5 节中所讨论结果可以判定受教育水平与性伴侣个数之间也不存在相关性. 图 4.12(a) 展示了优势比 ψ 的置信区间下界与上界如何随显著性水平 α 变化而变化以及 ψ 的最短置信区间和等尾置信区间的宽度, 从图 4.12(a) 中可以看出最短置信区间与等尾置信区间之间存

在不可忽略的差异; 图 4.12(b) 则展示了基于密度曲线的 ψ 的最短置信区间和等尾置信区间的具体位置, 显然, 最短置信区间和等尾置信区间之间存在显著的差异. 从图 4.12(b) 中可以看出不管是 ψ 的最短置信区间还是等尾置信区间都包含 $\psi = 1$. 所有的证据表明, 受教育水平与性伴侣个数之间不存在联系.

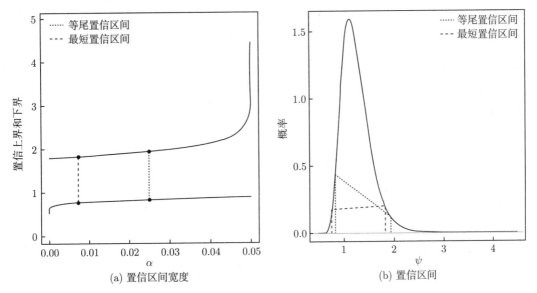

(a) 置信区间宽度　　　(b) 置信区间

图 4.12　ψ 的 95% 基于非正态分布的最短置信区间与等尾置信区间

4.2.8　关于平行逻辑回归模型的几点说明

通过结合 Tian (2015) 所提出的非随机化的平行模型和逻辑回归分析的方法所构造的平行逻辑回归模型, 我们可以考虑二分类敏感变量 Y 对若干非敏感协变量 $X_1, \cdots, X_m$ 的依赖关系. 而使用非随机化的平行模型的优势在于可以有效克服使用随机化模型进行敏感信息收集时所存在的局限性. 特别地, 该模型还可以用来对一个敏感二分类的变量和一个非敏感的二分类变量的优势比进行估计从而对二者之间的相关性进行诊断.

对于平行逻辑回归模型, p 越接近于 1 时, 我们越容易得到 β 的准确且精确的估计. 但是, 这一理想的状态在现实生活中难以达到, 原因在于平行模型在 $p = 1$ 时退化为直接问题模型. 众所周知, 由于某些我们所关心的问题涉及受访者的隐私而高度敏感, 如果直接询问受访者, 往往会令受访者感到尴尬且隐私受到触犯从而使受访者拒绝作出回答, 甚至提供虚假答案. 因此, 为了鼓励受访者提供真实的、有效的、可靠的信息, 我们往往不得不作出某些牺牲, 例如, 以牺牲一定的敏感参数估计的准确性或精确性为代价来提高受访者的配合度. 通常, 令 $p = 0.5$ 可以较好地平衡保护受访者的隐私和保证估计的准确性与精确性两个方面.

在敏感问题抽样调查中, 平行逻辑回归模型优于其他调查设计方法主要体现在以下几个方面: ① 尽管随机响应技术致力于鼓励受访者提供真实有效的回答, 然而由于随机化装置的使用, 几乎所有的随机响应技术都不可避免地具有缺乏可重复性、成本高、缺少受访者的信任、实际操作中受访者和采访者可能难以理解随机化装置的原理、应用范围有限、挑选合适的随机化装置不容易等局限性; ② 与随机化响应技术相比, 非随机化方法可以有效克服上述局限性并保护受访者信息不被泄露; ③ 然而, 现有的非随机化方法主要集中在收集敏感信息的调查设计上而忽略了那些可能会影响敏感概率的外部因素. 据作者所知, 这是第一次在非随机化响应技术领域研究非敏感解释变量如何影响感兴趣的敏感特征的表现, 其中用于敏感数据收集的平行模型 (Tian, 2015) 被证明在一定条件下其参数估计和隐私保护要比其他非随机化调查设计 (如十字交叉模型和三角模型) 更加有效; ④ 此外, 除了牛顿–拉弗森算法外, 我们还提供了计算回归系数极大似然估计的二次下界算法. 二次下界算法可以有效地克服牛顿–拉弗森算法在实际应用中对观测数据较为敏感的问题, 因为在 NR 算法中需要计算观测信息矩阵, 然而当该矩阵在计算上近似奇异时, 基于 R 语言 (R core Team, 2018) 的牛顿–拉弗森算法会因无法计算而失效. 因此, 只要我们能够找到一个正定矩阵 B 满足 B 与回归系数向量 β 无关且

$$\nabla^2 \ell(\beta | Y_{\mathrm{obs}}) + B \geqslant 0, \quad \forall \, \beta \in \Omega.$$

我们就可以构造一个有效的二次下界算法来替代牛顿–拉弗森算法寻找 β 的极大似然估计. 同时, 我们为平行逻辑回归模型的二次下界算法提供了一种快速确定合适的正定矩阵 B 的方法, 使得二次下界算法在实际应用中比牛顿–拉弗森算法操作更加简单, 有效回避了每一次迭代过程中观测信息矩阵的计算, 极大地降低了计算的复杂性. 但是, 不能否认的是, 二次下界算法的收敛速度显著低于牛顿–拉弗森算法 (4.2.7 节案例分析). 因此, 尽管牛顿–拉弗森算法存在种种局限性, 但是当其可行时, 仍然是较为理想的选择.

4.3 变体平行模型的逻辑回归

4.3.1 基于变体平行模型的逻辑回归

令 Y 表示与所感兴趣的敏感问题 Q_Y(例如, 你是否曾滥用药物?) 相应的二分类随机变量, $\pi = \Pr(Y = 1)$ 表示在该问题中作出肯定回答的概率. 令 $X_1, \cdots, X_m$ 为 m 个与非敏感问题 $Q_{X_1}, \cdots, Q_{X_m}$ 相应的协变量. 敏感变量 Y 与非敏感协变量 $X_1, \cdots, X_m$ 之间的关系由 (4.1) 式所定义的逻辑回归模型确定. 由于 Q_Y 高度敏感, 通过直接问题模型来获得有关敏感问题的有效信息变得十分困难. 如果在所考虑的逻辑回归中使用 Tian (2015) 所提出的平行模型来进行敏感信息收集 (Tian, Liu & Tang, 2019), 该模型中要求两个辅助的二分类非敏感变量的概率已知, 这一前提条件将极大地限制其在实际应用中的使用范围, 而 Liu 和 Tian (2013b) 提出的变体平行模型通过让平行模型中一个辅助的非敏感的二分类变量的概率未知可以在一定程度有效地克服这一局限. 因此, 建立基于变体平行模型的逻辑回归模型以研究二分类敏感变量与其他非敏感的协变量之间的依赖关系有着重要的现实意义 (Liu, Tian & Wang, 2019). 因此, 本节我们考虑使用 Liu 和 Tian (2013b) 提出的变体平行模型来协助敏感信息的收集.

在变体平行模型中需要与敏感问题 Q_Y 无关的两个辅助的非敏感问题 Q_U(例如, 你喜欢旅游吗?) 和 Q_W(例如, 你的生日是在下半年吗?). 令 U 表示与 Q_U 相应的二分类随机变量且 $U = 1$ 表示受访者对问题 Q_U 作出了肯定的答复, 否则, $U = 0$; 令 W 表示与 Q_W 相应的二分类随机变量且 $W = 1$ 表示受访者对问题 Q_W 作出了肯定的答复, 否则, $W = 0$, 其中, $\theta = \Pr(U = 1)$ 未知, $p = \Pr(W = 1)$ 已知. 如果受访者对 Q_W 和 Q_U 都作出了否定回答, 则

要求该受访者在图 4.12 中的 ◯ 中打钩; 如果受访者对 Q_W 作出了肯定回答但 Q_Y 作出了否定回答, 则要求他在图 4.12 中的 △ 中打钩; 如果受访者的回答属于下面两种情形之一:

- Q_W 作出了否定回答但 Q_W 作出否定回答;
- Q_W 和 Q_Y 都作出了肯定回答,

则要求他在图 4.13 中上面的 □ 中打钩. 由于 $\{W = 0, U = 0\}$, $\{W = 0, U = 1\}$ 和 $\{W = 1, Y = 0\}$ 均为非敏感子集, 受访者的隐私得到了较好的保护, 因此假设受访者将配合调查人员根据自身情况真实作答是合理的. 图 4.13 给出了变体平行模型的设计以及相应的概率.

令 $Y_{v,j}^R = -1$ 表示第 i 个受访者在图 4.13 中的 ◯ 中打钩, $Y_{v,j}^R = 0$ 表示第 j 个受访者在图 4.13 中的 △ 中打钩, $Y_{v,j}^R = 1$ 表示第 j 个受访者在图 4.13 中上面的 □ 打钩. 此外, 令 $\lambda_{1j}, \lambda_{2j}, \lambda_{3j}$ 分别表示第 j 个受访者在图 4.13 中的 ◯、△ 和上面的 □ 打钩的概率, 则, 可得下述变体平行逻辑回归模型:

$$Y_{v,j}^R \overset{\text{ind}}{\sim} \text{Finite}(\{-1, 0, 1\}; \{\lambda_{1j}, \lambda_{2j}, \lambda_{3j}\}), \quad j = 1, \cdots, n, \tag{4.24}$$

其中,

$$\begin{cases} \lambda_{1j} = (1-\theta)(1-p), \\ \lambda_{2j} = (1-\pi_j)p = \dfrac{1}{1+\exp(\boldsymbol{x}_j^\top \boldsymbol{\beta})}p, \\ \lambda_{3j} = \pi_i p + \theta(1-p) = \dfrac{\exp(\boldsymbol{x}_j^\top \boldsymbol{\beta})}{1+\exp(\boldsymbol{x}_j^\top \boldsymbol{\beta})}p + \theta(1-p), \end{cases} \tag{4.25}$$

由 (4.1) 式, 可得

$$\pi_j = \frac{\exp(\boldsymbol{x}_j^\top \boldsymbol{\beta})}{1+\exp(\boldsymbol{x}_j^\top \boldsymbol{\beta})}, \quad j = 1, \cdots, n, \tag{4.26}$$

且 $\boldsymbol{x}_j = (1, x_{1j}, \cdots, x_{mj})^\top$ 表示第 j 个受访者关于非敏感协变量向量 $\boldsymbol{x}_{r,j} = (1, X_{1j}, \cdots, X_{mj})^\top$ 的观测向量. 显然, 由公式 (4.24)~(4.26) 定义的变体平行逻辑回归模型在 $p \to 1$ 时退化为标准的逻辑回归模型.

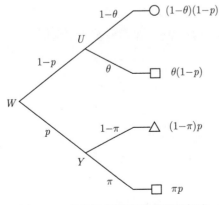

图 4.13 变体平行模型及相应的概率

4.3.2 基于 EM-NR 算法的极大似然估计

假设在一次调查中共收集到 n 个有效回答. 记观测数据为 $Y_{\mathrm{obs}} = \{y_{\mathrm{v},1}^{\mathrm{R}}, \cdots, y_{\mathrm{v},n}^{\mathrm{R}}\}$, 则观测数据似然函数为

$$
\begin{aligned}
\ell(\theta, \boldsymbol{\beta}|Y_{\mathrm{obs}}) &= \sum_{j=1}^{n} \sum_{i=-1}^{1} I(y_{\mathrm{v},j}^{\mathrm{R}} = i) \cdot \ln(\lambda_{ij}) \\
&= \sum_{j=1}^{n} I(y_{\mathrm{v},j}^{\mathrm{R}} = -1) \cdot [\ln(1-\theta) + \ln(1-p)] \\
&\quad + \sum_{j=1}^{n} I(y_{\mathrm{v},j}^{\mathrm{R}} = 0) \cdot [\ln(p) + \ln(1-\pi_j)] \\
&\quad + \sum_{j=1}^{n} I(y_{\mathrm{v},j}^{\mathrm{R}} = 1) \cdot \ln[\theta(1-p) + \pi_j p].
\end{aligned}
$$

直接根据 $\ell(\theta, \boldsymbol{\beta}|Y_{\mathrm{obs}})$ 计算 $(\theta, \boldsymbol{\beta})$ 的极大似然估计并不容易, 最主要的困难来自上式的第三部分, 即, $\sum_{j=1}^{n} I(y_{\mathrm{v},j}^{\mathrm{R}} = 1) \cdot \ln[\theta(1-p) + \pi_j p]$. 因此, 本节我们结合 EM 算法与牛顿–拉弗森算法来构造 EM-NR 算法导出 $(\theta, \boldsymbol{\beta})$ 的极大似然估计.

首先, 对每一个 $I(y_{\mathrm{v},j}^{\mathrm{R}} = 1) \cdot \ln[\theta(1-p) + \pi_j p]$, 我们引入潜在变量 Z_j 使得, 如果 $y_{\mathrm{v},j}^{\mathrm{R}} = 1$, 则, $I(y_{\mathrm{v},j}^{\mathrm{R}} = 1)$ 被分为 Z_j 和 $1-Z_j$ 两部分; 否则, $Z_j \equiv 0$. 因此, $\{Z_j\}_{j=1}^{n}$ 的条件预测分布为

$$
Z_j | (Y_{\mathrm{obs}}, \theta, \boldsymbol{\beta}) \sim
\begin{cases}
\mathrm{Bernoulli}\left(\dfrac{\theta(1-p)}{\theta(1-p) + \pi_j p}\right), & y_{\mathrm{v},j}^{\mathrm{R}} = 1, \\
\mathrm{Degenerate}(0), & y_{\mathrm{v},j}^{\mathrm{R}} \neq 1,
\end{cases}
\quad j = 1, \cdots, n. \tag{4.27}
$$

作为上述结果的一个副产品, $\{Z_j\}_{j=1}^{n}$ 的条件期望为

$$
E(Z_j | Y_{\mathrm{obs}}, \theta, \boldsymbol{\beta}) = \frac{\theta(1-p)}{\theta(1-p) + \pi_j p} \cdot I(y_{\mathrm{v},j}^{\mathrm{R}} = 1), \quad j = 1, \cdots, n. \tag{4.28}
$$

令 $\{z_j\}_{j=1}^{n}$ 表示 $\{Z_j\}_{j=1}^{n}$ 的观测值且 $Y_{\mathrm{mis}} = \{z_j\}_{j=1}^{n}$, 则, 完全数据记为 $Y_{\mathrm{com}} = Y_{\mathrm{obs}} \cup Y_{\mathrm{mis}} = \{y_{\mathrm{v},1}^{\mathrm{R}}, \cdots, y_{\mathrm{v},n}^{\mathrm{R}}, z_1, \cdots, z_n\}$. 因此, 完全数据对数似然函数为

$$
\begin{aligned}
&\ell(\theta, \boldsymbol{\beta}|Y_{\mathrm{com}}) \\
&= \sum_{j=1}^{n} I(y_{\mathrm{v},j}^{\mathrm{R}} = -1) \cdot [\ln(1-\theta) + \ln(1-p)] \\
&\quad + \sum_{j=1}^{n} I(y_{\mathrm{v},j}^{\mathrm{R}} = 0) \cdot [\ln(p) + \ln(1-\pi_j)] \\
&\quad + \sum_{j=1}^{n} I(y_{\mathrm{v},j}^{\mathrm{R}} = 1) \cdot \{z_j \ln[\theta(1-p)] + (1-z_j) \cdot \ln(\pi_j p)\}
\end{aligned}
$$

$$\propto \sum_{j=1}^{n} \left[I(y_{\mathrm{v},j}^{\mathrm{R}} = -1) \cdot \ln(1-\theta) + z_j I(y_{\mathrm{v},j}^{\mathrm{R}} = 1) \cdot \ln(\theta) \right]$$

$$+ \sum_{j=1}^{n} \left[I(y_{\mathrm{v},j}^{\mathrm{R}} = 0) \cdot \ln(1-\pi_j) + (1-z_j) I(y_{\mathrm{v},j}^{\mathrm{R}} = 1) \cdot \ln(\pi_j) \right] \tag{4.29}$$

$$\hat{=} \ell(\theta|Y_{\mathrm{com}}) + \sum_{j=1}^{n} \ell_j(\boldsymbol{\beta}|Y_{\mathrm{com}}),$$

其中,

$$\begin{cases} \ell(\theta|Y_{\mathrm{com}}) = \left[\sum_{j=-1}^{n} I(y_{\mathrm{v},j}^{\mathrm{R}} = 1) \right] \cdot \ln(1-\theta) + \left(\sum_{j=1}^{n} z_j I(y_{\mathrm{v},j}^{\mathrm{R}} = 1) \right) \cdot \ln(\theta), \\ \ell_j(\boldsymbol{\beta}|Y_{\mathrm{com}}) = I(y_{\mathrm{v},j}^{\mathrm{R}} = 0) \cdot \ln(1-\pi_j) + (1-z_j) I(y_{\mathrm{v},j}^{\mathrm{R}} = 1) \cdot \ln(\pi_j), \quad j = 1, \cdots, n. \end{cases}$$

利用 EM 算法中的 M 步是基于完全数据对数似然函数计算 $(\theta, \boldsymbol{\beta})$ 的极大似然估计. 根据 (4.29) 式, 可以看到 θ 和 $\boldsymbol{\beta}$ 的完全数据对数似然函数可以完全分开. 由 $\ell(\theta|Y_{\mathrm{com}})$ 可直接得到 θ 的极大似然估计, 由下式给出:

$$\hat{\theta} = \frac{\sum\limits_{j=1}^{n} z_j I(y_{\mathrm{v},j}^{\mathrm{R}} = 1)}{\sum\limits_{j=1}^{n} z_j I(y_{\mathrm{v},j}^{\mathrm{R}} = 1) + \sum\limits_{j=1}^{n} I(y_{\mathrm{v},j}^{\mathrm{R}} = 1)}. \tag{4.30}$$

但是 $\boldsymbol{\beta}$ 的极大似然估计需要借助于牛顿–拉弗森算法来导出. 注意到

$$\ell_j(\boldsymbol{\beta}|Y_{\mathrm{com}}) = \begin{cases} 0, & y_{\mathrm{v},j}^{\mathrm{R}} = -1, \\ \ln(1-\pi_j), & y_{\mathrm{v},j}^{\mathrm{R}} = 0, \\ (1-z_j)\ln(\pi_j), & y_{\mathrm{v},j}^{\mathrm{R}} = 1, \end{cases}$$

则有

$$\nabla \ell(\boldsymbol{\beta}|Y_{\mathrm{com}})$$

$$= \sum_{j=1}^{n} \left[-\frac{1}{1-\pi_j} \cdot I(y_{\mathrm{v},j}^{\mathrm{R}} = 0) + \frac{1-z_j}{\pi_j} \cdot I(y_{\mathrm{v},j}^{\mathrm{R}} = 1) \right] \cdot \pi_j(1-\pi_j)\boldsymbol{x}_j,$$

$$= \sum_{j=1}^{n} [-\pi_j \cdot I(y_{\mathrm{v},j}^{\mathrm{R}} = 0) + (1-\pi_j)(1-z_j) \cdot I(y_{\mathrm{v},j}^{\mathrm{R}} = 1)] \cdot \boldsymbol{x}_j \quad \boldsymbol{I}(\boldsymbol{\beta}|Y_{\mathrm{com}})$$

$$= -\sum_{j=1}^{n} \nabla^2 \ell_j(\boldsymbol{\beta}|Y_{\mathrm{com}}) \tag{4.31}$$

$$= \sum_{j=1}^{n} \left[I(y_{\mathrm{v},j}^{\mathrm{R}} = 0) + (1-z_j) \cdot I(y_{\mathrm{v},j}^{\mathrm{R}} = 1) \right] \cdot \pi_j(1-\pi_j)\boldsymbol{x}_j\boldsymbol{x}_j^{\top}. \tag{4.32}$$

因此, $\boldsymbol{\beta}$ 的极大似然估计可由下述牛顿–拉弗森迭代式得到

$$\boldsymbol{\beta}^{(t+1)} = \boldsymbol{\beta}^{(t)} + \mathbf{I}^{-1}(\boldsymbol{\beta}^{(t)}|Y_{\mathrm{com}})\nabla\ell(\boldsymbol{\beta}^{(t)}|Y_{\mathrm{com}}). \tag{4.33}$$

EM 算法中的 E 步将公式 (4.30) 和 (4.33) 中所有的 $\{z_j\}_{j=1}^{n}$ 用其条件期望 (见 (4.28) 式) 进行替代.

4.3.3 自助抽样置信区间

本节, 我们采用自助抽样法来获得有关未知参数 $(\theta, \boldsymbol{\beta})$ 的任意函数 (即, $\vartheta = h(\theta, \boldsymbol{\beta})$) 的置信区间以及最短置信区间.

令 $(\hat{\theta}, \hat{\boldsymbol{\beta}})$ 表示由公式 (4.30)、(4.33) 和 (4.28) 定义的最大期望值算法与牛顿–拉弗森算法相结合的方法得到 $(\theta, \boldsymbol{\beta})$ 的极大似然估计, 则 $\hat{\vartheta} = h(\hat{\theta}, \hat{\boldsymbol{\beta}})$ 表示 ϑ 的极大似然估计. 基于所得到的极大似然估计 $(\hat{\theta}, \hat{\boldsymbol{\beta}})$, 我们立即可以从分布 $\mathrm{Multinomial}(1; \hat{\lambda}_{1j}, \hat{\lambda}_{2j}, \hat{\lambda}_{3j})$ 中产生一组随机样本 $\{Y_{\mathrm{v},1}^{\mathrm{R}*}, \cdots, y_{\mathrm{v},n}^{\mathrm{R}*}\}$, 其中,

$$\begin{cases} \hat{\lambda}_{1j} = (1-\hat{\theta})(1-p), \\[2mm] \hat{\lambda}_{2j} = \dfrac{1}{1+\exp(\boldsymbol{x}_j^{\top}\hat{\boldsymbol{\beta}})}p, \\[2mm] \hat{\lambda}_{3j} = \dfrac{\exp(\boldsymbol{x}_j^{\top}\hat{\boldsymbol{\beta}})}{1+\exp(\boldsymbol{x}_j^{\top}\hat{\boldsymbol{\beta}})}p + \theta(1-p), \end{cases}$$

由所产生的自助抽样样本 $Y_{\mathrm{obs}}^{*} = \{y_{\mathrm{v},j}^{\mathrm{R}*}\}_{j=1}^{n}$, 我们首先计算极大似然估计 $(\hat{\theta}^{*}, \hat{\boldsymbol{\beta}}^{*})$ 并获得一个自助抽样估计 $\hat{\vartheta}^{*} = h(\hat{\theta}^{*}, \hat{\boldsymbol{\beta}}^{*})$. 将此过程独立地重复 G 次, 我们可以得到 G 个自助抽样样本 $\{Y_{\mathrm{obs}}^{*}(g)\}_{g=1}^{G}$ 和 G 个自助抽样估计 $\{\hat{\vartheta}_g^{*}\}_{g=1}^{G}$. 因此, $\hat{\vartheta}$ 的标准误差 $\mathrm{se}(\hat{\vartheta})$、正态分布下 ϑ 的一个置信水平为 $100(1-\alpha)\%$ 的自助抽样置信区间以及非正态分布下 ϑ 的置信水平为 $100(1-\alpha)\%$ 的自助抽样置信区间和最短置信区间可分别由 G 个自助抽样估计 $\{\hat{\vartheta}_g^{*}\}_{g=1}^{G}$ 计算得到, 其表达式同公式 (4.17)~(4.20).

4.3.4 2×2 列联表与变体平行逻辑回归模型中优势比的联系

类似于 4.2.5 节, 本节我们讨论利用所提出的变体平行逻辑回归模型而非构造一个 2×2 列联表来导出优势比 ψ 的方法, 用以对一个非敏感的二分类协变量 X(例如, 本科及以上学历或本科以下学历) 和一个二分类敏感变量 Y(例如, 是否有过偷税漏税行为) 之间是否存在相关性进行诊断.

出于这一目的, 我们考虑下述特殊的逻辑回归模型:

$$Y|(X=x) \sim \mathrm{Bernoulli}(\pi_x) \quad \text{且} \quad \pi_x = \frac{\exp(\beta_0 + \beta_1 x)}{1 + \exp(\beta_0 + \beta_1 x)},$$

其中, $X \sim \mathrm{Bernoulli}(\xi)$. 与 4.2.5 节类似, 可以得到 ψ 与回归模型中回归系数满足下述关系:

$$\psi = \frac{(1-\pi_0)(1-\xi)\cdot\pi_1\xi}{\pi_0(1-\xi)\cdot(1-\pi_1)\xi} = \mathrm{e}^{\beta_1},$$

其中, β_1 可由 (4.24) 式定义的变体平行逻辑回归模型估计得到. 如果满足 4.2.5 节中所定义的三个等价条件之一, 由于下述条件概率并不依赖于 x 的取值:

$$\Pr(Y = y | X = x) = \frac{\exp(\beta_0)}{1 + \exp(\beta_0)},$$

故, 可以判断 X 和 Y 不相关.

4.3.5　混淆变量的识别

在构建回归模型的时候, 有时我们可能会忽略某个额外变量 —— 既不是感兴趣的自变量也不是感兴趣的因变量, 然而该变量会对所观测到的自变量与因变量之间的关系造成干扰, 也即, 我们观测到变量之间具有因果联系而事实上并非如此. 例如, 某一研究可能错误地建立家庭暴力与家庭财富的联系, 原因在于该研究忽略了来自家庭成员受教育水平带来的影响, 而家庭成员受教育水平与家庭暴力和家庭财富均相关. 再例如, 年龄混淆了年收入和罹患癌症概率之间的关系, 随着年龄增加, 年收入增加, 同时患癌症的概率增加, 年收入与癌症之间的关系完全是由年龄造成的. 类似家庭成员受教育水平和年龄这样的对因变量产生影响的额外变量被称为混淆变量, 它们就像是对自变量具有潜在影响的额外自变量. 混淆变量的存在对于正确识别所关心的自变量与因变量之间的因果关系产生重要的影响, 在建模过程中遗漏混淆变量或未对混淆变量进行控制会导致研究人员不能准确分析数据背后的规律, 可能导致出现虚假回归的现象. 此外, 混淆变量的存在还会导致两个主要的问题 —— 降低估计精度以及混淆偏差 (高估或低估自变量对因变量产生的影响). 因此, 如何在回归分析中甄别混淆变量的存在以提高分析的准确性变得格外重要和必要. 然而, 在本章引言中所提到的现有的随机化的逻辑回归模型以及 4.2 节所介绍的非随机化的变体平行逻辑回归模型中均没有对这一问题进行讨论. 因此, 本节我们将介绍基于变体平行模型的逻辑回归模型混淆变量的识别方法.

任何研究人员在试验或调查过程中并非故意遗漏的变量都是潜在的可能影响分析结果可靠性的额外变量, 如果这个额外变量满足下述三个条件, 则可以被认定为混淆变量:

(i) 对感兴趣的结果来说它必须是一个风险因素或保护因素;

(ii) 它必须与感兴趣的主要自变量相关;

(iii) 它不能是建立自变量与因变量之间因果关系的中间过程.

在逻辑回归分析中, 用来识别混淆变量的一个方法是比较包含潜在混淆因子的模型与不包含该因子的模型的回归结果, 观察我们感兴趣的主要变量的回归系数如何变化, 即, 我们可以通过下述步骤来检验一个变量是否为混淆变量:

步骤 1　建立两个回归模型, 其中一个包含疑似混淆因子而另一个不包含该因子, 比较两个模型的回归结果;

步骤 2　将整个观测样本分为两个子样本, 其中一个子样本固定疑似混淆因子在某一水平而另一个子样本中混淆因子是其对立面. 对这两个子样本分别进行回归分析, 并比较其估计结果与利用整个样本进行回归得到的结果之间是否具有显著的差异.

在步骤 1 中, 由于两个回归模型除疑似混淆因子外共享相同的自变量与因变量, 因此, 如果两个模型中回归系数的估计值之间存在显著的差异, 则意味着这个可疑因子应当被认定为混淆变量. 步骤 2 则进一步帮助我们确定潜在的混淆因子, 因为混淆变量的出现会造成解释变量与被解释变量之间的虚假关系, 如果存在混淆变量的话, 某些重要的影响因素可能不能通过显著性检验. 一旦某一额外变量被确认为混淆变量, 我们应当对其进行控制以保证回归结果的可靠性. 为了降低混淆变量所带来的影响, 我们可以采用下述方法来进行修正 (Hennekens & Burning, 1987):

(i) 采用随机抽样以降低混淆偏差;

(ii) 将混淆变量控制在某一固定水平;

(iii) 采用组内设计;

(iv) 在配对试验中采用制衡的机制.

4.3.6 变量选择

建立回归模型的另一个问题在于在建模的初期, 为了尽量减小因缺少重要自变量而出现的模型偏差, 人们通常会选择尽可能多的自变量 (有些可能与因变量强相关而有些可能只是弱相关甚至是不相关). 然而, 弱相关或不相关变量的引入虽然可以在某种程度上提高预测的精度, 但是违背了建模的一个基本原则, 即, 模型应当越简单越好! 此外, 弱相关或不相关的变量的引入还会带来建模成本的增加. 基于惩罚函数的变量选择方法在过去的几十年中非常流行. 一大批研究人员在该领域作出了巨大的贡献, 例如, 岭回归方法 (Frank & Friedman, 1993), 最小绝对压缩选择算子方法 (Least Absolute Shrinkage and Selection Operator, LASSO)(Tibshirani, 1996), 光滑剪枝绝对偏差方法 (Smoothly Clipped Absolute Deviation, SCAD) (Fan & Li, 2001), 弹性网络回归方法 (Elastic Net)(Wang & Wang, 2016; Zou & Hastie, 2005), 自适应 LASSO 方法 (Wang & Wang, 2014; Zou, 2006) 以及极小极大凹点惩罚方法 (Minimax Concave Penalty, MCP)(Zhang, 2010) 等.

岭回归方法、最小绝对压缩选择算子回归方法以及弹性网络回归方法均是通过凸集限制域限制最小二乘回归的形式, 其中, 岭回归方法对回归系数 β 的限制最宽松, 最小绝对压缩选择算子回归方法的限制最为严格而弹性网络回归方法则介于二者之间. 但从惩罚角度来说, 岭回归方法的惩罚力度较小, 不存在变量选择的作用; 最小绝对压缩选择算子回归方法的惩罚力度是一个常数, 即, 对所有回归系数的惩罚力度均相同, 从而达到选择重要变量的目的; 弹性网络回归方法则介于二者之间. 注意到前三种变量选择的方法中惩罚函数均为凸函数, 且是有偏估计, 通过减小预测模型方差达到降低预测总误差的目的. 为了进一步降低预测总误差, 光滑剪枝绝对偏差回归方法以及极小极大凹点惩罚方法通过对目标函数增加连续惩罚函数来得到回归系数 β 的渐近无偏估计. 对于较小的回归系数 β_j, 光滑剪枝绝对偏差回归方法类似于最小绝对压缩选择算子方法采用常数惩罚力度, 其压缩效果明显, 可以达到较好的变量选择的目的; 而极小极大凹点惩罚方法中, 惩罚力度随着回归系数 β_j 的增大而逐渐减小至 0, 因此对回归系数的惩罚并非常数而是有差别的惩罚, 从而可以得到更为精确的估计.

Fan 和 Li (2001) 在其文中指出, 一个好的估计值应具有以下特征:

(a) 无偏性: 当未知的回归系数较大时, 其估计量应当为无偏的;

(b) 稀疏性: 估计量应当有一个自动阈值准则, 能够在回归系数的估计值较小时自动将其设置为 0 以减小模型的复杂性;

(c) 连续性: 估计量应当为数据的连续函数以避免模型预测的不稳定性.

基于 Fan 和 Li (2001) 提出的 SCAD 方法所得到的回归结果具有以上良好性质. 因此, 本节将 Fan 和 Li (2001) 提出的 SCAD 惩罚函数引入到变体平行逻辑回归模型的回归系数估计中以达到变量筛选的目的.

定义惩罚似然目标函数为

$$Q(\theta, \boldsymbol{\beta}) = \ell(\theta, \boldsymbol{\beta}|Y_{\text{com}}) - n\sum_{k=1}^{m} p_{\lambda_k}(|\beta_k|), \tag{4.34}$$

其中, $p_\lambda(\cdot)$ 为惩罚函数, λ 为调整参数. 现在, 我们考虑由下式所定义的 SCAD 惩罚:

$$p'_\lambda(t) = \lambda I(t \leqslant \lambda) + I(t > \lambda)(a\lambda - t)_+/(a - 1),$$

其中, $a > 2$ 且 $(x)_+ = xI(x > 0)$. 如 Fan 和 Li (2001) 在其文中所建议的, 我们取 $a = 3.7$.

为了计算带有惩罚的极大似然估计, 我们首先利用局部二次近似的方法对惩罚函数进行近似 (Fan & Li, 2001). 令 $\boldsymbol{\beta}^{(0)}$ 表示初值, 该值接近于使得 (4.34) 式达到最大的 $\boldsymbol{\beta}$ 的值. 在实际应用中, $\boldsymbol{\beta}^{(0)}$ 通常可以由公式 (4.28)、(4.30) 和 (4.33) 定义的最大期望值 (牛顿–拉弗森算法) 得到, 而不带惩罚的完全数据对数似然函数由 (4.29) 式定义. 当 $\beta_k^{(0)} \neq 0$ 时, $p_{\lambda_k}(|\beta_k|)$ 可由下述二次函数进行局部近似:

$$p_{\lambda_k}(|\beta_k|) \approx p_{\lambda_k}(|\beta_k^{(0)}|) + \frac{1}{2}\{p'_{\lambda_k}(|\beta_k^{(0)}|)/|\beta_k^{(0)}|\}(\beta_k^2 - \beta_k^{(0)2}), \quad \beta_k \approx \beta_k^{(0)}.$$

根据上述结果, 我们可以得到 $\boldsymbol{\beta}$ 的带有惩罚的极大似然估计的迭代式:

$$\widetilde{\boldsymbol{\beta}}^{(t+1)} = \widetilde{\boldsymbol{\beta}}^{(t)} + \left[\boldsymbol{I}(\widetilde{\boldsymbol{\beta}}^{(t)}|Y_{\text{com}}) + n\Sigma(\widetilde{\boldsymbol{\beta}}^{(t)})\right]^{-1}\left[\nabla\ell(\widetilde{\boldsymbol{\beta}}^{(t)}|Y_{\text{com}}) - n\Sigma(\widetilde{\boldsymbol{\beta}}^{(t)})\widetilde{\boldsymbol{\beta}}^{(t)}\right], \tag{4.35}$$

其中,

$$\Sigma(\widetilde{\boldsymbol{\beta}}^{(t)}) = \text{diag}\left\{\frac{p'_{\lambda_k}(|\widetilde{\beta}_k^{(t)}|)}{|\widetilde{\beta}_k^{(t)}|}, k = 1, \cdots, m\right\}.$$

在上述迭代算法中, 我们还需要确定 m 个调整参数 $\{\lambda_k\}_{k=1}^m$. 事实上, 我们只需确定一个公共的调整参数 λ 即可. 在第 $(t+1)$ 次迭代中, 令 $\lambda_k = \lambda/|\widetilde{\beta}_k^{(t)}|$. 这里, 我们利用最小化 BIC 准则来挑选合适的 λ, 该准则定义如下:

$$\text{BIC}(\lambda) = -2\ell_\lambda(\hat{\theta}, \hat{\boldsymbol{\beta}}|Y_{\text{com}}) + df\ln(n),$$

其中, df 表示 $\hat{\boldsymbol{\beta}}$ 中非 0 系数的个数.

4.3.7　模拟研究

本节, 我们将通过 5 个模拟试验来说明前面所介绍的分析方法. 在第一个模拟中, 所有的协变量产生于连续分布; 在第二个模拟中, 一部分协变量来自连续分布而另一些协变量来自离散分布; 在第三个模拟中, 我们考虑一元回归的情形, 其唯一的一个协变量来自伯努利分布, 这个特殊的回归模型可以通过研究一个二分类敏感变量与一个二分类非敏感变量之间的优势比来间接地判断二者之间是否存在联系; 在第四个模拟中, 我们通过一个二元回归模型来说明混淆变量的识别; 在最后一个模拟中, 我们通过一个五元回归模型和一个十元回归模型来说明基于光滑剪枝绝对偏差惩罚的变量选择的方法. 同时, 我们还将前三个模拟试验结果与相同条件下由平行逻辑回归模型得到的结果进行比较.

1. 模拟 1: 连续协变量情况下 $\boldsymbol{\beta}$ 的估计

考虑下述包含三个解释变量的模型:

$$\ln\left(\frac{\pi_j}{1-\pi_j}\right) = \beta_0 + \beta_1 X_{1j} + \beta_2 X_{2j} + \beta_3 X_{3j}.$$

定义回归系数的真实值为 $\boldsymbol{\beta} = (\beta_0, \beta_1, \beta_2, \beta_3)^\top = (0, 1, 1, 1)^\top$. 对于给定的 p, 我们产生 $N = 1000$ 组样本, 对每一组样本, 样本容量设定为 $n = 1000$. 我们通过下面的过程来产生样本观测数据:

生成过程:

步骤 1   从给定的连续分布 (例如, 均匀分布或正态分布) 中产生 $X_{ij} = x_{ij}$, $i = 1, 2, 3$.

步骤 2   从下述有限离散分布中产生 $Y_{\mathrm{V},j}^{\mathrm{R}}$, 即,

$$Y_{\mathrm{V},j}^{\mathrm{R}} \overset{\mathrm{ind}}{\sim} \mathrm{Finite}(\{1, 2, 3\}; \{\lambda_{1j}, \lambda_{2j}, \lambda_{3j}\}),$$

其中,

$$\begin{cases} \lambda_{1j} = (1-\theta)(1-p), \\ \lambda_{2j} = (1-\pi_j)p = \dfrac{1}{1+\exp(\boldsymbol{x}_j^\top \boldsymbol{\beta})}p, \\ \lambda_{3j} = \pi_j p + \theta(1-p) = \dfrac{\exp(\boldsymbol{x}_j^\top \boldsymbol{\beta})}{1+\exp(\boldsymbol{x}_j^\top \boldsymbol{\beta})}p + \theta(1-p), \end{cases} \tag{4.36}$$

且 $\boldsymbol{x}_j = (1, x_{1j}, x_{2j}, x_{3j})^\top$ 为 $\boldsymbol{x}_{\mathrm{r},j} = (1, X_{1j}, X_{2j}, X_{3j})^\top$ 的观测向量.

为了与 4.2.6 节模拟 1 中利用平行逻辑回归模型的估计结果进行比较, 我们首先分别选择 $U(-3, 3)$ 和 $N(0, 1)$ 作为协变量的分布来对变体平行逻辑回归模型中未知参数 $(\theta, \boldsymbol{\beta})$ 进行估计. 表 4.8 给出了当 $X_1, X_2, X_3 \overset{\mathrm{iid}}{\sim} U(-3, 3)$ 时 $(\theta, \boldsymbol{\beta})$ 的极大似然估计和相应的标准差 (括号内的数字), 而表 4.9 则给出了当 $X_1, X_2, X_3 \overset{\mathrm{iid}}{\sim} N(0, 1)$ 时 $(\theta, \boldsymbol{\beta})$ 的极大似然估计和相应的标准差, 其中, 表 4.8 和表 4.9 中所有的结果均是固定 $p = 0.25, 0.50, 0.75, 1.00$ 时计算得到.

显然, 当 $p \in (0, 1)$ 时, 不论协变量来自 $X \sim U(-3, 3)$ 还是 $X \sim N(0, 1)$, 变体平行逻辑回归模型下 $(\hat{\theta}, \hat{\boldsymbol{\beta}})$ 的极大似然估计都非常接近于它们的真实值, 并且, 相应的估计精度也比较好. 由该模拟试验可看出, 不管连续型协变量来自均匀分布 $U(-3, 3)$ 还是标准正态分布 $N(0, 1)$, 均可以得到较好的估计结果. 由于实际问题中, 观测数据来自正态分布的情况更为普遍, 因此, 在后文不作特别说明的情况下, 连续型协变量均由标准正态分布产生. 此外, 表 4.8 与表 4.9 中估计结果从整体上来看, 在 $\theta = 0.50$ 时, 基于变体平行逻辑回归模型得到的回归系数 $\boldsymbol{\beta}$ 的估计结果显著优于根据 Tian, Liu 和 Tang (2019) 所提出的平行逻辑回归模型所得到的回归系数 $\boldsymbol{\beta}$ 的估计结果 (表 4.3 和表 4.4). 另一方面, 在计算 $(\theta, \boldsymbol{\beta})$ 的极大似然

估计和标准差时, 不论协变量来自分布 $U(-3,3)$ 还是分布 $N(0,1)$, 当 p 较小时, 两种逻辑回归模型在估计效果上的差异都更为显著. 因此, 变体平行逻辑回归模型无论是从设计的角度还是从估计的效果上都要优于平行逻辑回归模型.

表 4.8 当 $X_1, X_2, X_3 \overset{\text{iid}}{\sim} U(-3, 3)$ 且 $p = 0.25, 0.50, 0.75, 1.00$ 时, (θ, β) 的极大似然估计和标准差

协变量	参数	标准逻辑回归模型	变体平行逻辑回归模型		
		$p = 1.00$	$p = 0.25$	$p = 0.50$	$p = 0.75$
	$\theta = 0.25$	—	0.2499	0.2496	0.2489
		—	(0.0203)	(0.0278)	(0.0443)
X_0	$\beta_0 = 0$	−0.0022	−0.0224	−0.0013	−0.0032
		(0.0981)	(0.3078)	(0.1910)	(0.1261)
X_1	$\beta_1 = 1$	1.0081	1.0746	1.0274	1.0150
		(0.0764)	(0.2570)	(0.1406)	(0.1090)
X_2	$\beta_2 = 1$	1.0098	1.0705	1.0284	1.0122
		(0.0797)	(0.2566)	(0.1402)	(0.1052)
X_3	$\beta_3 = 1$	1.0075	1.0754	1.0320	1.0144
		(0.0761)	(0.2686)	(0.1417)	(0.1056)
	$\theta = 0.50$	—	0.4986	0.4992	0.4996
		—	(0.0208)	(0.0259)	(0.0395)
X_0	$\beta_0 = 0$	−0.0008	−0.0284	−0.0083	−0.0078
		(0.0965)	(0.3247)	(0.1869)	(0.1356)
X_1	$\beta_1 = 1$	1.0098	1.0693	1.0293	1.0136
		(0.0738)	(0.2520)	(0.1549)	(0.1172)
X_2	$\beta_2 = 1$	1.0098	1.0771	1.0270	1.0206
		(0.0742)	(0.2636)	(0.1520)	(0.1134)
X_3	$\beta_3 = 1$	1.0121	1.0624	1.0264	1.0184
		(0.0739)	(0.2531)	(0.1514)	(0.1093)
	$\theta = 0.75$	—	0.7499	0.7501	0.7491
		—	(0.0171)	(0.0213)	(0.0320)
X_0	$\beta_0 = 0$	−0.0022	−0.0327	−0.0014	−0.0094
		(0.0960)	(0.3491)	(0.2012)	(0.1344)
X_1	$\beta_1 = 1$	1.0108	1.0858	1.0283	1.0155
		(0.0770)	(0.2875)	(0.1548)	(0.1156)
X_2	$\beta_2 = 1$	1.0130	1.0842	1.0316	1.0122
		(0.0773)	(0.2875)	(0.1519)	(0.1168)
X_3	$\beta_3 = 1$	1.0112	1.0869	1.0287	1.0160
		(0.0774)	(0.2954)	(0.1533)	(0.1148)

表 4.9 当 $X_1, X_2, X_3 \overset{\text{iid}}{\sim} N(0,\ 1)$ 且 $p = 0.25, 0.50, 0.75, 1.00$ 时, (θ, β) 的极大似然估计和标准差

协变量	参数	标准逻辑回归模型	变体平行逻辑回归模型		
		$p = 1.00$	$p = 0.25$	$p = 0.50$	$p = 0.75$
	$\theta = 0.25$	—	0.2506	0.2497	0.2514
		—	(0.0193)	(0.0281)	(0.0468)
X_0	$\beta_0 = 0$	−0.0010	−0.0186	−0.0020	0.0014
		(0.0802)	(0.2404)	(0.1450)	(0.1095)
X_1	$\beta_1 = 1$	1.0087	1.0490	1.0238	1.0095
		(0.0929)	(0.2700)	(0.1602)	(0.1162)
X_2	$\beta_2 = 1$	1.0120	1.0567	1.0177	1.0122
		(0.0928)	(0.2623)	(0.1647)	(0.1259)
X_3	$\beta_3 = 1$	1.0061	1.0632	1.0159	1.0056
		(0.0932)	(0.2857)	(0.1588)	(0.1191)
	$\theta = 0.50$	—	0.4984	0.4994	0.5012
		—	(0.0203)	(0.0285)	(0.0402)
X_0	$\beta_0 = 0$	−0.0021	−0.0080	−0.0051	0.0030
		(0.0796)	(0.2476)	(0.1534)	(0.1065)
X_1	$\beta_1 = 1$	1.0087	1.0479	1.0158	1.0095
		(0.0943)	(0.2849)	(0.1684)	(0.1264)
X_2	$\beta_2 = 1$	1.0077	1.0401	1.0207	1.0051
		(0.0977)	(0.2766)	(0.1739)	(0.1239)
X_3	$\beta_3 = 1$	1.0100	1.0402	1.0214	1.0081
		(0.0960)	(0.2770)	(0.1721)	(0.1238)
	$\theta = 0.75$	—	0.7501	0.7500	0.7499
		—	(0.0166)	(0.0204)	(0.0307)
X_0	$\beta_0 = 0$	0.0006	−0.0124	0.0055	−0.0047
		(0.0772)	(0.2453)	(0.1496)	(0.1090)
X_1	$\beta_1 = 1$	1.0041	1.0619	1.0168	1.0192
		(0.0914)	(0.2919)	(0.1765)	(0.1291)
X_2	$\beta_2 = 1$	1.0126	1.0427	1.0114	1.0201
		(0.0945)	(0.2757)	(0.1775)	(0.1255)
X_3	$\beta_3 = 1$	1.0091	1.0534	1.0146	1.0150
		(0.0937)	(0.2968)	(0.1739)	(0.1259)

本节模拟的第二个目的是想要了解 (θ, β) 的估计结果是如何随着 p 的变化而变化的. 为了达到这一目的, 我们仅考虑协变量来自标准正态分布的情形, 即 $X \sim N(0,1)$, 且 θ 的真实值设置为 0.5. 图 4.14 给出了未知参数 θ 的极大似然估计和标准差与 p 的相关图, 图 4.15 给出了回归系数 β 的极大似然估计与 p 的相关图, 而图 4.16 给出了回归系数 β 的标准差与 p 的相关图.

从图 4.14(a) 中可以看出, θ 的极大似然估计从整体上看在其真实值附近波动. 当 $p \in (0.8, 1)$ 时, 随着 p 的增加, 估计值 $\hat{\theta}$ 距离其真实值 0.5 越来越远. 另一方面, 从图 4.14(b) 中可以看出, θ 的标准差随着 p 的增加而增加, 当 $p \in (0, 0.5]$ 时, 增长幅度较小, 但是, 当 $p \in [0.5, 1)$ 时, 增长的幅度显著变大. 造成这一现象的可能原因在于, p 越接近 0, 所获得的有

关非敏感的参数 θ 信息越多, 因此, $\hat{\theta}$ 的准确性与精确性都能够得到保证. 然而, 当 p 从 0.5 向 1 变化时, 关于辅助参数 θ 的信息越来越少, 因此, 关于 θ 的估计的准确性和精确性都会随之下降.

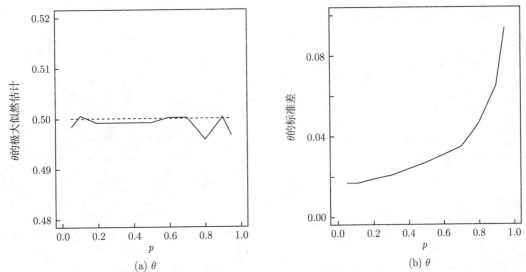

图 4.14　θ 的极大似然估计和标准差与 p 的相关图. (a) θ 的极大似然估计与 p 的相关图. 实线表示 θ 的极大似然估计, 虚线表示 θ 的真实值. (b) θ 的标准差与 p 的相关图

　　图 4.15 和图 4.16 分别给出了回归系数 β 的极大似然估计和标准差与 p 的相关图. 从图 4.15 中可以看出, 随着 p 的增加, 整体上来看, β_0 的极大似然估计随之增加, 而 $(\beta_1, \beta_2, \beta_3)$ 的极大似然估计随之下降, 且 $p \in (0, 0.4]$ 时 β 的极大似然估计变化较为显著, 与其真实值差别较大, 而 $p \in [0.4, 1)$ 时 β 的极大似然估计变化趋于平缓, 与其真实值几乎没有差异. 另一方面, 如图 4.16 所示, β 的标准差在 $p \in (0, 0.4]$ 时下降较为显著, 而 $p \in [0.4, 1)$ 时该下降趋势逐渐趋近了一个常数. 这一现象是正常的, 原因在于 p 越靠近 0, 所收集的有关敏感参数 π 的信息越少, 即, 有关回归系数 β 的信息越少, 因此, $\hat{\beta}$ 的准确性和精确性都无法得到保证. 然而, 当 p 从 0.4 向 1 变化时, 关于敏感参数 π 的信息越来越多, 并且, $p = 0.5$ 时, 受访者的隐私得到最好的保护. 故, 当 p 从 0.4 经 0.5 并逐渐向 1 靠近时, 关于 β 的估计的准确性和精确性有显著的提高并近似为一常值.

　　2. 模拟 2: 混合协变量情况下 β 的估计

　　考虑下述包含两个解释变量的模型:

$$\ln\left(\frac{\pi_j}{1 - \pi_j}\right) = \beta_0 + \beta_1 X_{1j} + \beta_2 X_{2j},$$

其中, $\{X_{1j}\}_{j=1}^n$ 为二分类的, $\{X_{2j}\}_{j=1}^n$ 为连续的. 定义未知参数 θ 的真实值为 0.5, 回归系数的真实值为 $\beta = (\beta_0, \beta_1, \beta_2)^{\mathsf{T}} = (0, 1, 1)^{\mathsf{T}}$. 对于给定的 p, 我们产生 $N = 1000$ 组样本, 对每一组样本, 样本容量设定为 $n = 1000$. 我们通过下面的过程来产生样本观测数据:

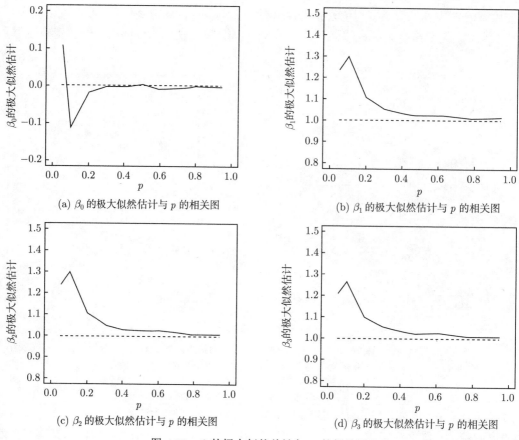

图 4.15　β 的极大似然估计与 p 的相关图

实线表示 β 的极大似然估计, 虚线表示 β 的真实值

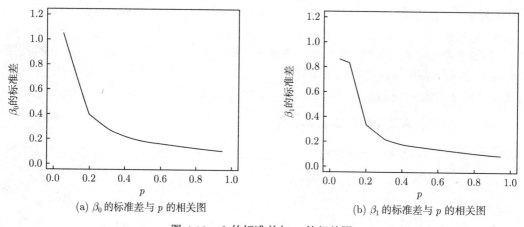

图 4.16　β 的标准差与 p 的相关图

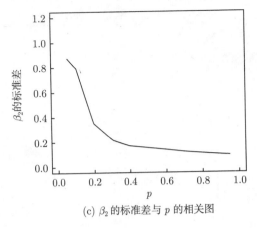

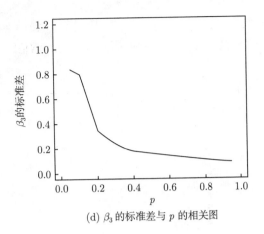

(c) β_2 的标准差与 p 的相关图　　　　(d) β_3 的标准差与 p 的相关图

图 4.16 (续)

生成过程:

步骤 1　令 $\xi = 0.5$, 分别从伯努利分布和标准正态分布中产生 X_{1j} 和 X_{2j}, 即, $X_{1j} \overset{\text{iid}}{\sim}$ Bernoulli(ξ) 和 $X_{2j} \overset{\text{iid}}{\sim} N(0,1)$, $j = 1, \cdots, n$.

步骤 2　从下述有限离散分布中产生 $Y_{\text{V},j}^{\text{R}}$, 即

$$Y_{\text{V},j}^{\text{R}} \overset{\text{ind}}{\sim} \text{Finite}(\{1, 2, 3\}; \{\lambda_{1j}, \lambda_{2j}, \lambda_{3j}\}),$$

其中, $(\lambda_{1j}, \lambda_{2j}, \lambda_{3j})$ 定义同 (4.36) 式且 $\boldsymbol{x}_j = (1, x_{1j}, x_{2j})^\top$ 为 $\boldsymbol{x}_{\text{r},j} = (1, X_{1j}, X_{2j})^\top$ 的观测向量.

　　该模拟的目的是研究在解释变量中既包含离散型协变量和连续型协变量的情况下, $(\theta, \boldsymbol{\beta})$ 的估计分别随着 p 的变化如何变化.

　　图 4.17 给出了 θ 的极大似然估计和标准差与 p 的相关图, 其中, 图 4.17(a) 与图 4.17(b) 分别展示了 θ 的极大似然估计和标准差随 p 的变化的变化. 由图 4.17(a) 可以看出, 当 p 从 0 向 1 变化时, θ 的极大似然估计在其真实值附近上下波动; 而从图 4.17(b) 中可以看出, θ 的标准差在 $p \in (0, 0.5]$ 时增加较为缓慢而在 $p \in [0.5, 1)$ 时增长迅速. 造成这一现象的可能原因在于, p 越接近于 0, 所获得的有关非敏感的参数 θ 信息越多, 因此, $\hat{\theta}$ 的准确性与精确性都能够得到保证. 然而, 当 p 从 0.5 向 1 变化时, 关于辅助参数 θ 的信息越来越少, 因此, 关于 θ 的估计的准确性和精确性都会随之下降.

　　图 4.18 分别给出了回归系数 $\boldsymbol{\beta}$ 的极大似然估计和标准差与 p 的相关图. 从图 4.18(a1)~(c1) 中可以看出, 随着 p 的增加, 从整体上来看, β_0 的极大似然估计随之增加而 $(\beta_1, \beta_2, \beta_3)$ 的极大似然估计随之下降, 且 $p \in (0.00, 0.20]$ 时 $\boldsymbol{\beta}$ 的极大似然估计变化较为显著, 与其真实值差别较大, 而 $p \in [0.2, 1)$ 时 $\boldsymbol{\beta}$ 的极大似然估计变化趋于平缓, 与其真实值几乎没有差异. 如图 4.18(a2)~(c2) 所示, $\boldsymbol{\beta}$ 的标准差在 $p \in (0, 0.4]$ 时下降较为显著而 $p \in [0.4, 1)$ 时该下降趋势逐渐趋近于一个常数. 这一现象是正常的, 原因在于 p 越靠近 0, 所收集的有关敏感参数 π 的信息越少, 即, 有关回归系数 $\boldsymbol{\beta}$ 的信息越少, 因此, $\hat{\boldsymbol{\beta}}$ 的准确性和精确性都无法得到保证. 然而, 当 p 从 0 向 1 变化时, 关于敏感参数 π 的信息越来越多, 并且, $p = 0.5$ 时, 受访

者的隐私得到最好的保护. 故, 当 p 从 0.4 经由 0.5 向 1 逐渐变化时, 关于 β 的估计的准确性和精确性有显著的提高并近似为一常值.

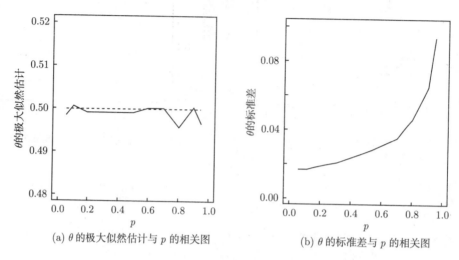

(a) θ 的极大似然估计与 p 的相关图   (b) θ 的标准差与 p 的相关图

图 4.17 θ 的极大似然估计和标准差与 p 的相关图

实线表示 θ 的极大似然估计, 虚线表示 θ 的真实值

更进一步, 将图 4.18 中的结果与基于平行逻辑回归模型得到的图 4.9 中的结果进行比较时, 不难发现: (a) 对于回归系数 β 的极大似然估计而言, 当 p 较小 (接近于 0) 时, 基于变体平行逻辑回归模型所得到的估计的偏差显著小于基于平行逻辑回归得到的结果, 并且基于变体平行逻辑回归模型得到的估计值更接近于回归系数的真实值, 例如, 当 $p = 0.2$ 时, 由变体平行逻辑回归模型计算得到的 $\hat{\beta}_1$ 已非常接近其真实值 1, 而由平行逻辑回归模型计算得到的 $\hat{\beta}_1$ 接近 2; (b) 对于回归系数 β 的极大似然估计的标准差, 当 p 较小 (接近于 0) 时, 基于变体平行逻辑回归模型所得到的估计的标准差显著小于基于平行逻辑回归得到的结果, 例如, 当 $p = 0.2$ 时, 由变体平行逻辑回归模型计算得到的 $\hat{\beta}_2$ 的标准差已非常接近 0 且小于 0.5, 而由平行逻辑回归模型计算得到的 $\hat{\beta}_2$ 的标准差则大于 10 且不可忽略不计.

3. 模拟 3: 一个二分类协变量情况下 β 和优势比 ψ 的估计

根据 4.3.4 节中的讨论, 我们考虑下述仅包含一个解释变量的回归模型:

$$\ln\left(\frac{\pi_j}{1 - \pi_j}\right) = \beta_0 + \beta_1 X_j,$$

其中, $\{X_j\}_{j=1}^{n}$ 为二分类协变量. 此处, 固定 $p = 0.5$ 且 $\psi = \exp(\beta_1) = 1/3,\ 1,\ 3$. 对于给定的 $\theta = 0.5$ 以及 $\boldsymbol{\beta} = (\beta_0, \beta_1)^{\top} = (-0.5\ln(\psi), \ln(\psi))^{\top}$, 我们产生 $N = 1000000$ 组样本, 对每一组样本, 令样本容量为 $n = 1000$. 这里, 令 $\beta_0 = -\beta_1/2$ 的原因在于使得 ψ 的自然对数的期望, 即, β_1 等于 0 以避免取值为 0 或 1 的响应变量 Y 的分布产生极度的偏斜 (Wilson & Langenberg, 1999). 我们通过下面的过程来产生样本观测数据:

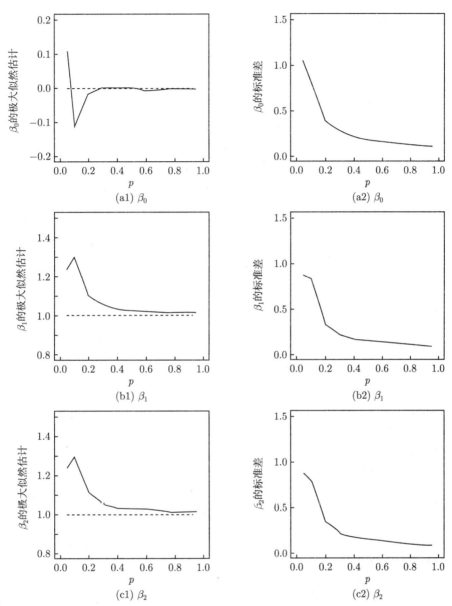

图 4.18　$\boldsymbol{\beta}$ 的极大似然估计和标准差与 p 的相关图

实线表示 $\boldsymbol{\beta}$ 的极大似然估计, 虚线表示 $\boldsymbol{\beta}$ 的真实值

生成过程:

步骤 1　令 $\xi = 0.5$, 从伯努利分布中产生 X_j, 即, $X_j \stackrel{\text{iid}}{\sim} \text{Bernoulli}(\xi)$, $j = 1, \cdots, n$.

步骤 2　从下述有限离散分布中产生 $Y_{\text{v},j}^{\text{R}}$, 即,

$$Y_{\text{v},j}^{\text{R}} \stackrel{\text{ind}}{\sim} \text{Finite}(\{1,2,3\}; \{\lambda_{1j}, \lambda_{2j}, \lambda_{3j}\}),$$

其中, $(\lambda_{1j}, \lambda_{2j}, \lambda_{3j})$ 定义同 (4.36) 式且 $\boldsymbol{x}_i = (1, x_j)^{\top}$ 为 $\boldsymbol{x}_{\text{r},j} = (1, X_j)^{\top}$ 的观测向量.

表 4.10 给出了给定 $X \sim \text{Bernoulli}(0.5)$ 且 $p = 0.5$ 时不同优势比下 $(\theta, \boldsymbol{\beta})$ 的极大似

然估计和标准差 (非括号内为极大似然估计值, 括号内为相应的标准差). 从表 4.10 可以看出, 当 ψ 的真实值为 1/3 时, 其相应的估计为 $\hat{\psi} = \exp(-1.1052) = 0.3311$; 当 ψ 的真实值为 1 时, 其相应的估计为 $\hat{\psi} = \exp(-0.0002) = 0.9998$; ψ 的真实值为 3 时, 其相应的估计为 $\hat{\psi} = \exp(1.1061) = 3.0225$. 所有的估计值都非常接近于它们的真实值, 其偏差均较小. 当我们将表 4.10 中的结果与基于平行逻辑回归模型得到的表 4.5 中的结果进行比较时, 不难发现, 关于回归系数 β 的极大似然估计和标准差在变体平行逻辑回归模型下要分别显著优于其在平行逻辑回归模型下的极大似然估计和标准差.

表 4.10   给定 $X \sim \text{Bernoulli}(0.5)$ 且 $p = 0.5$, 不同优势比时 β_0 和 β_1 的极大似然估计和标准差

协变量	参数	优势比		
		$\psi = 1/3$	$\psi = 1$	$\psi = 3$
	θ	0.5000	0.5000	0.5000
		(0.0274)	(0.0274)	(0.0274)
X_0	β_0	0.5519	-0.0002	-0.5536
		(0.1473)	(0.1516)	(0.1742)
X_1	β_1	-1.1052	0.0003	1.1061
		(0.2216)	(0.2079)	(0.2214)

表 4.11 则分别给出优势比的真实值分别为 1/3, 1, 3 时, 其置信水平为 95% 的自助抽样置信区间以及最短置信区间. 表 4.11 的第 3 行、第 5 行以及第 7 行分别给出基于正态分布的等尾自助抽样置信区间、基于非正态分布的等尾自助抽样置信区间和基于非正态分布的最短自助抽样置信区间, 而表 4.11 的第 4 行、第 6 行以及第 8 行分别给出相应的置信区间的宽度. 从表 4.11 中可以看出, 不同情况下, 所有 ψ 的自助抽样均值都非常接近于它们的真实值. 此外, 基于非正态分布的等尾自助抽样置信区间的宽度比基于正态分布的等尾自助抽样置信区间的宽度略小, 而基于非正态分布的最短自助抽样置信区间的宽度比其他两种自助抽样置信区间的宽度都要显著地小. 同样, 我们也将表 4.11 中的结果与基于平行逻辑

表 4.11   优势比的真实值分别为 1/3, 1, 3 时, ψ 的置信水平为 95% 的自助抽样置信区间和最短自助抽样置信区间

	优势比		
	$\psi = 1/3$	$\psi = 1$	$\psi = 3$
均值	0.3393	1.0222	3.0980
标准差	0.0754	0.2149	0.7023
自助抽样置信区间 †	[0.1916, 0.4871]	[0.6010, 1.4433]	[1.7215, 4.4745]
宽度	0.2955	0.8423	2.7530
自助抽样置信区间 ‡	[0.2125, 0.5067]	[0.6654, 1.5027]	[1.9747, 4.7146]
宽度	0.2942	0.8373	2.7399
最短自助抽样置信区间 ♯	[0.2024, 0.4913]	[0.6340, 1.4548]	[1.8434, 4.5000]
宽度	0.2889	0.8208	2.6566

置信区间 †: 基于正态分布的等尾自助抽样置信区间, 见 (4.18) 式.

置信区间 ‡: 基于非正态分布的等尾自助抽样置信区间, 见 (4.19) 式.

置信区间 ♯: 基于非正态分布的最短自助抽样置信区间, 见 (4.20) 式.

回归模型得到的结果 (表 4.6) 进行比较, 不难发现, 关于优势比 ψ 的三种自助抽样置信区间的上、下界在变体平行逻辑回归模型下均比其在平行逻辑回归模型下的上、下界更精确, 并且区间长度更短.

　　图 4.19 分别给出了非正态分布情况下, 基于所产生的自助抽样样本所得到的 ψ 的最短置信区间和等尾置信区间, 其中, 虚线表示 ψ 的最短置信区间而点线表示 ψ 的等尾置信区间. 图 4.19(a1) 和 (a2) 分别展示了 ψ 的真实值为 1/3 时的最短置信区间和等尾置信区间及其相应的区间宽度的比较; 图 4.19(b1) 和 (b2) 分别展示了 ψ 的真实值为 1 时的最短置信区间和等尾置信区间及其相应的区间宽度的比较; 图 4.19(c1) 和 (c2) 分别展示了 ψ 的真实值为 3 时的最短置信区间和等尾置信区间及其相应的区间宽度的比较. 可以看出, 最短置信区间与等尾置信区间之间存在显著的差异.

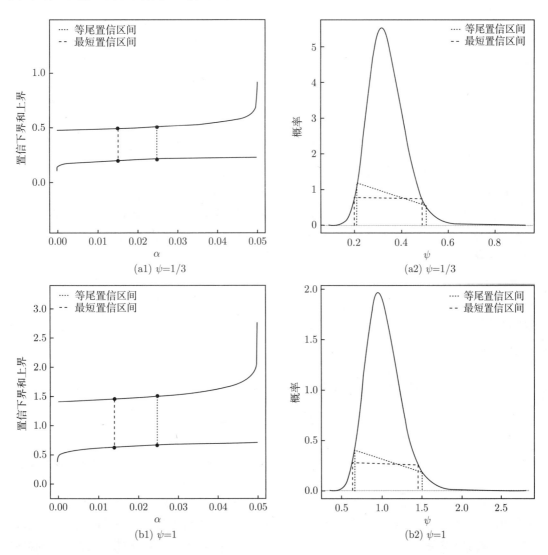

图 4.19　ψ 的基于非正态分布的置信水平为 95% 最短自助抽样置信区间和等尾自助抽样置信区间

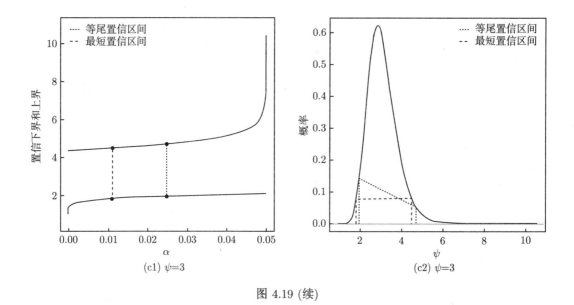

图 4.19 (续)

4. 模拟 4: 识别混淆变量

给定 $p = 0.5$ 和 $\theta = 0.25$, 我们通过下述方法产生 $N = 1000$ 组样本观测数据, 其中, 每一组样本的样本容量为 $n = 1000$.

生成过程:

步骤 1　首先产生 $X_{3j} \overset{\text{iid}}{\sim} \text{Bernoulli}(1/3)$, 基于所得到的 x_{3j}, 独立地产生 $X_{1j} = 0.5X_{3j} - 1 + U_j$, $U_j \overset{\text{iid}}{\sim} \text{Bernoulli}(q_j)$ 以及 $X_{2j} \overset{\text{iid}}{\sim} N(0,1)$, $j = 1, \cdots, n$.

步骤 2　从下述有限离散分布中产生 $Y^{\text{R}}_{\text{v},j}$, 即,

$$Y^{\text{R}}_{\text{v},j} \overset{\text{ind}}{\sim} \text{Finite}(\{1, 2, 3\}; \{\lambda_{1j}, \lambda_{2j}, \lambda_{3j}\}),$$

其中, $(\lambda_{1j}, \lambda_{2j}, \lambda_{3j})$ 定义同 (4.36) 式且 $\boldsymbol{x}_j = (1, x_{1j}, x_{2j}, x_{3j})^\top$ 为 $\boldsymbol{x}_{\text{r},j} = (1, X_{1j}, X_{2j}, X_{3j})^\top$ 的观测向量, 但 $\boldsymbol{\beta}$ 的真实值为 $\boldsymbol{\beta}^* = (\beta_0^*, \beta_1^*, \beta_2^*, \beta_3^*)^\top = (0, 0, 1, 1)^\top$.

显然, 从样本的生成过程来看, X_3 同时与 X_1 和 Y^{R}_{v} 相关而 Y^{R}_{v} 并不依赖于 X_1. 下面, 我们考虑用包含两个解释变量的回归模型

$$\ln\left(\frac{\pi_j}{1 - \pi_j}\right) = \beta_0 + \beta_1 X_{1j} + \beta_2 X_{2j}$$

来拟合上述过程生成的数据, 我们想要检验利用 4.3.3 节所介绍的方法是否能够将混淆变量 X_3 识别出来.

我们首先分别比较基于包含潜在混淆因子 X_3 与不包含潜在混淆因子 X_3 的变体平行逻辑回归模型的估计结果, 这些结果由表 4.12 给出. 由表 4.12 可以看出, 非敏感参数 θ 与回归系数 β_2 均可以被准确地估计出来. 当使用不含潜在混淆因子 X_3 的回归模型来拟合数据时, 我们发现 X_1 对二分类敏感变量 Y 的结果将产生不可忽略的影响, 但事实上, 从数据的生成过程来看, X_1 并不是 Y 的原因. 然而, 当潜在混淆因子 X_3 被考虑在回归模型中时, 不论是

X_1 还是 X_3 都不能被识别为重要解释变量, 尽管此时 β_3 的极大似然估计非常接近它的真实值. 虽然 X_3 是影响二分类敏感变量 Y 结果的重要原因之一, 但 X_1 与 X_3 之间的高度相关性会对估计的结果产生重要影响, 这或许可以解释在包含潜在混淆因子 X_3 的回归模型中为什么 β_1 和 β_3 的估计结果都不显著. 此外, 不含潜在混淆因子 X_3 的回归模型下与包含潜在混淆因子 X_3 的回归模型下, (β_0, β_1) 的极大似然估计值与标准差之间存在明显的差异.

表 4.12　包含 X_3 与不包含 X_3 时模型的估计结果比较

参数	不包含 X_3			
	MLE	S.D.	t 统计量	p 值
θ	0.2472	0.0302	—	—
β_0	2.0240	0.4235	4.7792	2.0244×10^{-6}
β_1	2.0142	0.4903	4.1081	4.3165×10^{-5}
β_2	1.0099	0.1425	7.0870	0.0000
参数	包含 X_3			
	MLE	S.D.	t 统计量	p 值
θ	0.2472	0.0302	—	—
β_0	-0.1438	3.6616	-0.0393	0.9687
β_1	-0.1479	3.6592	-0.0797	0.9365
β_2	1.0132	0.1432	7.0754	0.0000
β_3	1.1032	1.8397	0.5997	0.5488

注: MLE = 极大似然估计.

　　S.D. = 标准差.

　　接下来, 我们基于 X_3 的结果将样本分成两组, 其中一组样本中 $X_3 = 1$ 而另一组样本中 $X_3 = 0$. 表 4.13 给出了两个子样本下回归结果的估计值. 从表 4.13 的结果可知, 不论是在 $X_3 = 0$ 所对应的子样本下还是在 $X_3 = 1$ 所对应的子样本下, X_1 都不再被认为是导致二分类敏感变量 Y 发生变化的原因. 综上所述, 在这个模拟研究中, 依据 4.3.5 节所介绍的方法, 我们可以断定 X_3 为混淆变量.

表 4.13　分别固定 $X_3 = 0$ 和 $X_3 = 1$ 时 (θ, β) 的极大似然估计和标准差

参数	$X_3 = 0$		$X_3 = 1$	
	MLE	S.D.	MLE	S.D.
θ	0.2486	0.0349	0.2518	0.0605
β_0	-0.1235	4.0119	0.9238	3.6682
β_1	-0.1293	4.0060	-0.2217	7.3376
β_2	1.0126	0.1695	1.0456	0.2996

5. 模拟 5: 基于 SCAD 惩罚的变量选择

根据 4.3.5 节中的讨论, 我们首先考虑下述包含五个解释变量的回归模型:

$$\ln\left(\frac{\pi_j}{1 - \pi_j}\right) = \beta_0 + \beta_1 X_{1j} + \beta_2 X_{2j} + \beta_3 X_{3j} + \beta_4 X_{4j} + \beta_5 X_{5j},$$

其中, $\{X_{1j}, X_{2j}\}_{j=1}^n$ 为二分类的而 $\{X_{3j}, X_{4j}, X_{5j}\}_{i=1}^n$ 为连续的. 令 θ 的真实值分别为 $\theta =$

$0.25, 0.50, 0.75$, β 的真实值为 $\beta = (\beta_0, \beta_1, \cdots, \beta_5)^\top = (0.5, 1, 0, -1, 0, 0)^\top$. 给定 $p = 0.3, 0.5, 0.7$, 我们产生 $N = 1000$ 组样本, 对每一组样本, 令样本容量为 $n = 1000$. 我们通过下面的过程产生样本观测数据:

生成过程:

步骤 1　　分别独立地产生 $X_{1j} \stackrel{\text{iid}}{\sim} \text{Bernoulli}(0.5)$, $X_{2j} \stackrel{\text{iid}}{\sim} \text{Bernoulli}(0.3)$ 以及 $X_{3j}, X_{4j},$ $X_{5j} \stackrel{\text{iid}}{\sim} N(0, 1)$, $j = 1, \cdots, n$.

步骤 2　　从下述有限离散分布中产生 $Y_{\text{v},j}^{\text{R}}$, 即,

$$Y_{\text{v},j}^{\text{R}} \stackrel{\text{ind}}{\sim} \text{Finite}(\{1, 2, 3\}; \{\lambda_{1j}, \lambda_{2j}, \lambda_{3j}\}),$$

其中, $(\lambda_{1j}, \lambda_{2j}, \lambda_{3j})$ 定义同 (4.36) 式且 $\boldsymbol{x}_j = (1, x_{1j}, \cdots, x_{5j})^\top$ 为 $\boldsymbol{x}_{\text{r},j} = (1, X_{1j}, \cdots, X_{5j})^\top$ 的观测向量.

从表 4.14 中可以看出, 对于给定的 θ, 随着 p 的增加: (a) 由公式 (4.28) 和 (4.30) 得到的 θ 的极大似然估计的准确性和精确性均下降, 而 (b) 由公式 (4.28) 和 (4.33) 得到的 β 的极大似然估计的准确性和精确性均得到改善; 此外, (c) β 中的 0 被正确识别的个数越来越接近于其真实的 0 的个数而被错误识别的 0 的个数越来越小, 并且 β 的极大似然估计与其真实值之间的 L_2 距离显著地变小. 产生这些结果的可能原因在于, p 的取值越大, 所获得的关于敏感变量的信息越多而关于未知的非敏感参数 θ 的信息越少, 因此, β 的极大似然估计逐渐向其真实值靠近而 θ 的极大似然估计逐渐远离其真实值.

表 4.14　　给定 $p = 0.3, 0.5, 0.7$ 且 θ 和 β 的真实值分别为 $\theta = 0.25, 0.50, 0.75$ 和 $\beta = (0.5, 1, 0, -1, 0, 0)^\top$ 时, (θ, β) 的极大似然估计和标准差

θ	p	θ	β_0	β_1	β_2	β_3	β_4	β_0	nc	nic	loss
	0.3	0.2499	0.5837	0.9342	0.0112	-1.0004	0.0032	0.0036	2.9440	0.1690	0.5159
		(0.0221)	(0.2799)	(0.4842)	(0.1467)	(0.1979)	(0.0557)	(0.0567)	(0.2548)	(0.3749)	(0.3533)
0.25	0.5	0.2508	0.5403	1.0371	0.0038	-1.0032	0.0018	0.0001	2.9680	0.0220	0.3152
		(0.0312)	(0.1770)	(0.2732)	(0.0936)	(0.1416)	(0.0289)	(0.0312)	(0.1817)	(0.1468)	(0.2005)
	0.7	0.2596	0.5322	1.0652	0.0099	-1.0023	0.0014	0.0006	2.9700	0.0010	0.2581
		(0.0424)	(0.1350)	(0.2017)	(0.0854)	(0.1196)	(0.0206)	(0.0217)	(0.1874)	(0.0316)	(0.1419)
	0.3	0.5004	0.5605	0.9407	0.0080	-1.0275	-0.00005	-0.0017	2.9100	0.1760	0.5495
		(0.0222)	(0.2883)	(0.5023)	(0.1810)	(0.2174)	(0.0074)	(0.0671)	(0.3194)	(0.3810)	(0.3622)
0.50	0.5	0.4982	0.5299	1.0068	-0.0017	-1.0139	0.0017	0.0004	2.9670	0.0260	0.3252
		(0.0276)	(0.1775)	(0.2857)	(0.1054)	(0.1503)	(0.0307)	(0.0262)	(0.1842)	(0.1592)	(0.2092)
	0.7	0.5031	0.5230	1.0367	0.0032	-1.0025	0.0004	0.0003	2.9750	0.0030	0.2565
		(0.0381)	(0.1439)	(0.2043)	(0.0814)	(0.1203)	(0.0229)	(0.0102)	(0.1685)	(0.0547)	(0.1422)
	0.3	0.7507	0.5480	0.9370	0.0118	-1.0400	0.0024	-0.0018	2.9030	0.1840	0.5633
		(0.0170)	(0.2999)	(0.5161)	(0.1866)	(0.2114)	(0.0735)	(0.0676)	(0.3251)	(0.3877)	(0.3690)
0.75	0.5	0.7505	0.5139	0.9895	0.0063	-1.0063	0.0012	-0.0004	2.9590	0.0370	0.3416
		(0.0206)	(0.1918)	(0.3049)	(0.0992)	(0.1558)	(0.0432)	(0.0292)	(0.2082)	(0.1889)	(0.2239)
	0.7	0.7521	0.5098	1.0242	0.0020	-1.0059	-0.0003	0.0007	2.9860	0.0030	0.2473
		(0.0266)	(0.1343)	(0.2022)	(0.0653)	(0.1265)	(0.0105)	(0.0150)	(0.1175)	(0.0547)	(0.1379)

注: nc = β 中平均被正确识别的 0 的个数.

　　nic = β 中平均被错误识别的 0 的个数 (即非 0 的参数被错误的估计为 0 的个数).

　　loss = β 的极大似然估计, 即, 由公式 (4.28) 和 (4.33) 计算得到的 $\hat{\beta}$, 与其真实值之间的 L_2 距离的均值.

此外, 我们将上述包含五个解释变量的回归模型推广到包含十个解释变量的情形:

$$\ln\left(\frac{\pi_j}{1-\pi_j}\right) = \beta_0 + \beta_1 X_{1j} + \beta_2 X_{2j} + \cdots + \beta_9 X_{9j} + \beta_{10} X_{10j},$$

其中, $\{X_{1j}, X_{2j}\}_{j=1}^n$ 为二分类协变量且 $\{X_{3j}, \cdots, X_{10j}\}_{i=1}^n$ 为连续型协变量. 令 $\boldsymbol{\beta} = (\beta_0, \beta_1, \cdots, \beta_{10})^\top = (0.5, 1, -1, 1, -1, 0, 0, 0, 0, 0, 0)^\top$. 产生样本数据的过程同上述包含五个解释变量的生成过程. 由于 $\boldsymbol{\beta}$ 的维度越高, 模型越复杂, 计算 $\boldsymbol{\beta}$ 的带有惩罚的极大似然估计所需要的时间越长. 因此, 这里我们仅考虑一个特殊的情形, 即, 令非敏感参数 $p = 0.3$, 未知的非敏感参数 θ 的真实值为 0.25. 通过 4.3.5 节所介绍的变量选择的方法, 计算得到未知非敏感参数 θ 和回归系数 $\boldsymbol{\beta}$ 的极大似然估计分别为 $\hat{\theta} = 0.2457$ 和 $\hat{\boldsymbol{\beta}} = (0.6595, 1.0214, -0.6822, 1.1099, -0.8639, 0.0238, 0.0214, 0.0216, 0.0180, 0.0199, 0.0206)^\top$, 其相应的标准差分别为 0.0238 和 $(0.3189, 0.4854, 0.5703, 0.2369, 0.2323, 0.1083, 0.1095, 0.1069, 0.0981, 0.1017, 0.1000)^\top$. 从估计的结果来看, θ 和 $\boldsymbol{\beta}$ 的极大似然估计都非常接近于它们的真实值而其标准差都比较小, 即, 估计的精确度也都比较理想. 此外, 在 $\boldsymbol{\beta}$ 的真实值中有六个分量为 0, 而使用 4.3.6 节所介绍的变量选择的方法, 在 1000 次重复中, 我们平均可以正确识别 5.733 个 0, 该结果已经非常接近于 $\boldsymbol{\beta}$ 中 0 的真实个数. 另一方面, $\boldsymbol{\beta}$ 的极大似然估计与其真实值之间的 L_2 距离为 0.9340, 这从另一个侧面也说明估计的结果与真实值非常的接近. 因此, 4.3.6 节所介绍的建立在变体平行逻辑回归模型上的变量选择的方法在识别不显著的变量方面是非常有效的.

参 考 文 献

洪志敏, 闫在在, 魏利东. 2012. 估计真实回答的概率和敏感指标的总体均值 [J]. 应用数学学报, 35(5): 867-878.

李河, 张孔来. 1998. HIV/AIDS 有关的社会行为学研究进展 [J]. 中华预防医学杂志, 2: 120-121.

刘寅, 田国梁. 2019. 敏感性问题的抽样技术中非随机化响应技术的新进展 [J]. 应用概率统计, 35(2): 200-217.

刘寅. 2011. 多分类平行模型: 设计、分析及应用 [D]. 武汉: 华中师范大学数学与统计学学院.

Abernathy J R, Greenberg B G, Horvitz D G. 1970. Estimates of induced abortion in urban North Carolina[J]. Demography, 7(1): 19-29.

Abul-Ela A A, Greenberg B G, Horvitz D G. 1967. A multi-proportions randomized response model[J]. Journal of the American Statistical Association, 62: 63-69, 990-1008.

Agresti A, Coull B A. 1998. Approximate is better than "exact" for interval estimation of binomial proportions[J]. The American Statistician, 52(2): 119-126.

Böckenholt U, van der Heijden P G M. 2007. Item randomized-response models for measuring noncompliance: Risk-return perceptions, social influences, and self-protective responses[J]. Psychometrika, 72(2): 245-262.

Böhning D, Lindsay B G. 1988. Monotonicity of quadratic-approximation algorithms[J]. Annals of the Institute of Statistical Mathematics, 40: 641-663.

Bourke P D, Dalenius T. 1973. Multi-proportions randomized response using a single sample[R]. Report No. 68 of the Errors in surveys Research Project. Sweden: Institute of Statistics, Stockholm University (Mimeo).

Bourke P D. 1974. Multi-proportions randomized response using the unrelated question technique[R]. Report No. 74 of the Errors in surveys Research Project. Sweden: Institute of Statistics, Stockholm University (Mimeo).

Brown L D, Cai T T, DasGupta A. 2001. Interval estimation for a binomial proportion[J]. Statistical Science, 16(2): 101-133.

Chaudhuri A, Mukerjee R. 1987. Randomized Response: Theory and Technique S[M]. Boca Raton: CRC Press.

Chaudhuri A. 2011. Randomized Response and Indirect Questioning Techniques in Surveys[M]. Boca Raton: Chapman & Hall/CRC.

Chow S C, Shao J, Wang H S. 2008. Sample size Calculation in Clinical Research[M]. Boca Raton: Chapman & Hall/CRC.

Clopper C J, Pearson E S. 1934. The use of confidence or fiducial limits illustrated in the case of binomial[J]. Biometrika, 26: 404-413.

Corstange D. 2004. Sensitive questions, truthful responses? Randomized response and hidden logit as a procedure to estimate it[C]. In: Annual Meeting of the American Political Science Association, Chicago, 2-5 September.

Dalton D R, Wimbush J C, Daily M D. 1994. Using the unmatched count technique (UCT) to estimate base rates for sensitive behavior[J]. Personnel Psychology, 47(4): 817-829.

Dempster A P, Larid N M, Rubin D B. 1977. Maximum likelihood from incomplete data via the EM algorithm (with discussion)[J]. Journal of the Royal Statistical Society, Series B, 39(1): 1-38.

Eriksson S A. 1973. A new model for randomizing response[J]. International Statistical Review, 41: 101-113.

Fan J, Li R. 2001. Variable selection via nonconcave penalized likelihood and its oracle properties[J]. Journal of the American Statistical Association, 96: 1348-1360.

Folsom R E, Greenberg B G, Horvitz D G, et al. 1973. The two alternate questions randomized response model for human surveys[J]. Journal of the American Statistical Association, 68: 525-530.

Fox J A, Tracy P E. 1986. Randomized Response: A Method for Sensitive Surveys (Series: Quantitative Applications in the Social Sciences)[M]. California: SAGE Publications.

Fox J P. 2005. Randomized item response theory models[J]. Journal of Educational and Behavioral Statistics, 30: 189-212.

Frank I E, Friedman J H. 1993. A statistical view of some chemometrics regression tools[J]. Technometrics, 35: 109-135.

Gilens M, Sniderman P M, Kuklinski J H. 2000. Affirmative action and the politics of realignment[J]. British Journal of Political Science, 28(1): 159-183.

Gingerich D W, Oliveros V, Corbacho A, et al. 2016. When to protect? Using the crosswise model to integrate protected and direct responses in surveys of sensitive behavior[J]. Political Analysis, 24(2): 132-156.

Goodstadt M S, Grusin V. 1975. The randomized response technique: a test on drug use[J]. Journal of the American Statistical Association, 70: 814-818.

Greenberg B G, Abul-Ela A A, Simmons W R, et al. 1969. The unrelated question randomized response model: theoretical framework[J]. Journal of the American Statistical Association, 64: 520-539.

Groenitz H. 2014. A new privacy-protecting survey design for multichotomous sensitive variables[J]. Metrika, 77: 211-224.

Hennekens C H, Burning J E. 1987. Epidemiology in Medicine[M]. Boston: Lippincott Williams & Wilkins.

Hong Z M, Yan Z Z, Wei L D. 2012. An approach to measures of privacy in randomized response models for quantitative characteristics[C]. The 9th International Conference on Service Systems and Service Management, doi: 10.1109/ICSSSM.2012.6252310.

Hong Z M, Yan Z Z. 2012. Measure of privacy in randomized response model[J]. Quality and Quantity, 46(4), doi: 10.1007/s11135-012-9698-z.

Horvitz D G, Shah B V, Simmons W R. 1967. The unrelated question randomized response model[C]. 1967 Social Statistics Section Proceedings of the American Statistical Association, 65-72.

Hsieh S H, Lee S M, Shen P S. 2010. Logistic regression analysis of randomized response data with missing covariates[J]. Journal of Statistical Planning and Inference, 140(4): 927-940.

Huang X F, Tian G L, Liu Y, et al. 2015. Type II combination questionnaire model: a new survey design for a totally sensitive binary variable correlated with another nonsensitiive binary variable[J].

Journal of the Korean Statistical Society, 44: 432-447.

Hussain Z, Anjum S, Shabbir J. 2011. Improved logit estimation through Mangat randomized response model[J]. International Journal of Business and Social Science (Special Issue), 2(5): 179-188.

Hussain Z, Shabbir J. 2008. Logit estimation using Warner's randomized response model[J]. Journal of Modern Applied Statistical Methods, 7(1): 140-151.

Imai K. 2011. Multivariate regression analysis for the item count technique[J]. Journal of the American Statistical Association, 106: 407-416.

Jann B, Jerke J, Krumpal I. 2012. Asking sensitive questions using the crosswise model: an experimental survey measuring plagiarism[J]. Public Opinion Quarterly, 76(1): 32-49.

Janus A L. 2010. The influence of social desirability pressures on expressed immigration attitudes[J]. Social Science Quarterly, 91(4): 928-946.

Johnson N L, Balakrishnan N. 1997. Advances in the Theory and Practics in Statistics: a Volume in Honor of Samuel Kotz[M]//Ng K W. Inversion of Bayes formula: Explicit formulas for unconditional pdf, 571-584. New York: Weily.

Juster F T, Smith J P. 1997. Improving the quality of economic data: lessons from the HRS and AHEAD[J]. Journal of the American Statistical Association, 92: 1268-1278.

Khosravi A, Mousavi S A, Chaman R, et al. 2015. Crosswise model to assess sensitive issues: a study on prevalence of drug abuse among university students in Iran[J]. International Journal of High Risk Behaviors & Addiction, 4(2), doi: 10.5812/ijhrba.24388v2.

Kim J M, Tebbs J M, An S W. 2006. Extension of Mangat's randomized-response method[J]. Journal of Statistical Planning and Inference, 136: 1554-1567.

Kuklinski J H, Cobb M D, Gilens M. 1997. Racial attitudes and the "new south"[J]. The Journal of Politics, 59(2): 323-349.

LaBrie J W, Earleywine M. 2000. Sexual risk behaviors and alcohol: higher base rates revealed using the unmatched-count technique[J]. The Journal of Sex Research, 37: 321-326.

Liu P T, Chow L P. 1976. The efficiency of the multiple trial randomized response technique[J]. Biometrics, 32: 607-618.

Liu Y, Tian G L, Wang M Q. 2019. A new variant of the parallel regression model with variable selection in surveys with sensitive attribute[J]. Scandinavian Journal of Statistics, under review.

Liu Y, Tian G L, Wu Q, et al. 2017. Poisson-Poisson item count techniques for surveys with sensitive discrete quantitative data[J]. Statistical Papers, doi: 10.1007/s00362-017-0895-7.

Liu Y, Tian G L. 2013a. Multi-category parallel models in the design of surveys with sensitive questions[J]. Statistics and Its Interface, 6(1): 137-149.

Liu Y, Tian G L. 2013b. A variant of the parallel model for sample surveys with sensitive characteristics[J]. Computational Statistics and Data Analysis, 67: 115-135.

Liu Y, Tian G L. 2014. Sample size determination for the parallel model in a survey with sensitive questions[J]. Journal of the Korean Statistical Society, 43: 235-249.

Liu Y. 2015. The generalization of the non-randomized parallel model and item count technique in surveys with sensitive questions[D]. Hong Kong: The University of Hong Kong.

Ljungqvist L. 1993. A unified approach to measures of privacy in randomized response models: a utilitarian perspective[J]. Journal of the American Statistical Association, 88(421): 97-103.

Maddala G S. 1983. Limited Dependent and Qualitative Variables in Econometrics[M]. New York:

Cambridge University Press.

Mangat N S. 1994. An improved randomized response strategy[J]. Journal of the Royal Statistical Society, Series B, 56(1): 93-95.

Miller J D. 1984. A new survey technique for studying deviant behavior[D]. Washington, DC: The George Washington University.

Monto M A. 2001. Prostitution and fellatio[J]. Journal of Sex Research, 38(2): 140-145.

Newcombe R G. 1998. Improved confidence intervals for the difference between binomial proportions based on paired data[J]. Statistics in Medicine, 17: 2635-2650.

Petróczi A, Nepusz T, Cross P, et al. 2011. New non-randomised model to assess the prevalence of discriminating behaviour: a pilot study on mephedrone[J]. Substance Abuse Treatment, Prevention, and Policy, 6: 20.

R Core Team. 2018. R: A language and environment for statistical computing[M]. Vienna, Austria: R Foundation for Statistical Computing.

Scheers N J, Dayton C M. 1988. Covariate randomized response models[J]. Journal of American Statistical Association, 83: 969-974.

Schnapp P. 2019. Sensitive question techniques and careless responding: adjusting the crosswise model for random answers[J]. Methods, Data, Analyses, 13(2), doi: 10.12758/mda.2019.03.

Shimizu I M, Bonham G S. 1978. Randomized response technique in a national survey[J]. Journal of the American Statistical Association, 73: 35-39.

Swensson B. 1974. Combined questions: A new survey technique for eliminating evasive answer bias (I): Basic theory[R]. Report No. 70 of the Errors in Surveys Research Project. Sweden: Institute of Statistics, Stockholm University.

Takahasi K, Sakasegawa H. 1977. A randomized response technique without making use of any randomizing device[J]. Annals of the Institute of Statistical Mathematics, 29(1): 1-8.

Tan M, Tian G L, Ng K W. 2003. A noniterative sampling method for computing posteriors in the structure of EM-type algorithm[J]. Statistica Sinica, 13(3): 625-639.

Tan M, Tian G L, Tang M L. 2009. Sample surveys with sensitive questions: a non-randomized response approach[J]. The American Statistician, 63(1): 9-16.

Tang M L, Tian G L, Tang N S, et al. 2009. A new non-randomized multi-category response model for surveys with a single sensitive question: design and analysis[J]. Journal of the Korean Statistical Society, 38: 339-349.

Tanner M A, Wong W H. 1987. The calculation of posterior distributions by data augmentation (with discussions)[J]. Journal of the American Statistical Association, 82: 528-550.

Thomas A S, Gavin M C, Milfont T L. 2015. Estimating non-compliance among recreational fishers: insights into factors affecting the usefulness of the randomized response and item count techniques[J]. Biological Conversation, 189: 24-32.

Tian G L, Liu Y, Tang M L. 2019. Logistis regression analysis of non-randomized response data collected by the parallel model in sensitive surveys[J]. Australian & New Zealand Journal of Staitstics, 61(2): 134-151.

Tian G L, Tan M, Ng K W. 2007. An exact non-iterative sampling procedure for discrete missing data problems[J]. Statistica Neerlandica, 61: 232-242.

Tian G L, Tang M L, Liu C L. 2012. Accelerating the quadratic lower-bound algorithm via optimizing the shrinkage parameter[J]. Computational Statistics and Data Analysis, 56(2): 255-265.

Tian G L, Tang M L, Liu Z Q, et al. 2011. Sample size determination for the non-randomized triangular model for sensitive questions in a survey[J]. Statistical Methods in Medicine Research, 20(3): 159-173.

Tian G L, Tang M L, Wu Q, et al. 2017. Poisson and negative binomial item count techniques for surveys with sensitive questions[J]. Statistical Methods in Medical Research, 26(2): 931-947.

Tian G L, Tang M L. 2014. Incomplete Categorical Data Design: Non-randomized Response Techniques for Sensitive Questions in Surveys[M]. Boca Raton: Chapman & Hall/CRC.

Tian G L, Yu J W, Tang M L, et al. 2007. A new non-randomized model for analyzing sensitive questions with binary outcomes[J]. Statistics in Medicine, 26(23): 4238-4252.

Tian G L, Yuen K C, Tang M L, et al. 2009. Bayesian non-randomized response models for surveys with sensitive questions[J]. Statistics and Its Interface, 2: 13-25.

Tian G L. 2015. A new non-randomized response model: the parallel model[J]. Statistica Neerlandica, 68(4): 293-323.

Tibshirani R. 1996. Regression shrinkage and selection via Lasso[J]. Journal of the Royal Statistical Society, Series B, 58: 267-288.

Tourangeau R, Yan T. 2007. Sensitive questions in surveys[J]. Psychological Bulletin, 133: 859-883.

Tsuchiya T. 2005. Domain estimators for the item count technique[J]. Survey Methodology (A Journal of Published by Statistics Canada), 31(1): 41-51.

van den Hout A, Klugkist I. 2009. Accounting for non-compliance in the analysis of randomized response data[J]. Australian & New Zealand Journal of Statistics, 51(3): 353-372.

van den Hout A, van der Heijden P G M, Gilchrist R. 2007. The logistic regression model with response variables subject to randomized response[J]. Computational Statistics & Data Analysis, 51(12): 6060-6069.

Walzenbach S, Hinz T. 2019. Pouring water into wine: revisiting the advantages of the crosswise model for asking sensitive questions[J]. Sruvey Methods: Insights from the Field, 1-16, doi: 10.13094/SMIF-2019-00002.

Wang M, Wang X. 2014. Adaptive lasso estimators for ultrahigh dimensional generalized linear models[J]. Statistics & Probability Letters, 89: 41-50.

Wang X, Wang M. 2016. Variable selection for high-dimensional generalized linear models with the weighted elastic-net procedure[J]. Journal of Applied Statistics, 43: 796-809.

Warner S L. 1965. Randomized response: A survey technique for eliminating evasive answer bias[J]. Journal of the American Statistical Association, 60: 53-60.

Williamson G D, Haber M. 1994. Models for three-dimensional contingency tables with completely and partially cross-classified data[J]. Biometrics, 50: 194-203.

Wilson P D, Langenberg P. 1999. Usual and shortest confidence intervals on odds ratios from logistic regression[J]. The American Statistician, 53(4): 332-335.

Wu Q, Tang M L. 2016. Non-randomized response model for sensitive survey with noncompliance[J]. Statistical Methods in Medical Research, 25(6): 2827-2839.

Yu J W, Lu Y, Tian G L. 2013. A survey design for a sensitive binary variable correlated with another non-sensitive binary variable[J]. Journal of Probability and Statistics, doi: 10.1155/2013/827048.

Yu J W, Tian G L, Tang M L. 2008. Two new models for survey sampling with sensitive characteristic:

design and analysis[J]. Metrika, 67: 251-263.

Zhang C H. 2010. Nearly unbiased variable selection under minimax concave penalty[J]. Annals of Statistics, 38: 894-942.

Zou H, Hastie T. 2005. Addendum: Regularization and variable selection via the elastic net[J]. Journal of the Royal Statistical Society, Series B, 67: 768.

Zou H. 2006. The adaptive lasso and its oracle properties[J]. Journal of the American Statistical Association, 101: 1418-1429.